JN494783

현대 과학계에서 자신이 기여한 바를 자랑스럽게 여길 만한 자격이 충분한 사람이 있다면, 심지어 약간의 승리감마저 느껴도 좋을 만한 사람이 있다면, 그건 바로 리처드 도킨스다.

_ **〈뉴욕타임스〉**

도킨스는 내 영웅이다. 어떤 사람들은 슈퍼맨의 탄생기에서, 아니면 배트맨의 탄생기에서, 그도 아니면 예수의 탄생기에서 짜릿함을 맛보지만, 내게는 도킨스의 탄생기가 최고다.

_ **빌 마** 토크쇼 〈빌 마〉의 진행자, 《새로운 새로운 법칙들》의 저자

나는 살면서 우리 시대의 여러 뛰어난 지성들을 만나는 행운을 누렸다. 그러나 그 모두를 능가하는 사람은 단연코 도킨스다. 이 책에서 도킨스는 자신의 정신이 어떻게 작동하는지, 그리고 어떤 개인적 사건들과 문화적 영향력들이 자신의 생각을 형성하는 데 기여했는지 살펴본다. 과학자들의 자서전 분야에서 고전이 될 것이 틀림없다.

_ **마이클 셔머** 〈스켑틱〉 발행인, 〈사이언티픽 아메리칸〉의 칼럼니스트

회의주의와 무신론은 계시나 권위를 통해 오지 않는다. 우리 문화에서 그것은 느리고 신중하게 진행되는 과정이다. 그러나 태초에 도킨스가 있었나니, 정보와 열정을 갖춘 그가 우리보다 앞서서 그 과정을 개시해주었다. 현대의 회의주의·무신론 운동은 그 시작이 도킨스였으며, 그는 악마적으로 훌륭했다. 이 책은 그 시작을 보여준다.

_ **펜 질렛** 《신이라니, 노!》 《매일매일이 무신론자의 성스러운 날》의 저자

리처드 도킨스 자서전 1

어느 과학자의 탄생

AN APPETITE FOR WONDER
by Richard Dawkins

RICHARD

리처드 도킨스 자서전 1

어느 과학자의 탄생

리처드 도킨스 | 김명남 옮김

김영사

DAWKINS

리처드 도킨스 자서전 1 어느 과학자의 탄생

1판 1쇄 발행 2016. 12. 2.
1판 2쇄 발행 2016. 12. 3.

지은이 리처드 도킨스
옮긴이 김명남

발행인 김강유
편집 조혜영 | 디자인 이경희
발행처 김영사
등록 1979년 5월 17일 (제406-2003-036호)
주소 경기도 파주시 문발로 197(문발동) 우편번호 10881
전화 마케팅부 031)955-3100, 편집부 031)955-3250
팩스 031)955-3111

값은 뒤표지에 있습니다. ISBN 978-89-349-7659-2 04400

독자 의견 전화 031)955-3200
홈페이지 www.gimmyoung.com 카페 cafe.naver.com/gimmyoung
페이스북 facebook.com/gybooks 이메일 bestbook@gimmyoung.com

좋은 독자가 좋은 책을 만듭니다.
김영사는 독자 여러분의 의견에 항상 귀 기울이고 있습니다.

이 도서의 국립중앙도서관 출판시도서목록(CIP)은 서지정보유통지원시스템 홈페이지(http://seoji.nl.go.kr)와 국가자료공동목록시스템(http://www.nl.go.kr/kolisnet)에서 이용하실 수 있습니다.(CIP제어번호 : CIP2016027837)

평생을 함께한 어머니와 여동생에게,
그리고 우리 모두 그리워하는 아버지를 추억하며.

이 자서전의 주인공 리처드 도킨스에게, 2016년은 각별한 해다. 올해 75세인 도킨스는 지금까지 열세 권의 책을 썼다. 그중 첫 책이자 대표작인《이기적 유전자》가 올해 출간 40주년이고, 세 번째 책《눈먼 시계공》은 30주년, 다섯 번째 책《리처드 도킨스의 진화론 강의》(원제는 '불가능의 산을 오르다')는 20주년, 아홉 번째 책《만들어진 신》은 10주년이다. 출판사들도 언론도 여기에 주목하여, 그의 몇몇 대표작이 특별한 표지로 갈아입고 나오는가 하면 그의 저작들의 의미를 조명하는 기사가 연중 쏟아졌다.

그러니 영국에서는 각각 2013년과 2015년에 출간되었던 그의 두 권짜리 자서전을 마침 올해 우리말로 옮기는 일도 각별히 느껴질 수밖에 없었는데, 더구나 한창 번역을 진행하고 있던 올봄에 그가 가벼운 뇌졸중을 겪어 쓰러졌다는 소식을 듣고는 마음이 다급해졌다. 그도 이제 확실히 인생의 말년에 접어들었구나, 하고 새삼스레 놀라기도 했다. 그가 진작 옥스퍼드 대학에서 은퇴했으며 백발이 성성한 노인이 되었다는 사실은 알았지만, 어쩐지 마음에서 그는 영원히 청년으로 느껴진 탓이다.

생물학에 관심이 없는 사람이라도 리처드 도킨스의 이름은 모르지 않을 것이고, 설령 도킨스의 이름을 모르더라도《이기적 유전자》

를 들어보지 못한 사람은 없을 것이다. 올가을, 〈경향신문〉은 출판계 전문가들의 추천을 받아 해방 이후 우리 사회에 가장 큰 영향을 미친 책을 뽑아보았다. 그중 제일 많은 추천을 받은 상위 25권 목록에는 과학책이 딱 두 권 포함되어 있었는데, 그중 한 권이 《이기적 유전자》였다(다른 한 권은 칼 세이건의 《코스모스》였다). 생물학자 최재천 교수가 《이기적 유전자》를 "인생을 바꿔놓은 책"으로 꼽는 것은 유명한 이야기이거니와, 학자가 아닌 일반 독자들에게도 《이기적 유전자》는 유전자의 관점에서 진화를 바라보는 시각을 처음 알려준 책이자 진화생물학의 입문서로 기능했을 것이다.

그다음으로 유명한 것은 (어떤 사람들 사이에서는 차라리 악명이겠지만) 《만들어진 신》의 저자로서의 도킨스다. 그 책으로 그는 이른바 '신무신론'의 기수가 되었으며, 지난 10년 동안 그는 회의주의와 과학적 기법의 합리성이야말로 우리 시대에 필요한 가치라는 신념을 주장하는 일에 헌신해왔다.

그러나 《이기적 유전자》와 《만들어진 신》 외의 도킨스는 그다지 많이 알려져 있지 않다. 조지 C. 윌리엄스, W. D. 해밀턴 등이 제안했던 생물학적 통찰을 완벽하게 하나로 통합하여 이기적 유전자 관점을 구축한 것 외에, 도킨스가 독자적으로 기여한 바는 무엇일까? 그의 박사 논문 주제는 무엇이었을까? 학교에서는 어떤 선생이었을까? 나아가, 사생활에서는 어떤 사람일까? 그런 궁금증을 풀어주는 자료는 거의 없었으므로(기라성 같은 동료 과학자들과 철학자들이 도킨스에 대해 쓴 글을 모은 《리처드 도킨스 – 우리의 사고를 바꾼 과학자》가 있긴 하지만, 이 책은 《이기적 유전자》 30주년을 기념한 논문집이었던 탓에 주로 그 주제에만 초점을 맞췄다), 이 자서전은 그를 좀 더 잘 알고 싶은 독자에게 거의 유일한 정보원으로서 소중한 의미가 있다.

자서전의 1권은 그의 출생부터 첫 책《이기적 유전자》를 낸 35세까지의 인생 전반부를 다루고, 2권은 이후 십여 권의 책을 더 쓰고 수많은 방송에 출연하며 세상에서 제일 유명한 생물학자가 된 인생 후반부를 다룬다. 어떤 독자는 그가 케냐에서 태어났다는 사실을 알고서 첫 쪽에서부터 놀랄지도 모르겠다. 더구나 그가 대대로 영국 식민주의의 혜택을 입어온 집안 출신이며 그 자신도 그런 배경이 자신에게 유리하게 작용했음을 부인하지 않는다는 것도 흥미로운 사실이다.

그 밖에도 우리가 자서전에서 새롭게 알게 되는 사실을 열거하자면 한도 끝도 없을 테지만, "내가 쓴 책들의 내용을 여기서 시시콜콜 밝힐 필요는 없을 것이다. 왜냐하면 그 책들은 아직까지 단 한 권도 절판되지 않았으니 여러분이 그냥 그 책들을 직접 읽으면 되기 때문이다"라는 도킨스의 천연덕스러운 말마따나, 여기에서 시시콜콜 다시 이야기할 필요는 없을 것이다.

그래도 굳이 흥미롭다고 짚어두고 싶은 대목은 역시, 그가 이름난 그 저작들을 쓰게 된 과정에 얽힌 뒷이야기들이다. 옥스퍼드 대학 출판부의 편집자 마이클 로저스가《이기적 유전자》원고를 읽고는 대뜸 그에게 전화를 걸어 "제가 꼭 이 원고를 가져야겠습니다!"라고 고래고래 고함질렀다는 얘기, 도킨스가 그런 로저스에게 충성하는 의미에서 로저스가 출판사를 옮길 때마다 따라서 옮겨 다녔다는 얘기, 그리고 어떻게 도킨스가 과학 출판계의 "상어"로 불리는 저작권 대리인 존 브록먼과 손잡게 되었는가 하는 사연, 도킨스가 자기 책들 중에서 제일 자랑스럽게 여기는 것은 무엇이고 제일 안타깝게 여기는 것은 무엇인가 하는 얘기, "영혼의 쌍둥이"라는 평을 들었을 정도로 훌륭한 독일어판을 만들어준 번역자 이야기와 리콜을 해야 할 만큼 형편없었던 스페인어판 이야기….

그의 인생을 수놓은 유명 과학자들, 친구들 이야기도 빼놓을 수 없다. 그가 애정을 담아 따랐던 지도 교수 니코 틴베르헌, 글쓰기의 모범으로 삼았다는 피터 메더워, 가장 존경하는 선배인 듯한 존 메이너드 스미스 등등 저명 생물학자들과의 교분은 물론이거니와 대니얼 데닛, 캐럴린 포르코, 닐 디그래스 타이슨 등등 다른 분야 학자들과의 교분도 소개된다. 특히 한때 그의 숙적처럼 이야기되었던 스티븐 제이 굴드, 무신론의 쌍두마차로 그와 나란히 활약했던 크리스토퍼 히친스, 그가 유일하게 팬레터를 쓴 소설가였으며 그 인연으로 그에게 세 번째 아내인 배우 랄라 워드를 소개해주기도 했던 더글러스 애덤스를 회고하는 대목은 무척 뭉클하다.

그동안 도킨스의 논증적이고 논쟁적인 글에만 익숙했던 독자에게는 여담에서 여담으로 한없이 삼천포로 빠지기도 하는 이 자서전이 낯설지도 모른다. 하지만 그가 태연자약하고 뻔뻔하게 말했듯이, "자서전에서 감상적인 말을 할 수 없다면 대체 어디서 하겠는가?"

도킨스는 이제 일종의 아이콘이 되었다. 진화의 유전자 중심 관점을 상징하는 아이콘, 우리 시대 대중 과학서를 상징하는 아이콘, 회의주의와 무신론을 상징하는 아이콘이다. 무릇 아이콘의 숙명은 그다지 달갑지 않은 숭배와 조금은 억울한 비난을 둘 다 과하게 받게 되는 것이다. 자신이 의도하지 않았던 영역에까지 영향력을 미치게 되고, 여러 오해와 실수가 영구히 박제되는 것이다. 앞으로도 오랫동안 그런 아이콘의 자리를 지킬 게 분명한 도킨스이기에, 그의 입장에서 이야기를 들려준 이 자서전이 너무 늦기 전에 출간된 건 그에게는 다행스러운 일이고 우리에게는 만족스러운 일이다.

유명세라고 하니까 떠오르는 일화가 있다. 자서전 2권에는 웬 창조론자가 도킨스에게 공개 토론회를 제안했다가 거절당하자 무대에 빈 의자를 놓아두고 행사를 강행했던 이야기가 나온다. 그 창조론자의 술책에 대해서, 도킨스는 〈가디언〉에 공개적으로 제 입장을 밝히는 글을 쓰며 이렇게 말했다.

> 크레이그가 내가 부재한 상태에서 토론하겠다고 하는 날 밤에 나를 볼 수 없는 장소는 옥스퍼드만이 아니다. 그날 여러분은 케임브리지, 리버풀, 버밍엄, 맨체스터, 에든버러, 글래스고, 그리고 만일 내 시간이 허락한다면 브리스틀에서도 내가 나타나지 않는 모습을 볼 수 있을 것이다.

이렇게 점잖으면서도 신랄한 유머에 웃지 않을 독자가 있을까. 도킨스는 무엇보다도 최고의 작가다. 이 자서전은 그 사실을 다시 한 번 확인시켜 준다.

마지막으로, 한국어판 제목이 《리처드 도킨스 자서전》인 것에 대해서 한마디 변명을 해둬야 할 것 같다. 이 책에서 도킨스가 똑같이 영어로 된 책인데도 영국판 제목과 미국판 제목이 다른 것을 불평한 걸 보았으니까 말이다. 영국에서는 이 자서전의 두 권이 2년의 간격을 두고 마치 서로 독립적인 책인 것처럼 출간되었지만, 한국어판은 함께 나오게 되었다. 그리고 원제에 숨은 사소한 말장난을 살려서 옮기는 것이 내게 역부족이었다. 1권의 원제 '경이를 향한 갈망'은 원래 《무지개를 풀며》의 부제('과학, 망상, 그리고 경이를 향한 갈망') 중 한 대목인데, 《무지개를 풀며》의 한국어판에서는 이 부제가 쓰이지 않았기 때문에 참조의 의미가 적어졌다. 한편 2권의 원제 '어둠 속의 짧은 촛불'은 도킨스가 2권의 서두에 인용한 세 문구를 노골적으로 조합한 것인데(《맥베스》의 한 대목인 '짧은 촛불'과 칼 세이건의 책 부제 '어둠 속의 촛불'을 합했다), 의미를 제대로 전달하려면 '짧게 어둠을 비추는 촛불' 정도로 옮겨야 좋겠지만 그러면 인용구들을 엮었다는 뜻을 전달하기 어렵다. 그래서 원제의 부제만을 살리고 제목은 바뀌었다.

김명남

차례

• **《리처드 도킨스 자서전 2》** 나의 과학 인생

차례

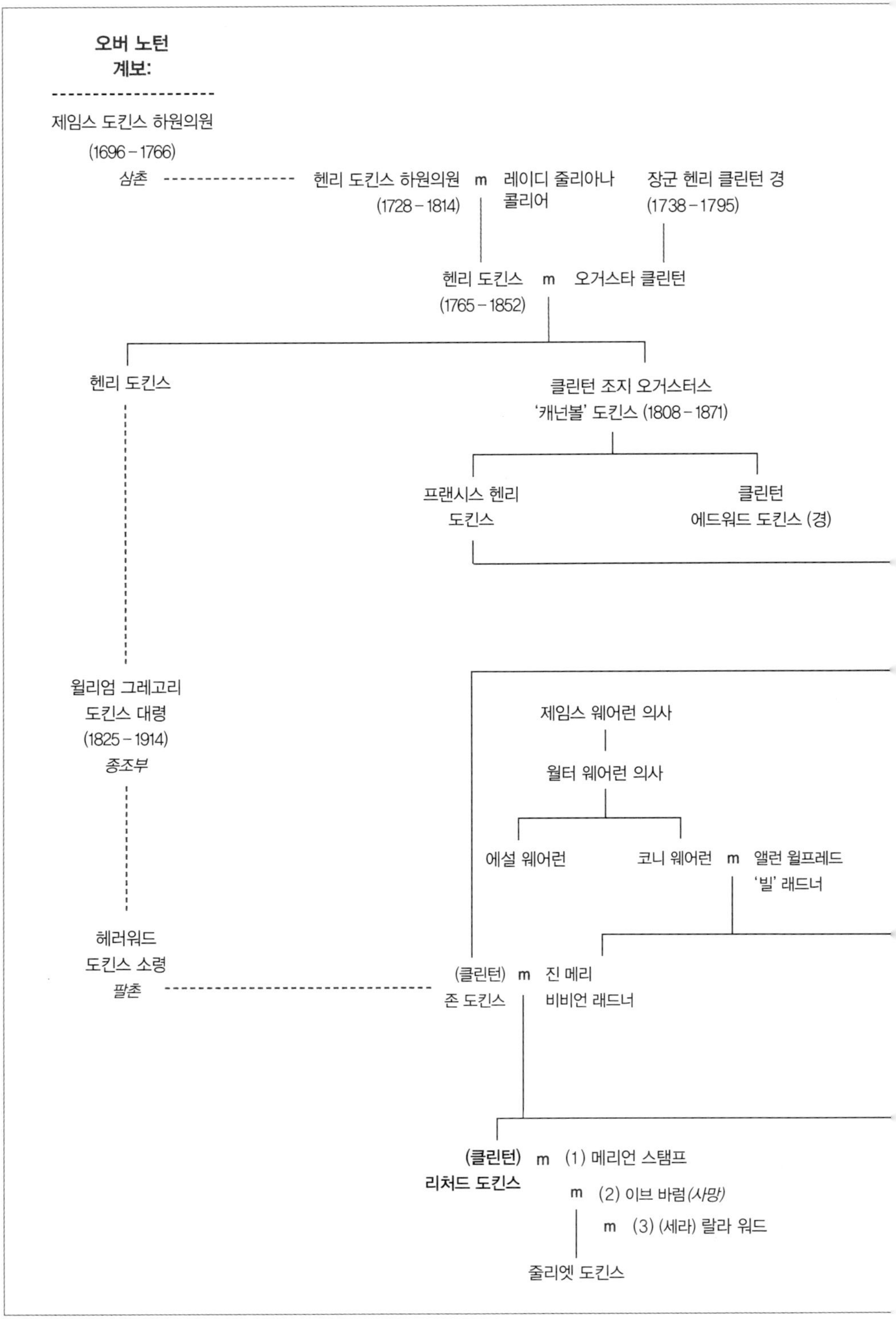
오버 노턴
계보:
제임스 도킨스 하원의원
(1696 – 1766)
삼촌
헨리 도킨스 하원의원
(1728 – 1814)
m
레이디 줄리아나
콜리어
장군 헨리 클린턴 경
(1738 – 1795)
헨리 도킨스
(1765 – 1852)
m
오거스타 클린턴
헨리 도킨스
클린턴 조지 오거스터스
'캐넌볼' 도킨스 (1808 – 1871)
프랜시스 헨리
도킨스
클린턴
에드워드 도킨스 (경)
윌리엄 그레고리
도킨스 대령
(1825 – 1914)
종조부
제임스 웨어런 의사
월터 웨어런 의사
에설 웨어런
코니 웨어런
m
앨런 윌프레드
'빌' 래드너
헤러워드
도킨스 소령
팔촌
(클린턴)
존 도킨스
m
진 메리
비비언 래드너
(클린턴)
리처드 도킨스
m
(1) 메리언 스탬프
m
(2) 이브 바럼 (사망)
m
(3) (세라) 랄라 워드
줄리엣 도킨스

나를 만든 생명의 물질이
이곳으로 날아왔고, 그리하여 여기 내가 있네.

_ A. E. 하우스먼, 《슈롭셔 젊은이》 중에서

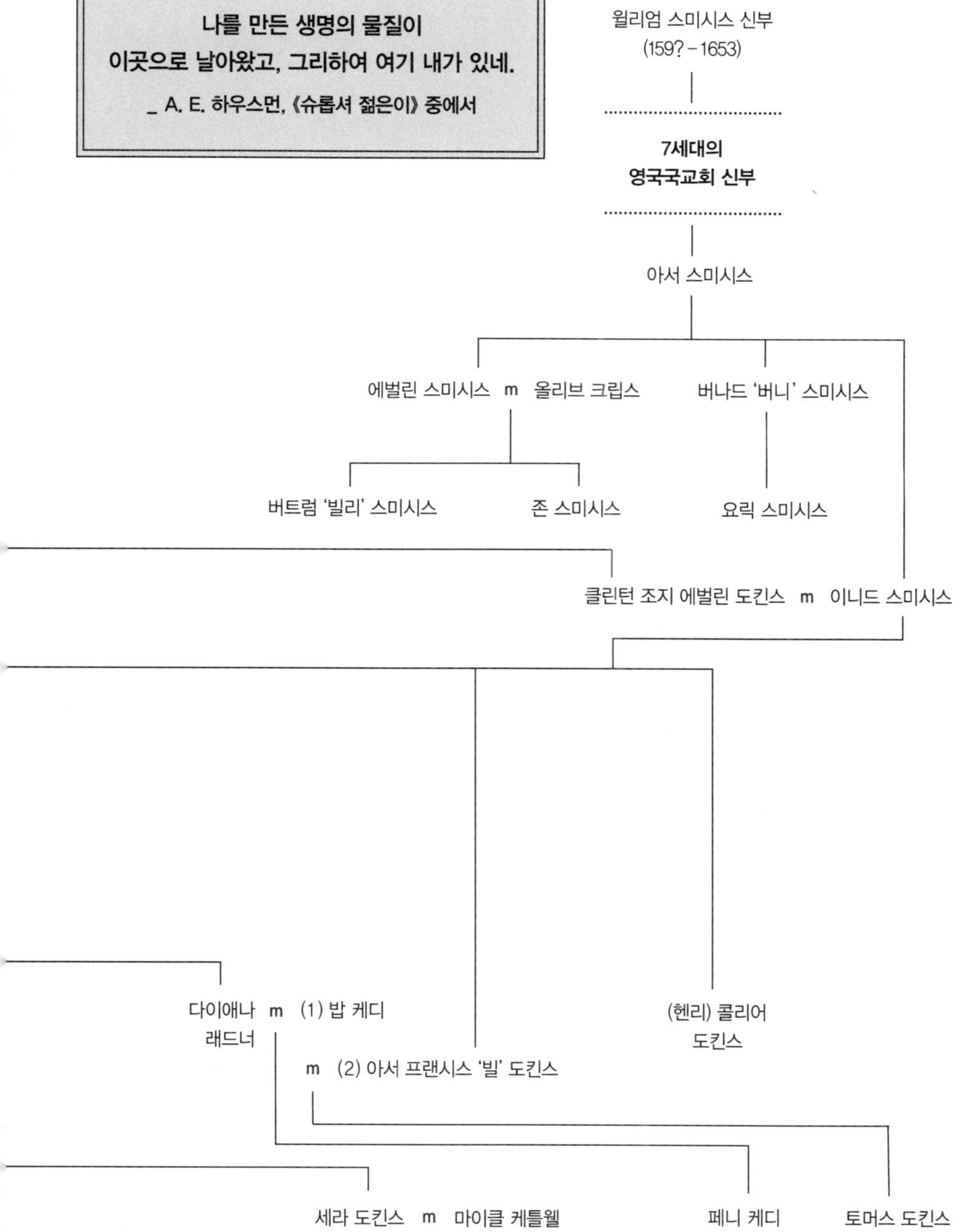

RICHARD DAWKINS

1

유전자와 피스헬멧

The Making of a Scientist

"반갑습니다, 클린턴 씨." 싹싹한 여권 담당자는 영국 사람들이 가끔 집안에서 내려오는 이름을 맨 앞에 놓고 부모가 자식에게 붙이고 싶은 이름을 그 뒤에 둔다는 사실을 모르는 것 같았다. 나는 늘 리처드였다. 아버지가 늘 존이었던 것처럼. 우리 부자의 이름 맨 앞에 붙은 '클린턴'은 평소 잊고 사는 이름이다. 부모들도 그러라고 붙인 것이었다. 내게 그 이름은 차라리 없었으면 좋겠다 싶을 만큼 거추장스럽고 성가신 것일 뿐이다(덕분에 우연히도 내가 찰스 로버트 다윈과 머리글자가 같아지기는 했지만). 하지만 어쩌랴, 누구도 미처 미국 국토안보부를 예상하지 못했던 것을. 그들은 우리 신발을 검사하고 치약을 압수하는 데 만족하지 않고, 미국에 입국하는 사람은 누구든 여권에 적힌 첫 번째 이름으로만 여행해야 한다고 정해두었다. 그래서 나는 미국행 티켓을 예매할 때 평생 리처드로 살아온 정체성을 버리고 클린턴 R. 도킨스로 나 자신을 쇄신해야 했다. 중요한 서식들에 기입할 때도 마찬가지였다. 미국에 입국하는 목적이 무력으로 그 체제를 전복시키기 위해서가 아니라는 사실을 명시적으로 선언하라고 요구하는 서식들 말이다. (영국 방송인 길버트 하딩은 그것이야말로 '유일한 방문 목적'이라고 적어 냈다는데, 요즘은 그렇게 경거망동을 했다가는 큰코다칠 것이다.)

클린턴 리처드 도킨스. 그러니까 이것이 출생증명서와 여권에 적힌 내 이름이고, 내 아버지는 클린턴 존 도킨스다. 그런데 공교롭게도 1941년 3월 나이로비 에스코테네병원에서 태어난 사내아이의 아버지로 〈타임스〉에 이름이 실린 C. 도킨스가 내 아버지 말고도 또 있었다. 그 다른 사람은 커스버트 도킨스라는 영국국교회 신부로, 우리와는 인척 관계가 없었다. 내 어머니는 알지도 못하는 영국 주교들이며 사제들이 갓 태어난 아들에게 신의 축복을 빌며 축하 세례를 보내오는 바람에 어리둥절했다. 커스버트의 아들에게 돌아갔어야 할 축복이 내게 잘못 베풀어진 덕분에 내가 더 나은 사람이 되었는지 아닌지 그건 모르겠지만, 하여간 그쪽은 자기 아버지를 따라서 선교사가 되었고 나는 내 아버지를 따라서 생물학자가 되었다. 요즘도 어머니는 내가 바뀐 아이일지도 모른다고 농담한다. 나는 그저 나와 아버지가 닮았다는 점 외에도 내가 바뀐 아이가 아니라는 증거는 수두룩하다는 데 만족할 따름이다. 내가 성직의 운명을 타고나지 않았다는 데도 만족한다.

클린턴이 처음 도킨스 집안의 이름으로 쓰인 것은, 내 5대조 할아버지 헨리 도킨스(1765~1852)가 1778년에서 1782년까지 영국군 총사령관으로서 미국독립전쟁에서 영국이 패한 데 일말의 책임이 있었던 헨리 클린턴 장군(1738~1795)의 딸 오거스타와 결혼한 때부터였다. 결혼의 상황을 감안한다면, 우리 할아버지가 장군의 성을 함부로 자기 집안 이름으로 가져다 쓴 것은 다소 괘씸한 일이라 하지 않을 수 없다. 아래 발췌문은 클린턴 장군이 살았던 그레이트 포틀랜드 거리의 역사를 기록한 글에서 가져온 것이다.

> 1788년, 그의 딸이 도킨스 씨와 함께 전세 마차로 이 거리를 떠나 사랑의 도피를 감행했다. 도킨스 씨는 추적을 피하기 위해서 마차 여섯 대를 더 빌렸다. 그것들을 포틀랜드 플레이스로 이어지는 모든 길목에 세워두었다가, 각각 서로 다른 방향으로 최대한 빨리 달아나라는 지시를 내려두었다….[1]

우리 집안의 역사를 장식하는 이 일화가 작가 스티븐 리콕에게 영감을 주어서 그의 인물 로널드 경이 '말에 훌쩍 올라타고는 미친 듯이 사방으로 달려갔다(유머러스한 글로 유명했던 작가 리콕의 어느 난센스 소설에서 등장인물 로널드 경이 했던 행동을 묘사한 저 난센스 문장은 유명하다 – 옮긴이)'는 문장을 쓰게 만들었다면 얼마나 좋겠는가마는, 이것은 내 바람일 뿐이다. 나는 또 내가 헨리 도킨스의 열정은 두말할 것도 없고 그 지모를 조금이라도 물려받았다면 좋겠지만, 결코 그렇지는 않을 것이다. 내 게놈의 겨우 32분의 1만이 그에게서 왔기 때문이다. 한편 클린턴 장군에게서 온 부분은 64분의 1인데, 내게 군사적 성향은 손톱만큼도 없다. 문학계에는 《더버빌가의 테스》나 《배스커빌가의 개》 외에도 먼 조상으로의 유전적 '회귀'를 언급한 작품이 많은데, 그것은 세대가 한 차례 지날 때마다 조상과 후손이 공유하는 유전자의 비가 절반으로 줄기 때문에 결국에는 기하급수적으로 줄어서 사라진다는 사실을 망각한 것이다. 물론 친척간 결혼이라면 그렇지 않을 것이다. 그런데 친척간 결혼은 촌수가 멀수록 흔하므로, 결국 우리는 다들 어느 정도 관계가 있는 먼 친척들인 셈이다.

우리가 타임머신을 타고 과거로 거슬러 올라간다고 할 때, 과거에서 만나는 사람들 중 미래에 후손을 남긴 사람이라면 그 누구든지 미래에 사는 모든 사람의 선조에 해당한다. 이 놀라운 사실은 앉은자리에서 머릿속으로 따져보기만 해도 쉽게 증명할 수 있다. 타임머신이 충분히 먼 과거로 거슬러 올라갈 경우, 우리가 만나는 모든 사람은 현재 살아 있는 모든 사람의 선조이거나 누구의 선조도 아니거나, 둘 중 하나다. 이것은 수학자들이 사랑하는 귀류법을 써보면 알 수 있는 사실로, 데본기의 물고기 선조들에 대해서도 똑같이 말할 수 있다(내 물고기 선조는 여러분의 물고기 선조와 같은 개체여야 한다. 그렇지 않다면 여러분의 물고기 선조가 남긴 후손들과 내 물고기 선조가 남긴 후손들이 3억 년 동안 서로 교배하지 않고 순결하게 갈라져 살아왔는데도 오늘날 우리가 서로 교배할 수 있다는 말인데, 이것은 있을 수 없는 일이기 때문이다). 단지 얼마나 거슬러 올라가야만 그렇게 말할 수 있느냐가 문제일 뿐이다. 물고기 선조까지 올라갈 필요는 없겠지만, 그렇다면 얼마나? 글쎄, 자세한 계산은 건너뛰고 대충 말하자면, 현재 영국 여왕 엘리자베스 2세가 정복왕 윌리엄에게서 유래했다고 말할 수 있는 한 여러분도 아마 그럴 것이다(적통이냐 서출이냐 하는 차이는 있겠지만, 나 또한 그렇다고 알고 있다. 족보를 아는 사람이라면 누구나 그럴 것이다).

헨리와 오거스타의 아들 클린턴 조지 오거스터스 도킨스(1808~1871)는 도킨스 집안에서 클린턴이라는 이름을 실제로 사용한 몇 안 되는 인물 중 하나였다. 그가 만일 아버지의 열정을 물려받았더라도, 1849년에 베네치아에서 오스트리아의 폭격을 경험한 뒤로는 거의 잃었을 게 분명하다. 당시 그는 영국 영사로 베네치아에 가 있었다. 나는 포탄을 하나 갖고 있는데, 받침대의 청동 표찰에는 다음과 같은 문장이 새겨져 있다. 누가 한 말인지 얼마나 믿을 만한 말인지는 알 수 없지만, 진위야 어떻든 번역하면 다음과 같다(당시의 외교 언어였던 프랑스어로 씌어 있다).

> 어느 날 밤 그가 침대에 누워 있을 때, 포탄이 이불을 뚫고 떨어져 두 다리 사이를 통과했다. 다행히 그는 외상만 입는 데 그쳤다. 나는 처음에 이 이야기를 거짓말로 여겼지만, 나중에 진실에 바탕한 이야기임을 확인하게 되었다. 사건 이후 한 스위스인 동료가 미국 영사의 장례식에 갔다가 그를 만났는데, 사건에 대해서 묻자 그는 웃으면서 정말로 있었던 일이고 바로 그 때문에 지금 다리를 절고 있다고 대답했던 것이다.

내 선조가 용케 귀중한 부위를 다치지 않았던 그 사건은 그가 그 부위를 사용하기 전에 벌어졌다. 나는 그 탄도학적 요행 덕분에 지금 내가 존재하는 거라고 말하고픈 마음이 굴뚝같다. 포탄이 셰익스피어가 가랑무라고 묘사했던 부위에 몇 센티미터만 더 가까이 떨어졌어도…. 그러나 사실, 나든 여러분이든 우편배달부든, 모든 사람의 존재는 그보다 훨씬 더 아슬아슬하게 이어져온 운에 달려 있다. 지금 우리가 여기 존재할 수 있는 것은 우주가 탄생한 뒤 벌어진 모든 사건이 정확히 그 시기에 그 장소에서 벌어졌기 때문이다. 포탄 사건은 훨씬 더 일반적인 현상을 극적으로 보여준 하나의 예시일 뿐이다. 내가 이전에 다른 지면에서도 말했듯이, 옛날 옛적에 키 큰 소철나무에서 왼쪽으로 두 번째에 있었던 그 공룡이 하필 그 순간에 재채기를 하는 바람에 모든 포유류의 선조가 될 작은 뒤쥐 같은 동물을 놓치는 일이 없었다면, 오늘날 우리는 아무도 이 자리에 없을지 모른다. 그러니 우리는 누구나 자신의 존재를 대단한 요행으로 여겨도 좋다. 좌우간 그럼에도 불구하고, 물론 사후니까 이처럼 당당히 선언할 수 있는 것이지만, 우리는 여기에 존재한다.

C. G. A. ('캐넌볼') 도킨스의 아들 클린턴 에드워드 도킨스(1859~1905)는 옥스퍼드 베일리얼 칼리지에 들어간 여러 도킨스 집안 사람 중 하나였다(나중에 '경'이 되었다). 시기가 마침 맞았던지라 그는 이른바 〈베일리얼 노래〉 속에 영영 이름을 남겼다. 〈베일리얼 노래〉는 1881년에 '베일리얼 가면극'이라는 제목의 인쇄물로 처음 출판되었는데, 그해 봄학기에 대학생 일곱 명이 칼리지의 유명 인물들에 대해 상스러운 시를 지어서 인쇄한 것이었다. 제일 유명한 구절은 베일리얼의 위대한 학장 벤저민 조엣을 노래한 대목으로, 훗날 노리치대성당 주임 신부가 되는 H. C. 비칭이 지었다.

> 맨 처음은 나, 내 이름은 조엣.
> 내가 모르는 지식은 없지.
> 나는 이 칼리지의 학장이고,
> 내가 모르는 건 지식이 아냐.

이보다 재치가 떨어지지만 내게 더 흥미로운 구절은 클린턴 에드워드 도킨스에 대한 대목이다.

> 무릇 실증주의자는 언제나
> 도킨스처럼 서사적인 스타일로 말하지.
> 신은 아무것도 아니고 인간이 제일이니,
> 인간도 대문자로 써야 한다는 거야.

빅토리아 시대에는 지금보다 자유사상가가 드물었다. 5촌 종증조부인 그분을 만나볼 수 있었다면 얼마나 좋았을까(어릴 때 그분의 두 누이동생을 만난 적은 있다. 두 분 다 굉장한 노령이었다. 한 분은 두 하녀를 존슨과 해리스라고 불렀는데, 하녀들을 굳이 그런 이름으로 부르는 관습은 참 이상하다고 생각했던 기억이 있다). 그리고 그 '서사적인 스타일'이란 어떤 것이었을까?

클린턴 경은 나중에 자신의 조카이자 내 할아버지인 클린턴 조지 에벌린 도킨스의 베일리얼 학비를 대주었던 것 같다. 하지만 내 할아버지는 대학에서 오로지 노만 저었다. 할아버지가 강에서 노 저을 준비를 하는 모습을 찍은 사진이 있다(화보를 보라). 에드워드 시대 옥스퍼드의 한여름을 있는 그대로 연상시키는 광경으로, 맥스 비어봄의 《줄라이카 돕슨》 중 한 장면이라고 해도 통할 것 같다. 모자를 쓴 구경꾼들은 바지선 위에 서 있다. 두어 세대 전만 해도 모든 칼리지의 조정 클럽들은 그런 바지선을 강에 띄워서 보트하우스로 썼지만, 안타깝게도 요즘은 물가에 지은 실용적인 벽돌 건물로 모두 교체되었다. (아직 떠다니는—최소한 좌초된 상태로라도—바지선이 한두 척은 있는데, 옥스퍼드 근처 후미진 곳으로 견인되어 쇠물닭과 논병아리 사이에 정박되어 있다.) 할아버지는 아들들 중에서도 내 아버지와 콜리어 삼촌과 똑같이 생겼다. 가족간의 유사성은 세대가 지날수록 급속히 사라지기 마련인데도, 나는 늘 이 주제에 매력을 느낀다.

할아버지는 베일리얼에 헌신했다. 대학생에게 할당된 정상적인 재적 기간보다 훨씬 더 오래 머물려고 안간힘을 썼다. 내 짐작에는 순전히 노 젓기를 계속하려고 그랬던 것 같다. 가끔 내가 고령의 할아버지를 찾아가면 그때도 할아버지의 대화 주제는 주로 대학이었다. 할아버지는 요즘도 학생들이 에드워드 시대의 속어를 쓰는지 거듭 물어보셨다(나는 거듭 안 쓴다고 말씀드렸다). 이를테면 학장(마스터)을 '머거'라고 부르고, 휴지통(웨이스트페이퍼 바스켓)을 '웨거 패거'라고 부르고, 순교자 기념비(마터스 메모리얼)를 '매거스 메모거'라고 부르는 식이다(자주 쓰는 단어의 어미에 모두 '-er'를 붙여 발음하는 옥스퍼드 전통을 말한다 – 옮긴이). 여담이지만, 순교자 기념비란 베일리얼 교정 바로 밖에 선 십자탑으로, 1555년에 기독교의 다른 종파와 연관되었다는 이유로 옥스퍼드에서 화형에 처해진 세 국교회 주교를 기념하는 비다.

친할아버지에 대한 마지막 추억 중 하나는 베일리얼 고디(일종의 동창회로 매년 다른 연령집단이 모여 논다)에 마지막으로 그분을 모셔다 드린 기억이다. 할아버지가 다들 보행보조기를 밀며 나팔형 보청기와 코안경으로 치장한 옛 친구들에게 둘러싸여 있을 때, 누군가 그를 알아보고 명백히 비꼬는 농담을 던졌다. "여어, 도킨스. 아직도 리앤더클럽에서 노 젓나?" 나는 옛 친구들 사이에서 조금 쓸쓸해 보이는 할아버지를 두고 자리를 떴다. 그분들 중 몇몇은 틀림없이 보어전쟁에서 싸웠을 테니, 힐레어 벨록의 유명한 시 〈아직 아프리카에 있는 베일리얼 벗들에게〉를 헌정받을 자격이 충분했다.

오래전, 내가 베일리얼에 있을 때,
베일리얼 벗들은 — 나도 그중 하나였지 —
겨울 강물에서 함께 헤엄쳤고,
햇살 아래에서 함께 뒹굴었지.
여전히 우리 가슴에 있는 베일리얼, 베일리얼이여,
이미 사랑받는 존재였으나 다들 그런 줄을 몰랐던,
그 베일리얼이 우리 하나하나를 다른 모두와 엮어주었지.
청년들을 소집하여, 그중에서 우리 벗들을 골랐지.
이 학교가 사내에게 갖춰주는 것은
소년의 눈동자와 방랑자의 심장,
세상의 역경을 웃어넘기는 태도,
기꺼이 위험을 갈망하는 성스러운 허기와 갈증.
베일리얼이 나를 만들었고, 베일리얼이 나를 키웠으며,
내가 가진 것 모두를 다시 한 번 내게 주었으니,
최고의 베일리얼은 나를 사랑하고 나를 이끌었네.
부디 신이 함께하라, 그대 베일리얼 벗들에게.

나는 2011년에 열린 아버지의 장례식에서 간신히 이 시를 낭독했고, 2012년에 멜버른에서 열린 세계무신론자대회에서 역시 베일리얼 출신인 크리스토퍼 히친스를 추모하며 또 한 번 간신히 이 시를 낭독했다. 왜 간신히 낭독했는가 하면, 설령 행복한 순간이라도 나는 좋아하는 시를 읊을 때면 창피할 정도로 쉽게 눈물이 맺히는 경향이 있고, 벨록이 쓴 이 시는 그중에서도 상습범이기 때문이다.

할아버지는 베일리얼을 졸업한 뒤 여느 집안 남자들처럼 식민지 공무원으로 일을 시작했다. 할아버지는 버마(현재의 미얀마)의 삼림 관리위원이 되어, 후미진 활엽수림 속에서 고도로 숙련된 코끼리 벌목꾼들의 중노동을 감독하며 많은 시간을 보냈다. 1921년에 막내아들 콜리어(오거스타 클린턴과 사랑의 도피를 했던 진취적인 헨리의 어머니, 레이디 줄리아나 콜리어의 이름을 땄다)가 태어났다는 소식을 들었을 때도—나는 끝이 갈라진 막대기에 쪽지를 끼운 보발꾼이 소식을 전했으리라고 상상하길 좋아한다—할아버지는 내륙 깊숙한 티크나무숲 속에 있었다. 그 소식에 흥분한 할아버지는 다른 교통편이 마련되기를 기다리지 못하고, 자전거로 80킬로미터를 달려 아내 이니드의 침상으로 달려갔다. 그러고는 새로 얻은 아들의 코가 딱 '도킨스 집안 코'라고 자랑스레 말했다. 진화심리학자들은 사람들이 신생아의 외모에서 모계와 닮은 점보다 부계와 닮은 점을 찾으려고 유달리 애쓴다는 사실을 오래전부터 지적했다. 이런 행동에는 분명한 이유가 있다. 아버지가 누군지 정확히 말하기는 어머니가 누군지 말하는 것보다 더 어렵기 때문이다.

콜리어는 세 아들 중 막내였고, 내 아버지 존은 첫째였다. 세 형제는 모두 버마에서 태어나서 믿음직한 하인들이 장대에 매단 아기바구니에 담긴 채 밀림 속을 이동했고, 셋 다 나중에 아버지의 뒤를 이어 식민지 공무원이 되었다. 그리고 셋 다 아프리카에 머물렀지만, 지역은 달랐다. 나의 아버지는 니아살랜드(현재의 말라위), 둘째 아들인 빌 삼촌은 시에라리온, 콜리어 삼촌은 우간다였다. 빌 삼촌의 본명은 친할아버지와 외할아버지의 이름을 따서 아서 프랜시스였지만, 어렸을 때 루이스 캐럴의 도마뱀 빌과 꼭 닮았다고 해서 늘 빌이라고 불렸다. 아버지와 콜리어 삼촌은 젊을 때 워낙 비슷하게 생긴 나머지, 한번은 길에서 누가 아버지를 불러세우고 이렇게 물었다고 한다. "자네 자네인가, 아니면 자네 동생인가?" (이 일화는 사실이다. 내가 현재 몸담은 옥스퍼드 뉴 칼리지의 역대 워든(학장)들 중에서 유일하게 자기 이름을 딴 '~이즘'이라는 용어를 지닌 W. A. 스푸너('스푸너리즘'은 두 단어의 초성을 바꿔 발음하는 말실수로, 스푸너가 자주 했다고 하여 붙은 이름이다 – 옮긴이)에 대해서도 비슷한 전설이 있는데, 신빙성은 이쪽이 더 낮을 것이다. 어느 날 스푸너는 교정에서 웬 청년에게 인사하면서 이렇게 물었다고 한다. "보자, 맨날 헷갈리는데, 전쟁에 나갔다가 죽은 게 자네였나 자네 형이었나?") 빌과 콜리어 삼촌은 나이 들면서 더 닮았고(할아버지와도 더 닮았다), 내 아버지는 덜 닮았다. 적어도 내가 보기에는 그랬다. 가족간 유사성이 생활사의 여러 단계에서 나타났다 사라졌다 한다는 점도 내가 이 주제에 매력을 느끼는 이유다. 우리는 유전자가 배아 발생 단계에서만이 아니라 인생 전체에 걸쳐 꾸준히 영향을 미친다는 사실을 잊기 쉽다.

조부모에게는 안됐게도, 딸은 없었다. 조부모는 막내를 딸로 낳아 '줄리아나'라고 부르려고 했지만, 그녀의 고상한 성을 막냇삼촌에게 붙이는 데 만족할 수밖에 없었다. 세 형제는 다들 재능이 있었다. 공부를 제일 잘한 사람은 콜리어 삼촌이었고, 운동을 제일 잘한 사람은 빌 삼촌이었다. 나는 나중에 들어간 학교에서 100미터 달리기 학교 기록 보유자로 빌 삼촌의 이름이 적혀 있는 것을 보고 퍽 자랑스러웠다. 그 능력은 제2차 세계대전 초반 럭비 국가대표팀과 군대

대표팀이 경기를 벌였을 때 삼촌이 군대팀으로서 멋지게 터치다운에 성공하는 데 도움이 되었을 것이다. 나는 빌 삼촌의 운동신경을 전혀 공유하지 못했다. 그래도 나는 내가 아버지에게서 과학적으로 생각하는 방법을 배웠고 콜리어 삼촌에게서 과학적으로 설명하는 방법을 배웠다고 믿고 싶다. 콜리어 삼촌은 우간다를 떠난 뒤 옥스퍼드 학장이 되었고, 생물학자들에게 제대로 이해시키기가 어려운 주제로 악명 높은 통계학을 잘 가르치는 선생으로 존경받았다. 삼촌은 너무 일찍 세상을 떴다. 나는《에덴의 강》을 삼촌에게 바치며 이렇게 헌사를 썼다.

> 헨리 콜리어 도킨스(1921~1992)를 기억하며. 옥스퍼드 세인트존 칼리지의 펠로였으며 매사를 명료하게 만드는 데 일가견이 있었던 삼촌을 위하여.

세 형제는 태어난 순서를 뒤집은 순서로 돌아가셨다. 세 분 모두 무척 그립다. 내 대부이기도 한 빌 삼촌이 2009년 93세를 일기로 돌아가셨을 때, 나는 장례식에서 추도사를 읽었다.[2] 그 자리에서 나는 영국의 식민지 공무원 중에는 나쁜 사람도 아주 많았지만 좋은 사람은 또 정말 좋았다는 말을 하고 싶었다. 빌 삼촌은 다른 두 형제처럼, 그리고 나중에 소개할 딕 케틀웰처럼,[3] 좋은 쪽이었다.

세 형제는 모두 아버지의 뒤를 이어 식민지 공무원이 되었듯이 어머니 쪽에서도 비슷한 점을 물려받았다. 형제의 외할아버지인 아서 스미시스는 인도에 파견된 수석 삼림관리위원이었다. 그 아들 에벌린은 네팔의 수석 삼림관리위원이었다. 내 친할아버지는 그 에벌린 스미시스와 옥스퍼드에서 함께 삼림학을 공부했고, 그 덕분에 에벌린의 여동생이자 내 친할머니인 이니드를 만나 결혼했다. 에벌린은 《인도의 삼림자원》(1925)이라는 유명한 책뿐 아니라 우표 수집 분야의 고전도 여러 권 썼다. 한편 그 아내 올리브는, 말하기 유감스럽지만, 호랑이 사냥이 취미였다. 《호랑이 여인》이라는 책도 냈다. 책에는 그녀가 헬멧모자를 쓴 채 호랑이에 걸터앉아 있고 남편이 그녀의 어깨를 자랑스레 다독이는 사진이 실려 있는데, '잘했어, 깜찍한 여자가'라는 캡션이 아래에 적혀 있다. 보나마나 그녀는 내 타입은 아니었을 것이다.

올리브와 에벌린의 큰아들이자 내 아버지의 사촌인 과묵한 버트럼 ('빌리') 스미시스도 삼림공무원이었다. 처음에는 버마에, 나중에는 사라왁에 있었던 그는 《버마의 새》와 《보르네오의 새》라는 정평 난 책을 썼다. 《보르네오의 새》는 (전혀 과묵하지 않은) 여행작가 레드먼드 오핸런이 시인 제임스 펜턴과 함께 보르네오를 여행할 때 일종의 경전과도 같은 역할을 했는데, 그 포복절도할 여행은 《보르네오의 핵심으로》라는 여행기로 기록되었다.

버트럼의 동생 존 스미시스는 집안 전통에서 벗어나, 뛰어난 신경과학자이자 정신분열증 및 향정신성 약물의 권위자가 되었다. 캘리포니아에 사는 그는 올더스 헉슬리가 역시 캘리포니아에서 이른바 '인식의 문'(1954년 헉슬리는 환각제 복용 경험을 《인식의 문》이란 에세이로 발표하여 그 체험의 영적 가치를 옹호했는데, 이때 '인식의 문'은 윌리엄 블레이크의 시 〈천국과 지옥의 결혼〉에서 빌려온 표현이다 – 옮긴이)을 청소하고자 메스칼린을 복용했을 때 그 계기가 된 인물 중 하나로 꼽힌다. 최근에 나는 한 친구가 LSD를 경험하게 해주겠다는 친절한 제안을 건네왔는데 과연 수락해야 할지 말아야 할지 존 스미시스에게 물어보았다. 그는 거절하라고 했다. 한편, 아버지의 또 다른 외사촌 요릭 스미시스는 철학자 비트겐슈타인의 헌신적인 조수였다.[4] 소설가 아이리스 머독의 전기를 쓴 피터 콘래디는 머독이 요릭을 모델로 삼아 《그물을 헤치고》의 휴고 벨파운더를 만들었다고 하면서, 그를 '성스러운 바보'로 묘사했다. 그러나 나는 아래 묘사에서 어떤 점이 닮았다는 것인지 잘 모르겠다.

> 요릭은 버스 차장이 되고 싶어 했지만, (아이리스 머독에 따르면) 버스 회사 역사상 필기시험에 떨어진 유일한 인물이었다… 딱 한 번 주행 수업을 들었을 때는 그가 차를 몰고 인도로 올라갔다 내려왔다 하자 교육관이 내려버렸다.

버스 차장이 되는 데 실패한 데다가 비트겐슈타인으로부터 (다른 대부분의 비트겐슈타인의 학생들과 마찬가지로) 철학을 계속하지 말라는 말을 들은 요릭은 결국 옥스퍼드대학 삼림학부의 사서가 되었다. 집안과의 접점은 그것이 유일했을 것이다. 요릭은 괴짜스러웠고, 코담배와 로마가톨릭교에 심취했으며, 비극적으로 죽었다.

도킨스 형제들의 외할아버지이자 스미시스 형제들의 친할아버지인 아서 스미시스는 아마도 집안에서 처음으로 공무원이 되었던 것 같다. 그의 부계는 7대조(1590년대에 태어난 윌리엄 스미시스 신부)까지 한 명도 예외 없이 줄줄이 국교회 성직자였다. 나도 그 시대였다면 성직자가 되지 말란 법이 없었을 것 같다. 나는 늘 심오한 존재론적 의문들에 흥미를 느꼈는데, 그런 의문들은 종교가 대답하려고 애쓰는 (그러나 실패하는) 의문들이다. 다행스럽게도 나는 그런 의문에 대해 초자연적 대답이 아니라 과학적 대답이 주어지는 시대에 태어났다. 실제로 나는 — 내가 가르친 대부분의 젊은 생물학자들과는 달리 — 자연에 대한 사랑이 아니라 삶의 기원과 속성을 둘러싼 의문에 이끌려 생물학에 흥미를 느끼게 된 편이다. 나는 심지어 야외 활동과 자연 탐사에 몰두하는 집안 전통을 잇지 못했다고 말할 수도 있다. 동물행동학자들의 자전적 에세이를 모은 선집에서 나는 이렇게 짧게 회고한 바 있다.

> 나는 마땅히 어린이 자연학자가 되어야 했다. 모든 유리한 조건이 갖춰져 있었다. 일찍이 열대 아프리카라는 완벽한 환경에서 자랐을 뿐더러, 자연학자가 되기에 완벽한 유전자까지 물려받았다. 수 세대 동안 우리 집안 사람들은 카키색 반바지를 입고 햇볕에 그을린 다리로 제국의 여러 밀림을 누비고 다녔다. 아버지와 두 삼촌처럼, 나는 피스헬멧을 쓰고 태어난 것이나 마찬가지였다.[5]

콜리어 삼촌은 내가 반바지를 입은 모습을 처음 본 뒤 이렇게 말했다(삼촌도 허리띠 두 개로 흘러내리지 않게 한 반바지를 즐겨 입었다). "세상에, 네 무릎이 딱 도킨스 집안 무릎이구나." 나는 위의 글에서 콜리어 삼촌 이야기를 계속하며, 삼촌이 젊은이에게 내리는 최악의 평가는 이런 것이라고 적었다.

> '평생 한 번도 유스호스텔에 묵어보지 않은 사람.' 그런데 유감스럽게도 이 비난은 지금까지의 나를 정확하게 묘사한 말이다. 분명 젊

은 시절의 나는 집안 전통을 실추시켰던 것 같다.

나는 부모에게 최선의 격려를 받았다. 부모님은 콘월 절벽이나 고산 초지에서 마주치는 야생화들의 이름을 줄줄 꿰는 분들이었다. 아버지는 한 술 더 떠 여동생과 내게 라틴어 학명을 알려줌으로써 우리를 즐겁게 했다(아이들은 비록 뜻을 몰라도 그런 특이한 말 듣기를 좋아한다). 내가 영국에 온 지 얼마 되지 않았을 때, 버마 밀림에서 은퇴하여 고국에 돌아와 있던 키 크고 잘생긴 할아버지가 내게 굴욕감을 안긴 사건이 있었다. 할아버지는 창밖의 푸른박새를 가리키면서 내게 무슨 새인지 아느냐고 물었다. 나는 몰랐다. 나는 비참하게 더듬으면서 "푸른머리되새예요?"라고 되물었다. 할아버지는 황당하다는 반응이었다. 도킨스 집안에서 그런 무지는 셰익스피어를 모르는 것에 맞먹었기 때문이다. 나는 그때 할아버지가 했던 말을 잊을 수가 없고, 아버지가 나를 위해 변명해주었던 것도 잊지 못한다. "맙소사, 존, 어떻게 *이럴 수가* 있니?"

어린 나 자신을 위해 밝히자면, 나는 막 영국에 발을 들인 참이었고 전에 살던 동아프리카에는 푸른박새도 푸른머리되새도 없었다. 어쨌든 내가 야생생물 관찰을 늦게서야 좋아하게 된 것은 사실이고, 나중에도 아버지나 할아버지처럼 열성적인 야외형 인간은 결코 되지 못했다. 대신,

나는 은밀한 독자가 되었다. 명절이 되어 기숙학교에서 집으로 돌아오면, 나는 신선한 공기와 고결한 자연을 마다하는 게으름에 가책을 느끼면서 책을 들고 내 방으로 슬쩍 올라갔다. 학교에서 제대

로 생물학을 배우기 시작했을 때도 나를 사로잡은 것은 책벌레스러운 탐구였다. 나는 어른들이 철학으로 간주할 만한 의문들에 끌렸다. 인생의 의미는 뭘까? 우리는 왜 여기 있을까? 세상은 어떻게 시작되었을까?

어머니의 집안은 콘월 출신이었다. 외할머니 코니 웨어른의 아버지와 할아버지는 헬스턴에서 살던 의사였다(어릴 때 나는 두 분을 《보물섬》의 리브시 의사처럼 상상했다). 외할머니는 애향심이 열렬한 콘월 사람이라, 잉글랜드 사람을 '외국인'이라고 불렀다. 자신이 너무 늦게 태어나서 이미 사라진 콘월어를 배울 수 없었던 점을 안타까워했는데, 자신이 어렸을 적만 해도 멀리언의 늙은 어부들은 "우리 게를 훔치러 온" 브르타뉴 어부들의 말을 알아들을 수 있었다고 했다. 브리손어군에 속하는 웨일스어(살아 있다), 브르타뉴어(죽어가고 있다), 콘월어(죽었다) 중 브르타뉴어와 콘월어는 언어계보도에서 자매어에 해당한다. 콘월어 단어는 영어의 콘웰 사투리에 살아남은 것이 많다. 이를테면 개구리를 '퀼킨'이라고 부르는 것인데, 외할머니는 그런 사투리를 아주 잘 구사했다. 우리 손주들은 걸핏하면 할머니에게 '돌멩이를 삼킨' 소년에 대한 귀여운 노래를 사투리로 해달라고 졸랐다. 할머니의 낭송을 녹음한 적도 있다. 슬프게도 테이프는 잃어버렸지만, 한참 나중에 구글의 도움으로 이야기 내용은 정확히 알아냈다.[6] 그 이야기를 머리말에서 들려주던 할머니의 새된 목소리가 아직 귀에 선하다.

언어의 진화는 매력적인 주제다. 같은 언어를 지방마다 조금씩 다르게 쓰던 것이 나중에 어떻게 콘월식 영어와 조르디어처럼 서로 다른 방언으로 발산될까? 어떻게 그것들이 미세하게 좀 더 달라져서 독일어와 네덜란드어처럼 서로 소통할 수 없지만 분명히 연관된 언어로 발산될까? 언어의 진화는 유전적 진화와 아주 비슷한데, 이 비유는 한편으로 이해를 돕지만 다른 한편으로 오해도 일으킨다. 한 개체군이 갈라져서 서로 다른 두 종이 될 때, 그 정확한 분리 시점은 두 집단이 더는 서로 교배하지 못하는 순간으로 정의된다. 내 생각에 방언들도 그런 결정적 순간에 도달했을 때 서로 다른 언어들의 지위를 획득한다고 보면 어떨까 싶은데, 그 순간이란 한쪽 원어민이 상대 언어를 더듬더듬 시도했을 때 상대가 그것을 모욕이 아니라 기특한 행위로 받아들이는 순간이다. 내가 펜잰스의 술집에서 콘월 사투리를 시도한다면, 화를 자초하는 격일 것이다. 내가 콘월 사람들을 놀리려고 그 사투리를 흉내내는 것 같을 테니까. 반면에 내가 독일에서 독일어를 시도한다면, 독일 사람들은 기뻐할 것이다. 독일어와 영어는 이미 충분히 달라졌기 때문이다. 이런 가설이 옳다면, 세상 어딘가에는—아마도 스칸디나비아에?—서로 다른 언어가 되려는 찰나에 다다른 방언들이 있을 것이다. 최근 나는 스톡홀름으로 강연하러 갔을 때, 스웨덴과 노르웨이에서 동시에 방송되는 텔레비전 토크쇼에 출연했다. 진행자는 노르웨이 사람이었고 출연자 중 몇몇도 노르웨이 사람이었다. 듣자 하니 어느 언어로 말하든 상관없다고 했다. 국경 양쪽 시청자들은 두 언어를 모두 어려움 없이 알아듣는다는 것이었다. 그러나 덴마크어는 스웨덴 사람들이 알아듣기 어렵다고 했다. 내 이론이 옳다면, 스웨덴 사람이 노르웨이에 갈 때는 노르웨이어를 시도하지 말라는 충고를 들을 것이다. 놀리는 것으로 여겨질까 봐 두려울 테니까. 반면에 스웨덴 사람이 덴마크에 가서

덴마크어로 말하려고 애쓰면 아마 더 인기 있을 것이다.[7]

외할머니의 아버지인 의사 월터 웨어른이 죽은 후, 미망인은 헬스턴을 떠나 리저드반도 서쪽 멀리언 코브를 굽어보는 곳에 집을 지었다. 그 집은 아직 우리 집안이 소유하고 있다. 멀리언 코브에서 아르메리아 꽃이 만발한 사랑스러운 산책로를 따라 절벽을 걸어가면, 굴리엘모 마르코니의 무선전신국이 있었던 폴두가 나온다. 마르코니는 1901년에 그곳에서 세계 최초로 대서양 횡단 무선 전신을 보내는 데 성공했는데, 그 내용은 모스 부호로 알파벳 s를 반복한 것이었다. 그처럼 역사적인 순간에 s s s s s s 보다 더 재치 있는 말을 생각해내지 못했다니, 어쩌면 그렇게들 재미없을 수가 있지?

내 외할아버지 앨런 윌프레드 '빌' 래드너도 콘월 사람이었고, 마르코니 전신 회사에서 일했다. 늦게 합류했기 때문에 1901년의 역사적인 전송에는 관여하지 않았지만, 예의 그 폴두 전신국으로 파견되어 제1차 세계대전 직전인 1913년 무렵까지 그곳에서 일했다. 폴두 무선전신국은 1933년에 해체되었다. 그때 외할머니의 언니 에설은(내 어머니에게는 에설 외에도 이모가 더 있었지만 어쨌든 그분을 그냥 '이모'라고만 불렀다) 계기판으로 쓰였던 널찍한 석판 몇 개를 손에 넣었다. 용도에 맞게 드릴로 구멍이 뚫린 그 석판들은 사라진 옛 기술의 화석인 셈이다. 지금 그 석판들은 멀리언의 집 정원에 깔려 있는데(화보를 보라), 어린 시절의 나는 그것을 보면서 엔지니어라는 외할아버지의 직업을 우러르는 마음을 품었다. 오늘날 영국은 다른 나라보다 엔지니어를 덜 존경하는 편이다. 이 현상은 한때 위대한 제조업 강국이었던 영국이 오늘날 부끄럽게도 (다들 유감스럽게 알고 있는 바, 종종 미심쩍은 활동일 때가 많은) '금융 서비스' 제공자로 쇠락한 이유 중 하나일지도 모른다.

마르코니가 역사적인 전송에 성공하기 전, 사람들은 무선 신호를 받을 수 있는 거리가 지구의 곡률 때문에 제한되어 있다고 믿었다. 일직선으로 날아가는 전파를 어떻게 지평선 너머에서 포착한단 말인가? 알고 보니 해법이 있었다. 전파가 고층 대기의 헤비사이드 전리층에서 반사되기 때문이다(물론 요즘은 전리층 대신 인공위성에서 반사된다). 외할아버지가 쓴 《단파 무선 통신》이 1930년대에서 1950년대 초까지 판을 갈아가며 이 분야의 표준 교과서로 읽혔다는 사실이 자랑스럽다. 결국에는 밸브가[8] 트랜지스터로 교체되면서 책도 시대의 뒤안으로 사라졌지만 말이다.

이 책은 우리 집안에서 난해하기로 소문난 존재였지만, 지금 첫 두 쪽을 읽어보니 기쁘게도 이렇게 명료할 수가 없다.

> 이상적인 송신기가 내는 전기 신호는 우리가 가한 신호의 충실한 복사본일 것이고, 다른 채널에는 어떤 간섭도 일으키지 않으면서 완벽하게 일정한 방식으로 그 신호를 연결 장치로 전달할 것이다. 이상적인 연결 장치는 전기 자극을 왜곡시키지 않고, 감쇠시키지 않고, 외부의 어떤 전기적 교란 요인으로부터도 '잡음'을 취하지 않은 채 고스란히 통과시키거나 전달할 것이다. 이상적인 수신기는 송신기가 연결 장치를 거쳐 전송한 전기 자극을 정확히 포착한 뒤, 그것을 시각이나 청각으로 관측되는 형태로 완벽히 충실하게 변환할 것이다…. 그러나 그런 이상적 채널은 영영 개발되지 못할 것이므로, 우리는 어떤 측면에서 타협할지를 고려해야만 한다.

죄송해요, 할아버지. 할아버지가 살아 계셔서 제게 그 책에 관해 말씀해줄 수 있었을 때 할아버지의 책을 읽지 않아서요. 제가 그 내용을 이해할 만큼 머리가 굵어진 뒤에도 시도조차 하지 않아서요. 할아버지도 가족의 압박을 느껴서인지 굳이 나서지 않으셨죠. 오래되었지만 똑똑한 뇌에 여전히 보관하고 있었던 풍성한 지식을 한 번도 끄집어내지 않으셨죠. 우리가 슬쩍 떠볼라치면 "아이구, 나는 무전에 대해 아무것도 모른단다"라고 중얼거리셨고, 늘 버릇처럼 가벼운 오페라 곡을 휘파람으로 나지막이 불기 시작하셨죠. 지금 제가 할아버지에게 클로드 섀넌과 정보이론에 관해 말씀드릴 수 있다면 얼마나 좋을까요. 꿀벌, 새, 심지어 뇌의 뉴런이 사용하는 소통 원리가 다 같다는 사실을 알려드릴 수 있다면 얼마나 좋을까요. 할아버지가 제게 푸리에 변환을 가르쳐주실 수 있다면, 그리고 《쉬운 미적분》의 저자 실베이너스 톰프슨에 대한 회상을 ('한 바보가 할 수 있는 일은 다른 바보도 할 수 있다'고 말했던 그 사람이요) 들려주실 수 있다면 얼마나 좋을까요. 그렇게나 많았던 기회를 이제는 영영 놓쳤군요. 저는 어쩌면 그리도 근시안적이고 멍청했을까요? 죄송해요, 무선공학자이자 사랑하는 할아버지였던 앨런 윌프레드 래드너의 영령이여.

십대였던 내게 무선 라디오를 만들어보라고 부추겼던 사람은 외할아버지가 아니라 콜리어 삼촌이었다. 나는 삼촌이 준 F. J. 캠의 책에 실린 설계도를 따라서 먼저 크리스털 수신기를 만들었고(가까스로 작동하는 수준이었다), 그다음에 밸브 하나짜리 수신기를 만들었다. 크고 선명한 붉은 밸브가 달린 수신기는 전작보다는 약간 나았지만, 여전히 스피커가 아니라 헤드폰이 필요했다. 황당할 만큼 조잡한 작품이었다. 나는 전선을 깔끔하게 정돈하기는커녕, 나무판에 스테이플러로 선을 고정할 때 아무리 어수선하게 해도 선이 최종적으로 맞물린 위치만 정확하다면 전혀 상관없다는 사실을 알고 재미있어했다. 일부러 난장판으로 배열하기까지 한 것은 아니었지만, 중요한 점은 선들의 위상이지 물리적 위치가 아니라는 사실, 둘은 일치하는 속성이 아니라는 사실에 매료되었다. 세월이 흐른 뒤, 나는 밸브 하나짜리 수신기를 만들었을 때의 내 나이와 비슷한 아이들을 앞에 두고서 왕립연구소 크리스마스 강연을 하게 되었다. 그때 나는 오늘날 컴퓨터 회사들이 사용하는 집적회로의 설계도를 엄청나게 확대해 보여주었다. 어린 방청객들이 설계도를 보며 경외감과 약간의 어리둥절함을 느끼기를 바랐기 때문이다. 실험발생학자들에 따르면, 신경세포는 집적회로처럼 가지런한 설계도를 따라서 이동하는 것이 아니라, 내가 수신기를 만들었던 방식과 비슷한 방법으로 대충 자신이 가 닿아야 할 기관이 어딘지를 알아낸다고 한다.

제1차 세계대전 이전의 콘월로 돌아가자. 어머니의 외할머니는 벼랑 꼭대기 전신국에서 일하는 외로운 젊은 엔지니어들을 멀리언으로 초대해 차를 대접하는 버릇이 있었다. 우리 외할아버지와 외할머니는 그렇게 만났다. 두 사람은 약혼했고, 곧 전쟁이 터졌다. 국가는 빌 래드너의 전신 기술을 필요로 했다. 그는 젊고 똑똑한 해군 장교가 되어, 당시 실론이라고 불렸던 스리랑카 남단으로 파견되어 대영제국의 대양 항로에서 전략적으로 중요한 기항지인 그곳에 무선기지를 세웠다.

외할머니는 1915년에 외할아버지를 좇아 실론으로 가서 동네 신부관에서 머물렀다. 두 사람은 그곳에서 결혼했다. 내 어머니 진 메리 비비언 래드너는 1916년에 콜롬보에서 태어났다.

전쟁이 끝난 1919년, 빌 래드너는 식구를 데리고 영국으로 돌아왔다. 그러나 서쪽 끝 콘월로 돌아가진 않고 동쪽 끝 에식스로 갔다. 에식스의 주도 첼름스퍼드에 마르코니 회사의 본부가 있었기 때문이다. 외할아버지는 마르코니 칼리지에서 젊은 엔지니어 훈련생들을 가르쳤다. 나중에는 그 기관을 이끄는 위치에 올랐고, 훌륭한 선생으로도 인정받았다. 가족은 처음에 첼름스퍼드에서 살았지만, 나중에는 교외로 이사해 리틀 바도라는 한산한 마을 근처의 16세기 에식스 풍 롱하우스에 정착했다. 사랑스러운 그 집은 워터 홀이라고 불렸다.

외할아버지의 일화 중에서 인간 본성의 일면을 잘 드러내는 이야기가 하나 있는데, 그 배경도 리틀 바도였다. 훨씬 나중에, 그러니까 제2차 세계대전 중, 외할아버지가 자전거를 타고 가는데 하늘에서 독일 폭격기가 날아와서 폭탄을 떨어뜨렸다(양 진영의 조종사들은 가끔 이렇게 시골에 폭탄을 떨어뜨렸다. 어떤 이유로든 도시의 표적을 찾는 데 실패한 뒤 폭탄을 실은 채 귀대하기가 겸연쩍어서였다). 외할아버지는 폭탄이 떨어진 위치를 착각했고, 폭탄이 워터 홀을 맞춰 아내와 딸이 죽었을 것이라는 생각을 더럭 떠올렸다. 사람이 공황에 빠지면 저도 모르게 선조들의 행동으로 회귀하는 모양이다. 외할아버지는 자전거에서 훌쩍 뛰어내려, 자전거를 도랑에 내팽개치고, 집까지 *달려*갔다. 나도 극단적인 상황에서는 충분히 그럴 것 같다.

그 리틀 바도에, 우리 친할아버지 내외가 1934년 버마에서 돌아와 정착했다. 호펫이라고 불리는 커다란 저택이었다. 어머니와 그녀의 여동생 다이애나는 도킨스 집안 아들들에 대한 이야기를 여자 친구로부터 제일 먼저 들었다고 한다. 그녀는 결혼 상대로 알맞은 청년들이 동네로 이사 왔다면서 제인 오스틴 풍으로 숨 가쁘게 떠들어댔다. "호펫에 세 형제가 이사 왔대! 셋째는 너무 어리고, 가운데는 꽤 괜찮은 것 같지만, 첫째는 완전히 돌았어. 하루 종일 늪에 고리를 던지고서는 배를 깔고 엎드려서 그걸 쳐다본다지 뭐야."

괴짜처럼 보였던 아버지의 행동은 사실 철저히 합리적인 행동이었다. 사람들이 과학자의 동기를 이해하지 못해 갸우뚱했던 경우가 어디 그때뿐이었으랴. 아버지는 옥스퍼드 식물학부에 적을 두고서 늪지 초본의 분포 통계를 주제로 대학원 연구를 하고 있었다. 그래서 늪지의 방형구(일정한 면적 내부의 생물 개체수 등을 조사하기 위해서 정한 구획 – 옮긴이)에 포함된 식물의 종류와 수를 확인해야 했고, 무작위로 '고리'(방형구)를 던지는 것은 표준적인 표본 추출 기법이었다. 식물에 대한 관심은 부모님이 서로 알게 된 뒤 어머니가 아버지에게 끌린 여러 이유 중 하나였다.

아버지는 어려서부터 식물학에 대한 애정을 키웠다. 기숙학교에 다니다가 방학을 맞아 빌 삼촌과 함께 외할아버지 댁으로 놀러 간 때부터였다. 당시에는 부모가 식민지에 머무르는 동안 자식들을, 특히 아들들을 영국의 기숙학교에 보내는 사례가 꽤 흔했다. 아버지와 빌 삼촌은 각각 7세와 6세에 솔즈베리에 있는 새펀 그로브 기숙학교로 보내졌다. 나중에 나도 다니게 되는 학교다. 조부모는 그 후에도 10년 넘게 버마에 머물렀다. 비행기 여행이 없었던 시절이니, 방학을 해도 보통은 아들들을 만날 수 없었다. 그래서 두 소년은 학기 사이에 다른 곳에서 머물렀다. 가끔은 부모가 식민지에 나가 있는 소년들이 묵는 특수한 하숙집으로 갔고, 가끔은 데번의 돌턴에 있던 외조부모 댁으로 가서 외사촌들과 어울렸다.

요즘은 자식과 부모가 그렇게 오래 떨어져 사는 것을 끔찍하게 여기는 분위기지만, 해외 여행이 오래 걸리고 느리고 비쌌던 과거에는 다들 제국 운영과 외교 활동에 불가피하게 수반되는 대가로 받아들였다. 아동심리학자들은 그런 경험이 영구적 손상을 남긴다고 의심할지도 모른다. 아버지와 빌 삼촌은 결과적으로 사회에 잘 적응한 사교적인 어른으로 성장했지만, 아동기의 박탈감을 그렇듯 강건히 견뎌내지 못한 사람도 많았을 것이다. 앞에서 이야기했던 아버지의 외사촌 요릭만 해도 꽤 괴짜였기에 아마도 불행했을 것이다. 그러나 그는 — 비트겐슈타인과 교유하며 받은 압박은 말할 것도 없거니와 — 해로 스쿨을 다녔으니, 그것으로 다 설명될 수도 있다(해로 스쿨은 이튼 스쿨과 쌍벽을 이루는 명문 사립학교로서, 양쪽 다 교풍이 엄하기로 유명하다 – 옮긴이).

아버지가 그렇게 외조부모 댁에서 방학을 보내던 중, 외할아버지 아서 스미시스가 손주들에게 야생화를 제일 멋지게 수집해오는 사람에게 상을 주겠다고 내기를 걸었다. 이긴 사람은 아버지였다. 소년 시절의 그 컬렉션은 아버지가 평생 수집한 표본집의 바탕이 되었고, 아버지를 식물학자의 길로 나서게 만들었다. 또한 앞에서도 말했듯이, 야생화에 대한 사랑은 나중에 아버지가 어머니와 공유한 특징 중 하나였다. 부모님은 호젓한 야생의 장소를 좋아하고 사람이 많아 시끄러운 곳은 싫어한다는 점도 비슷했다. 빌 삼촌과 다이애나 이모와는 달리(두 분은 나중에 결혼했다), 부모님은 파티를 좋아하지 않았다.

아버지와 빌 삼촌은 각각 13세가 되던 해에 새핀 그로브를 떠나

윌트셔의 말버러 스쿨로 진학했다. 잉글랜드의 유명 '퍼블릭 스쿨'로 (달리 말해 사립학교로) 꼽히는 그곳은 원래 성직자의 아들들이 다니던 곳이었다. 운영은 스파르타식이었다. 시인 존 베처먼이 시로 쓴 자서전에서 밝힌 바에 따르면, 가히 잔인할 정도였다. 아버지와 삼촌은 시인처럼 괴롭진 않았던 것 같지만—오히려 즐겼다—6년 뒤 콜리어 삼촌이 진학할 차례가 되었을 때 조부모가 좀 더 분위기가 온화한 노퍽의 그레셤 스쿨을 선택했다는 사실이 시사하는 바가 있기는 할 것이다. 내 생각에는 아버지에게도 그레셤 스쿨이 더 잘 맞았을 듯하다. 그러나 말버러에는 A. G. ('터비') 라운즈라는 전설적인 생물 교사가 있었다. 아버지는 아마도 그에게서 고무적인 영향을 받았을 것이다. 라운즈가 길러냈다고 말할 수 있는 유명한 제자는 한둘이 아니다. 위대한 동물학자 J. Z. 영, P. B. 메더워, 그밖에 최소한 일곱 명의 왕립협회 회원이 그의 제자였다. 메더워는 아버지와 같은 학년이었다. 둘 다 옥스퍼드로 진학해 메더워는 모들린 칼리지에서 동물학을 전공했고, 아버지는 베일리얼에서 식물학을 전공했다. 라운즈가 언젠가 수업에서 독백했던 내용을 웹 부록(이 책에 간간이 등장하는 '웹 부록'은 저자가 인터넷에 PDF 형태로 올려둔 추가 자료를 말하는 것으로, 다음 웹사이트 주소에서 내려받을 수 있다. www.richarddawkins.net/afw – 옮긴이)에 올려두었다. 역사적 삽화라 할 만한 그 자료는 아버지가 선생님의 말을 그대로 받아적은 것이니, 틀림없이 메더워도 같은 교실에서 같은 이야기를 들었을 것이다. 그 내용이 '이기적 유전자'의 핵심 발상을 조금쯤 예견한 것처럼 보여 흥미롭지만, 당연히 내가 그 내용에서 영향을 받지는 않았다. 내가 아버지의 공책을 발견한 것은 《이기적 유전자》를 출간하고도 한참 지난 뒤였으니까.

아버지는 옥스퍼드에서 학사 학위를 받고도 계속 남아서 대학원 연구를 했다. 앞에서 이야기한 초본 연구였다. 아버지는 이후 식민지 공무원이 되어 농학 부서에서 일하기로 결정했다. 그래서 케임브리지대학에서 열대농학을 좀 더 공부해야 했고(당시 하숙집 여주인은 '스패로호크'라는 인상적인 이름을 갖고 있었다고 한다), 그다음에는 — 어머니와 약혼한 뒤 — 트리니다드에 있는 왕립열대농학칼리지ICTA에서 공부했다. 그러고는 1939년, 농무부 하급 공무원으로 니아살랜드에 배치되었다.

RICHARD DAWKINS

2

케냐의 군인 가족

The Making of a Scientist

아버지가 아프리카에 배치되자 부모님은 계획을 앞당겨야 했다. 두 분은 1939년 9월 27일에 리틀 바도 교회에서 결혼했다. 아버지는 곧 배를 타고 케이프타운으로 향했고, 그곳에서 기차로 니아살랜드로 갔다. 어머니는 1940년 5월에 비행선 카시오페이아호로 뒤따랐다. 제법 드라마틱했던 어머니의 여행에는 일주일이 걸렸다. 비행선은 연료를 채우기 위해서 숱하게 기착했다. 로마에도 들렀는데, 마침 무솔리니가 독일을 편들며 전쟁에 참가하려는 찰나였기 때문에 약간 불안했다. 무솔리니가 바로 그 순간에 참전 결정을 내린다면 카시오페이아호 승객들은 전쟁 내내 그곳에 억류될 터였기 때문이다.

아버지는 어머니가 도착하자마자 케냐의 왕립아프리카소총대KAR에 소집되었다는 소식을 털어놓았다. 젊은 부부는 니아살랜드에서 겨우 한 달 신혼 생활을 즐기고는 떠나야 했다(거꾸로 계산해보면 그때 내가 잉태되었다). 소집된 사람들은 니아살랜드대대가 지원하는 수송대 차량으로 케냐까지 가서 그곳에서 기차로 이동해야 했다. 그런데 아버지는 어찌했는지는 몰라도 수송대에 합류하지 않고 직접 차를 몰아서 가도 좋다는 허가를 받았다. 아버지가 허가받지 않은 일도 있었는데, 신부를 데리고 가는 것이었다. 니아살랜드의 식민지 공무원 부인들에게는 남편들이 걸어서 북쪽 전쟁터로 이동하는 동안 후방에 남거나 영국이나 남아프리카로 이동하라는 엄격한 지시가 떨어져 있었다. 어머니가 아는 한 지시에 불응한 사람은 어머니뿐이었다. 내 멋진 부모님은 어머니를 불법으로 케냐에 밀반입시키는 데 성공했고, 뒤에서 이야기하겠지만 나중에 그 때문에 좀 골치를 앓았다.

1940년 7월 6일, 부모님은 줄곧 충성스럽게 그들을 따라다녔고 나중에 내 어린 시절에도 중요한 역할을 한 하인 알리와 함께 포드에서 나온 고물 스테이션왜건 '루시 로킷'을 몰고 길을 나섰다. 여행 중에 부모님은 공동으로 일기를 썼다. 내가 앞으로 인용하는 글은 모두 그 내용이다. 부모님은 일부러 수송대보다 먼저 나섰다. 차가 고장나서 구조가 필요할지도 모르는 노릇이니까. 신중한 판단이었다. 일기 첫 쪽부터 차에 시동이 걸리지 않아서 소년들에게 밀어달라고 했다는 이야기가 적힌 걸 보면 말이다. 4일째 일기에는 호리병박 몇 개를 흥정하는 데 성공한 뒤 벌어졌던 사건이 적혀 있다.

> 이 일로 우리는 아주 즐거워졌다. 입씨름에서 이겨 호리병박을 확보했으니 더더욱. 존은 기분이 하도 좋은 나머지 알리가 타기도 전

에 차를 출발시켰고, 그러다가 나무를 들이받아 문짝이 떨어졌다. 몹시 슬펐다.

문짝이 떨어지는 불상사도 그들의 젊은 사기를 꺾지 못했다. 3인조는 유쾌하게 북쪽으로 이동했다. 타조와 기린을 지나치고, 지평선의 킬리만자로 산을 바라보며, 밤에는 차 뒤 칸에서 자고, 야영지마다 불을 피워 사자를 쫓고, 임시변통한 오븐으로 맛있는 스튜와 파이를 요리했다. 아버지는 기발한 발명품에 가까웠던 오븐을 평생 즐겁게 회상했다. 가끔 수송대와 마주칠 때도 있었다.

한번은, 체구가 크고 신사적인 군인이었는데… 빨간 모자와 금실로 치장하고 부하들을 거느린 부대장이 우리더러 기다려보라고 하더니, 인도인의 가게로 불쑥 들어가서 커다란 초콜릿을 들고 나왔다. 그러고는 내게 주면서 "긴 여행에 나선 소녀에게 주는 선물일세!" 라고 말했다. 초콜릿은 존이 먹었다.

초콜릿은 어머니의 존재가 불법임을 넌지시 알리는 지휘관 나름의 상냥한 방식이었을까?

3인조는 케냐 국경에 다가갔다.

우리는 케냐 국경이 나타나면 돌돌 만 침구 밑에 나를 묻고 알리가 그 위에 앉을 준비를 했지만, 아무리 가도 뚜렷한 국경은 나타나지 않았다. 재밌고 근사한 여행 끝에 우리는 아무에게도 들키지 않은 채 어느새 나이로비로 들어섰다. 존은 나를 노퍽호텔에 넣어두고 자신은 부대에 합류하려고 떠났다. 알리도 함께 갔다. 알리는 금세 어디서 아스카리 군복을 구해서는 스스로 군인으로 칭했다.[9] 나중에는 심지어 아스카리 운전시험에서 1등을 차지해 사람들의 이목을 끌었고, 존은 당황했다.

당황스러운 우승에도 불구하고, 알리는 공식적인 군인은 아니었다. 그러나 알리는 아버지의 비공식 당번병으로서 아버지가 가는 곳이면 어디든 훈련소에서 훈련소로 따라다녔다. 니에리 훈련소에 있을 때는 마침 보이스카우트의 창시자인 베이든 파월 경의 군사 장례식이 열렸다. 보이스카우트 출신인 아버지는 운구인으로 차출되어 포차 옆에서 행진했다. 그 모습을 찍은 사진이 있는데(화보를 보라), 카키색 반바지에 긴 양말을 신고 모자를 쓴 왕립아프리카소총대 군복 차림의 아버지가 내 눈에는 아주 씩씩해 보인다. 아버지는 차츰 낡아가는 그 모자를 이후에도 평생 쓰고 다녔다. 여담이지만, 아버지 옆에서 (발을 엇갈려) 행진하는 키 큰 장교는 당시 악명 높았고 아직도 공식적으로 해결되지 않은 이른바 '백인들의 말썽' 사건에 휘말려 곧 살해될 '해피 밸리의 에롤 경'이다.

어머니에게 이후 3년은 아버지의 여러 파견지를 쫓아다니며 케냐뿐 아니라 우간다까지 쉴 새 없이 누빈 시절이었다. 한참 나중에 가족을 위해서 쓴 사적인 회고담에서 어머니는 이렇게 말했다.

존은 자신이 KAR에서 훈련받는 동안 내가 파견지 근처에서 임시로 머물 거처를 귀신같이 잘 찾아냈다. 나는 돈을 내고 손님으로 머물기만 했던 게 아니라, 가끔은 동네 아이들을 돌보거나 두어 군데 초등학교에서 일했다. 한번은 존의 부대가 아디스아바바로 가라는 명령을 받자, 지휘관이 어서 서둘지 않으면 진 도킨스가 먼저 가 있겠다고 농담할 정도였다!

이 시기에 어머니와 함께 산 친절한 집주인들 중에는 우간다의 매클린 박사 부부가 있었다. 그들은 어머니에게 막 걸음마를 뗀 자신들의 딸 '스니펫'을 돌보는 일을 맡겼다.

진자의 매클린 부부는 친절했다. 나는 스니펫을 따라다니면서 뒤치다꺼리를 했다. 진자의 집들은 모두 호숫가의 골프장을 둘러싸고 지어져 있었다. 밤에는 하마들이 풀밭으로 올라와서 놀았다. 하마들은 트림하거나 꿀꿀댔고, 정원을 약탈했다. 악어떼도 물속에서 빈들거리면서 폭포 바로 아래 얕은 물가에서 일광욕을 했는데, 멍청하게도 나는 그곳에서 물장난을 하곤 했다. 악어들이 턱을 쩍 벌린 채 작은 새 친구들에게 제 이빨을 안전하게 청소하도록 허락하는 모습은 어찌나 웃겼는지!

우리는 주로 산호초 물고기들의 사례를 통해서 청소동물의 공생 습관을 잘 알고 있다. 나는 《이기적 유전자》에서 그 현상을 묘사하고 그 바탕에 깔린 흥미로운 진화적 가설도 설명했는데, 훨씬 나중에 어머니의 회고담을 읽고서야 악어와 새도 비슷한 관계라는 사실을 깨달았다. 이 현상의 바탕에 깔린 진화 이론도 아마 똑같을 것이다. 즉, 게임이론의 수학 언어로 잘 표현될 것이다.

매클린 부부와 함께 지내는 동안, 어머니는 앞으로 여러 차례 겪을 말라리아에 처음으로 걸렸다. 어머니가 아프리카에 체류했던 9년 동안 말라리아는 자주 재발했고, 말라리아는 부모님이 결국 영국으로 돌아가기로 결정한 여러 이유 중 하나였다. 어머니에 따르면, 나중에 전쟁 후 니아살랜드에 살 때, 열에 들떠 착란한 상태에서 릴롱궤병원 수석 의사였던 글린 선생의 다급한 목소리를 들은 기억이 생생하다고 한다. 의사는 "당장 존 도킨스 씨를 불러오지 않으면 늦을 겁니다"라고 말했다. 어머니는 그때 자신이 결국 나았던 건, 자신이 죽을지도 모른다고 걱정하는 의사의 말을 엿듣고는 그 말이 틀렸음을 보여주겠다고 결심했기 때문이었다고 생각하신다. 아마도 틀린 생각이겠지만.

그런데 한번은, 역시 매클린의 집에서 살 때, 말라리아가 아닐까 의심했다가 전혀 다른 진단을 받았다.

> 명랑하고 쾌활한 사람이었던 의사가 이렇게 말했다. "문제가 뭔지 알죠?" 나는 대답했다. "말라리아요?" 의사가 말했다. "이봐요, 당신 임신했어요!" 충격이었지만, 우리는 기뻤다. 물론 지금에 와서 돌아보면, 앞날을 예측하기 어렵고 집도 절도 없는 상황에서 임신한 것은 잘못된 일이었다. 그렇지만 우리가 신중하고 조심스럽고 안전하게 행동했다면 리처드를 얻지 못했을 것 아닌가! 그러니 끝난 얘기지! 우리는 씩씩하게 받아들였고, 나는 아기 옷을 만들기 시작했다. 우리는 운이 좋았다. 이후에도 행운은 늘 우리 편이었다. 하지만 이제야 깨닫는데, 온 세계로 이리저리 끌려다녔던 리처드는 참 힘들고 불안했을 것이다. 우리는 리처드가 첫 몇 년 동안 제 작은 짐가방을 몇 번이나 꾸렸는지를 적어두었다. 우리는 케냐와 우

> 간다 기차 속에서 무수한 밤을 보냈다. 어딜 가나 낯선 얼굴뿐이었으니, 불쌍하게도 리처드의 어린 시절은 아주 불안정한 느낌이었을 것이다.

나는 어머니가 1941년에서 1942년까지 내 편력을 적어둔 기록을 찾아냈다. 이제 몹시 나달나달해진 그 '파란 공책'에는 내가 어릴 때 했던 말들도 적혀 있고, 나중에 동생 세라가 했던 말들도 적혀 있다. 목록에서 내가 기억하는 장소는 나이로비 근처 음바가티의 그레이즈브룩스 카티지뿐인데, 서로 다른 시기에 두 차례 그곳에서 살았기 때문일 것이다. 그곳에서 우리는 월터 부인, 부인의 며느리로서 남편을 전쟁터에서 잃은 루비, 부인의 어린 손자들과 함께 살았다.

어머니의 회고담은 이렇게 이어진다.

> 케냐, 우간다, 탕가니카에는 추억이 가득하다. 행복하고 멋진 기억도 많다. 그러나 존이 한참 떠나 있으면서 소식이 없을 때는 슬픔, 걱정, 불안, 외로움도 많았다. 편지는 드문드문 왔고, 오래된 날짜가 적힌 것들이 몰려서 왔다. 나는 종종 두렵고 외로웠으며, 늘 불안했다. 그러나 우리에게는 친절하고 좋은 친구가 많았다. 그 점에서는 운이 좋았다. 그중에서도 음바가티의 월터 가족은 리처드와 나를 숫제 가족처럼 받아들였다.
>
> 그곳에 있을 때, 휴가를 얻어 집에 왔다가 막 돌아간 월터 부인의 아들 존이 죽었다는 전보를 받았다. 월터 부인은 아들이 아기였던 제1차 세계대전 때 자기 남편에 대해서도 똑같은 일을 겪은 적이

있었다. 아주아주 슬픈 일이었다.

우리는 어린 윌리엄 월터에게, 나중에는 유복자로 태어난 조니에게 온갖 정성을 기울였다. 리처드에게는 한동안 그 애들이 형제였고, 월터 부인이 할머니였다. 부인은 대단히 멋진 여성으로, 언제나 분주하게 긍정적인 태도로 살았다. 부인은 휴가 나온 군인들이 즐거운 휴일을 보내도록 해주려고 노력했다. 나를 나이로비로 보내, 육군이며 해군이며 공군 병사들을 집으로 데려오고 도로 데려다주게 했다. 그때 사용했던 '줄리아나'라는 자동차는 믿음직한 운송 수단은 못 되었다. 줄리아나는 연료 탱크가 두 개였다. 휘발유로 시동을 건 뒤, 운이 좋으면 파라핀으로 넘어갔다. 한번은 집까지 약 32킬로미터를 고군분투 가까스로 온 적이 있다. 엄청나게 뚱뚱하고 우람한 해군 요리사를 뉴스탠리호텔에서 만나 데려왔는데, 딱 보기에도 만취한 그가 옆좌석에서 곯아떨어져 자꾸 내게 기대오는 바람에 무거워서 핸들을 제대로 돌릴 수가 없었고, 그의 몸을 치울 수도 없었다. 굉장히 힘들었다.

군인들은 월터네 집을 정말로 좋아했던 것 같다. 그들은 아이들과 놀았고, 월터 부인을 위해서 남자가 할 수 있는 자질구레한 집안일을 처리해주었다. 부인은 군인들을 사내아이처럼 취급했고, 훌륭한 음식을 먹여주었다. 그곳은 정말로 모두를 위한 가정이었다.

리처드와 나는 음바가티에서 또 다른 움막도 지어 살았다. 론다블(전통적인 원형 초가) 두 채를 길쭉한 직선 통로로 이은, 사랑스러운 집이었다.

지붕을 공유하는 오두막 두 채를 짓는 데는 일주일쯤밖에 걸리지 않았다. 그곳에 대한 기억이 내가 품은 제일 오래된 기억인 것 같다.

> 그즈음 월터 부인은 땅을 좀 샀다. 하루는 부인이 흑인 남자와 함께 덤불을 걷어내는데, 엄청난 폭발이 일어났다. 가엾은 남자는 (우리 짐작에) 1차 대전에서 남은 지뢰 때문에 한쪽 종아리 뒤쪽이 완전히 잘려나갔다. 키가 크고 힘도 셌던 부인은 남자를 번쩍 들어 상자처럼 생긴 고물차에 태우고 집으로 돌아왔다. 우리는 남자에게 버팀목을 대고, 상처를 감쌌다. 그런 뒤에 부인이 남자를 나이로비로 데려갔다. 남자는 그동안 굉장히 쾌활했고, 쉴 새 없이 재잘거렸다. 우리는 그가 어쩌면 그렇게 용감한지 놀랄 따름이었다!

우리는 제1차 세계대전이 아프리카 사하라 이남 저 아래까지 미쳤다는 사실을 잊곤 한다. 당시 탕가니카는 (르완다, 부룬디와 함께) 독일령 동아프리카에 속했다. 탕가니카호수에서 독일 보트와 영국-벨기에 보트 사이에 해상 전투가 벌어지기도 했다(호수 서안은 벨기에령 콩고였다). 엘스퍼스 헉슬리는 키쿠유족의 삶을 그린 걸작 대하소설 《붉은 이방인들》에서 키쿠유족의 눈으로 본 전쟁을 묘사했다. 그들에게 그 전쟁은 불가해하고 형언할 수 없는 백인들의 탈선 행위로서, 아프리카 사람들은 어쩌다 그만 그 끔찍한 덫에 걸려든 것이었다. 전쟁은 끔찍할 뿐만 아니라 완전히 무의미했다. 이긴 쪽이 진 쪽의 소와 염소를 집으로 몰고 가는 것도 아니었으니까.

당시의 모든 충격이 현재나 과거의 전쟁과 연관된 것은 아니었다.

> 가끔 나는 루비의 말 보니를 타고 이웃 레녹스 브라운 씨네 농장에

> 메시지를 전하러 갔다. 처음 그 집에 갔을 때, 소년이 나를 널찍한 응접실로 안내하고 멤사히브(마님)를 불러오겠다고 갔다. 무명천 커튼이 환한 햇살을 가리고 있었기 때문에 방은 어두웠다. 그곳에서 기다리다가, 문득 내가 혼자가 아니라는 사실을 깨달았다. 엄청나게 큰 암사자가 소파에 길게 늘어진 채 나를 보며 하품하고 있었던 것이다! 나는 몸이 굳었다. 그때 레녹스 브라운 부인이 들어오더니, 사자를 찰싹 때려 소파에서 밀어냈다. 나는 메시지를 전달하고 얼른 나와버렸다.

어머니가 최근에 그 사건을 떠올려서 그린 그림이 화보에 실려 있다.

> 리처드와 윌리엄 월터는 나중에 다른 농장에서 새끼 사자 두 마리와 함께 놀곤 했다. 사자들은 다 큰 래브라도만 한 크기와 무게였으며(다리는 더 짧았다), 거칠고 힘이 셌다. 그래도 리처드와 윌리엄은 재미있어하는 것 같았다. 우리는 은공 언덕으로 소풍도 갔다. 길이 없는데도 키 작은 잡초 사이로 차를 몰고 올라갔다. 언덕은 서늘하고 높고 멋졌다. 하지만 그것은 멍청한 짓임에 분명했다. 언덕 여기저기 물소들이 떼 지어 다녔기 때문이다.

내가 그다음으로 떠올리는 두 가지 기억은 모두 따끔한 것이다. 첫 번째는 케냐에서 트림 박사에게 주사를 맞았던 일이고, 두 번째는 나중에 니아살랜드에서 전갈에게 (더 아프게) 쏘였던 일이다. 트림 박사라는 이름은 얄궂게도 참 어울리는 것이, 내게 포경수술을 실시한 사람이 아마도 그 박사였기 때문이다(영어 단어 '트림trim'에는 '잘라내다'라는 뜻이 있다 – 옮긴이). 그때 내게 동의를 구하지 않았던 것은 당연하지만, 박사는 우리 부모님에게도 묻지 않았던 모양이다! 아버지는 전쟁터에 나가 있느라 아무것도 몰랐고, 어머니는 간호사로부터 포경수술 할 때가 됐다는 말을 기정사실처럼 전해들은 게 전부였다. 트림 박사의 병원에서는 포경수술이 당연한 일이었나 보다. 당시 영국 병원도 그런 곳이 많았을지 모른다. 내가 기숙학교를 다니면서 보니, 포경수술을 받은 아이와 받지 않은 아이가 거의 비슷한 수였다. 그리고 그 여부는 종교·사회적 위치, 그밖에 내가 감지할 수 있는 다른 어떤 요인과도 뚜렷한 상관관계가 없었다. 요즘 영국은 상황이 다르다. 미국도 영국과 같은 방향으로 변하는 중이라고 들었다. 최근 독일에서는 신생아에게 종교적 할례를 실시하는 관행마저도 어려서 스스로 동의할 수 없는 아기의 권리를 침해하는 일이라고 보는 획기적인 판결이 나왔다. 그러나 부모가 자식을 할례시키지 못하도록 막는 것은 부모의 종교적 권리를 침해하는 일이라는 항의의 부르짖음이 있기 때문에, 아마도 판결은 파기될 것이다. 주목할 점은, 그런 부모들이 아이의 권리를 언급하지 않는다는 점이다. 우리 사회에서 종교는 놀라운 특권을 누린다. 특수한 이해관계를 주장하는 집단들 중 다른 어떤 집단도 그런 특권을 누리지 못하고, 개인은 더 말할 것도 없는데 말이다.

두 번째 전갈 사건은, 내게 될성부른 자연학자의 자질이 부족했다는 사실을 고통스럽게 일깨우는 사건이었다. 나는 마루를 기어가는 전갈을 보고서 그만 도마뱀으로 착각했다. 대체 *왜?* 이제 와서 보면 도마뱀과 전갈은 닮은 구석이 하나도 없는데. 나는 '도마뱀'이

맨발 위를 기어갈 때의 느낌이 재미있겠다고 생각했다. 그래서 내 발을 녀석이 지나가는 길목에 두었고, 다음으로 느낀 것은 타는 듯한 통증이었다. 나는 집이 떠나가라 비명을 지른 뒤 기절했던 모양이다. 어머니에 따르면 흑인 세 명이 비명을 듣고 달려왔고, 어떤 상황인지 목격하고는 교대로 내 발을 빨아 독을 뽑아내려고 했다. 뱀에 물렸을 때는 그렇게 하는 것이 올바른 응급처치라고 한다. 전갈에 쏘였을 때도 효과가 있는지 없는지는 모르겠지만, 애써주었다는 데 감동할 뿐이다. 고백하자면, 나는 지금까지도 전갈 공포증이 있다. 독침을 제거한 녀석이라도 건드릴 엄두가 안 난다. 고생대에 살았던 거대한 해양 전갈류인 광익류로 말하자면, 어떤 녀석은 길이가 1.8미터나 되었다고 한다.

사람들은 내게 아프리카에서 유년기를 보낸 경험이 생물학자가 되는 데 도움이 되었느냐고 묻곤 한다. 그에 대한 답이 '아니다'임을 말해주는 증거는 전갈 사건만이 아니다. 같은 결론을 시사하는 사건이 또 있었는데, 털어놓기 좀 창피한 이야기다. 월터 부인의 집에서 살 때, 그 근처에서 사자떼가 사냥에 성공했다. 온 동네가 다 함께 구경 가자는 제안이 나와서, 우리는 사파리 차로 현장에서 10미터까지 접근했다. 사자들은 먹이를 갉아먹고 있거나, 벌써 배불리 먹었다는 듯이 늘어져 있었다. 어른들은 흥분과 경이감에 빠져서 꼼짝 않고 좌석에 앉아 구경했다. 그러나 어머니에 따르면, 윌리엄 월터와 나는 장난감 자동차에 홀딱 빠져 차 바닥에 엎드린 채 부릉부릉 앞뒤로 움직이면서 놀기만 했다. 어른들이 몇 번이나 흥미를 끌어보려고 노력했지만 우리는 사자에게는 추호도 관심이 없었다는 것이다.

나는 부족한 동물학적 호기심을 인간적 사교성으로 보충했던 듯하다. 어머니에 따르면, 나는 보기 드물게 싹싹하고 낯을 가리지 않는 아이였다. 말문이 일찍 트였고, 말하기를 좋아했다. 그리고 자연학자로서는 부족했을망정 일찍부터 회의주의자였던 모양이다. 1942년 크리스마스의 일이다. 샘이라는 아저씨가 산타클로스처럼 입고 월터 부인의 집으로 와서 아이들을 즐겁게 해주었다. 아이들은 모두 속아넘어간 듯했고, 마침내 그는 쾌활하게 손을 흔들고 "호호호"거리면서 떠나갔는데, 그가 가자마자 내가 고개를 들더니 별일 아니라는 듯 이렇게 말해서 좌중을 놀라게 했다는 것이다. "샘이 갔네!"

아버지는 조금도 다치지 않고 전쟁을 겪어냈다. 독일군이나 일본군이 아니라 이탈리아군과 싸운 것이 다행이었으리라. 이탈리아 사람들은 자기네 총통의 터무니없는 허세를 진작 간파해, 승리에 대해서도 자연히 흥미를 잃었던 듯하다. 아버지는 아비시니아와 소말릴란드 원정에서 장갑차 담당 소위로 복무했고, 이탈리아가 패한 뒤에는 마다가스카르로 가서 동아프리카장갑차연대와 함께 훈련했다. 그 후에는 버마로 배치될 예정이었다. 아버지가 그곳에 갔다면 빌 삼촌을 만났을지도 모른다. 삼촌은 시에라리온연대 소령으로서 훨씬 더 막강한 일본군과 싸우고 있었고, 나중에 공훈 보고서에도 이름을 올렸다. 그러나 1943년이 되자 정부는 아버지의 군사적 활동보다 농학적 활동에 더 높은 우선순위를 부여해, 니아살랜드 농림부의 다른 직원들과 함께 민간으로 복귀시켰다.

어머니는 아버지의 반가운 동원 해제 소식에 어찌나 흥분했던지, 하마터면 나를 안은 채 길에서 차에 치일 뻔했다. 어머니는 여느 때처럼 나이로비 우편물 유치 상자에서 편지를 찾아오던 중이었다. 아버지의 편지는 겉으로 보기에는 크리켓 시합을 묘사한 것 같았다. 그러나 어머니는 크리켓에 흥미가 없었고, 아버지도 그 사실을 잘 알았으니 공연히 그런 이야기로 어머니를 지루하게 만들 리가 없었다. 편지에는 비밀스러운 뜻이 담긴 게 분명했다. 두 사람은 사전에 정해두었던 비밀 암호를 이전에도 여러 번 써먹었다. 전시에 군인이 보낸 편지는 보통 검열관들이 먼저 뜯어서 읽었기 때문이다. 암호는 간단했다. 각 줄의 첫 단어만 읽고 나머지 단어들은 무시하는 방법이었다. 크리켓 시합에 관한 글에서 세 줄의 첫 단어만 뽑으면 '투수… 모자… 곧'이었다. 편지는 안타깝게도 사라졌지만, 어떤 글이었는지 상상하기는 어렵지 않다. '투수'는 명목상 크리켓 투수를 가리키는 말이었을 것이다. 아버지는 이어 어떻게든 '모자'를 끼워넣은 뒤(심판의 파나마모자를 언급하거나 했을 텐데, 어머니는 기억나지 않는다고 한다), 시합을 설명하는 척하면서 또 어떻게든 '곧'을 끼워넣었을 것이다. 무슨 뜻이었을까? '투수 모자'는 민간인 복장의 상징이었다. 제대자의 사복을 가리키는 말이었다. '투수 모자 곧'은 그 뜻일 수밖에 없었다. 십자말풀이의 전문가가 아닌 어머니라도 그 뜻은 쉽게 알아차릴 수 있었다. 아버지가 곧 동원 해제된다니, 어머니는 그 사실을 깨닫고 흥분한 나머지 길로 뛰쳐나가 나와 함께 차에 치일 뻔했던 것이다.

실제로 니아살랜드로 돌아가는 일은 쉽지만은 않았다. 어머니가 케냐에 불법으로 입국했던 사실이 이제 와서 발목을 잡았다. 식민지 정부의 융통성 없는 관료들은 어머니에게 케냐 출국 비자를 내줄 수 없었다. 기록을 따르면 어머니는 입국한 적도 없으니까. 차로 들어왔던 것처럼 다시 차를 몰고 나갈 수도 없었다. 이번에는 아버지에게 군대와 함께 이동하라는 엄격한 명령이 떨어졌기 때문이다. 아버지는 니아살랜드대대 본부에 도착하기 전까지는 공식적으로 동원 해제된 것이 아니었다. 부부는 따로 케냐를 나가야 했고, 어머니는 입국한 적이 없기 때문에 출국할 수도 없는 형편이었다. 어머니는 월터 부인을 내세워서 자신의 존재를 보증하려고 했고, 나를 위해서는 트림 박사를 내세웠다. 박사는 나를 세상에 내보낸 장본인이었으니 그럴 자격이 있었다. 결국 효력을 발휘한 것은 내 출생증명서였다. 관료들은 내키지 않아 하면서도 마지못해 어머니의 출국 서류에 도장을 찍어주었다. 당시 두 살이었던 나와 어머니는 '웅덩이 뛰어넘기 선수'라고도 불리는 경비행기로 여행에 나섰다. 비행기는 실로 흥미로운 웅덩이들을 뛰어넘었다. 악어와 하마, 플라밍고와 목욕하는 코끼리가 들어앉은 웅덩이들이었으니. 우리는 북로디지아(현재의 잠비아)에서 비행기를 갈아탈 때 짐을 몽땅 잃었지만, 곧 아두래도 상관없는 일이 되었다. 전쟁이 시작될 때 영국에서 배로 부쳤던 트렁크들이 이제야 니아살랜드에 도착해 있었던 것이다. 부모님은 몹시 기뻐했다. 짐은 아마도 해군의 호위를 받으면서 수송대 편으로 건너왔을 것이다. 어머니가 회고담에서 행복하게 회상했듯이,

> 반쯤 잊고 있었던 결혼 선물들과 내 새 옷들이 그 속에 죄다 들어있었다. 굉장한 귀가 선물이었다. 게다가 이제는 상자 푸는 일을 도와줄 리처드가 함께 있었다.

RICHARD DAWKINS

3

호수의 나라

The Making of a Scientist

우리 가족은 케냐에서와 다름없이 소요逍遙하며 살았다. 아버지를 비롯한 귀환자들은, 전쟁 시작부터 열대에 배치되어 한 번도 쉬지 못한 농림부 상주 공무원들이 온화한 낙원과도 같은 남아프리카에서 휴가를 즐길 수 있도록 업무를 대신 봐주는 대타로 일했다. 그래서 몇 달에 한 번씩 니아살랜드 이곳저곳으로 옮기면서 이런저런 업무에 배치되었다. 그러나 어머니가 인정하듯이, 그것은 '상당히 재미있었고 존에게도 좋은 경험이었다. 우리는 니아살랜드를 두루 구경했고, 이런저런 재미난 집에서 살았다'.

그 시절에 살았던 집 중에서 내 기억에 제일 남은 곳은 칠와호수 근처 음푸푸산 아래의 마쾀팔라에 있었던 집이다. 아버지는 그곳에서 농학대학과 교도소 농장을 운영하는 일을 맡았다. 농장에 노동력을 제공하던 죄수들은 상당히 자유로웠던 것 같다. 그들이 거친

맨발로 축구하던 모습이 기억난다. 그 시기에 여동생 세라가 좀바 병원에서 태어났다. 어머니에 따르면, 마콰팔라의 죄수들은, 개중에는 살인으로 유죄를 선고받은 사람도 있었는데, '차를 마신 뒤에 세라의 보행기를 밀어주겠다며 줄지어 기다리곤 했다'.

우리가 마콰팔라에 막 도착했을 때는 그곳에 상주하던 농림부 공무원 가족과 집을 함께 써야 했다. 그 가족은 영국으로 돌아가기로 되어 있었지만 떠나는 차편이 몇 주 미뤄졌던 것이다. 그 가족에는 아들이 둘 있었는데 그중 첫째인 데이비드는 다른 아이들을 깨무는 고약한 버릇이 있었다. 내 팔은 물린 자국으로 뒤덮였다. 어느 날 잔디밭에서 차를 마시다가, 데이비드가 또 나를 물려는 것을 보고 우리 아버지가 아이의 신발을 가만히 우리 둘 사이에 끼워넣어 아이를 막았다. 그러자 데이비드의 어머니는 격분하여 제 아들을 품으로 끌어당기고는, 가엾은 우리 아버지를 호되게 나무랐다. "아동심리학에 대해서 *전혀* 모르시나요? 아이가 깨물 때 도중에 저지하는 건 아이에게 저지르는 *최악의* 짓이에요. 다른 사람들은 다 안다고요."

마콰팔라는 덥고, 습하고, 모기와 뱀 천지였다. 너무 외진 곳이라서 공공 우편 서비스는 없었고, 주민들은 사이디라는 남자를 전담 '우편배달부'로 사용했다. 사이디의 일은 매일 좀바까지 24킬로미터를 자전거로 가서 우편물을 갖고 돌아오는 것이었다. 어느 날, 사이디가 돌아오지 않았다. 알고 보니,

> 좀바산에 유례없이 세찬 비가 내려서 가파른 골짜기를 온통 씻어 내렸다. 어마어마한 산사태가 났고, 집채만 한 바위가 굴러내렸다. 좀바시에서는 도로와 다리가 유실되었고, 차에 탄 사람들과 집들이

고립되었다. 마콰팔라로 통하는 길도 당연히 씻겨나갔다.

사이디는 무사했다. 그러나 나는 운전할 때 나를 자기 무릎에 앉혀 차를 몰게 해주었던 잉그럼이라는 상냥한 아저씨가 차로 다리를 건너다가 강물에 휩쓸려 죽었다는 소식을 듣고 슬펐다. 어머니는 이렇게 썼다. '예전에도 이런 일이 있었다는 이야기를 나중에 동네 사람들에게 들었다. 그들이 직접 겪은 사건은 아니라고 했지만 말이다. 사람들은 니아폴로스라는 거대한 뱀 같은 것이 계곡으로 들어와서 저지레하기 때문에 그런 일이 생긴다고 말했다.'

나는 비를 좋아했다. 주기적으로 건기를 겪는 지역 사람들이 마침내 '비가 내리기 시작하는 날'에 느끼는 안도감을 나도 느꼈던 모양이다. 거대한 니아폴로스가 비를 내릴 때, '비를 경험한 적이 거의 없는' 나는 누가 봐도 분명하게 비에 '매료되어, 홀딱 벗고 빗줄기 속을 뛰어다니면서 즐겁게 소리치고 열광적으로 날뛰었다'. 지금도 나는 비가 억수처럼 내리면 푸근한 안도감을 맛본다. 그러나 비를 맞는 것은 이제 좋아하지 않는다. 영국의 비가 더 차가워서인지도 모르겠다.

내가 조리있게 떠올릴 수 있는 가장 오래된 기억은 마콰팔라에서의 기억이다. 부모님이 내 말과 행동을 잔뜩 기록해둔 것도 마콰팔라에서였다. 내가 했던 말을 두 가지만 예로 들면, 이런 식이었다.

> 엄마, 이것 좀 봐. 해님 시간일 때 밤이 자러 가는 데를 찾았어(소파 밑 어둠을 가리키며).

내가 줄자로 샐리 목욕통을 쟀는데, 7하고 9펜스였어. 그러니까 샐리는 목욕에 너무 늦었어.

어린 아이들이 으레 그렇듯이 나는 흉내내기에 집착했다.

아냐, 나는 액셀러레이터가 될래.

엄마는 이제 바다가 아니야.

나는 천사고, 엄마는 나이 아저씨야. 엄마는 '천사님 안녕하세요' 하고 말해. 하지만 천사들은 말을 안 하고 툴툴거리기만 해. 이제 천사는 자러 갈 거야. 천사들은 항상 머리를 발가락 밑에 놓고 자.

나는 흉내내는 누군가를 흉내내는 짓, 말하자면 2차 흉내내기라고 부를 만한 짓도 즐겼다.

엄마, 나는 리처드인 척하는 남자애 할래.

엄마, 나는 물레방아인 척하는 부엉이 할래.

세 살일 때는 집 근처에 있는 물레방아에 반해서, 물레방아 만드는 법을 설명서처럼 이야기하려고 노력했다.

막대기에 끈을 돌돌 감고, 근처에 도랑이 있어야 하는데 물이 아주

빨라야 해요. 나무를 구하고 거기에 양철을 달아서 손잡이로 쓰고 거기로 물이 들어오게 해요. 그리고 벽돌을 구해서 물이 흘러내리게 하고, 나무를 구해서 동그랗게 만들어 이것저것 튀어나오게 붙인 다음에 길쭉한 막대기에 끼우면, 그게 물레방아가 돼서 물속에서 빙빙 돌면서 쾅쾅 큰 소리를 내요.

다음은 어머니와 내가 둘 다 자기 자신인 척해야 하니까, 말하자면 0차 흉내내기 놀이가 아니었을까 싶다.

이제 엄마는 엄마가 되고 나는 리처드가 되어서, 이 개리모터를 타고 런던으로 가는 거예요(자동차를 개리모터라고 부르는 인도식 영어는 식민지에서 살았던 조부모와 증조부모를 통해 전달되었을 것 같지만, 어쩌면 인도에서 대영제국 전체로 퍼졌을 가능성도 있다).

내가 네 살이 되어가던 1945년 2월, 부모님은 내가 아직 '형체를 알아볼 만한 것을 그린 적은 한 번도 없다'고 적었다. 예술적 재능이 있는 어머니에게는 적잖이 실망스러운 사실이었으리라. 어머니는 16세에 책에 삽화를 그리는 일을 맡았고 나중에 미술학교에 진학할 정도였으니까. 나는 지금까지도 시각예술 측면에서는 두드러지게 서툴다. 감상하는 안목조차 없는 편이다. 그러나 음악은 전혀 다른 문제고, 시도 그렇다. 시를 읽다가 감동하여 눈물을 글썽이는 일은 흔하고, 음악도 (약간 덜 흔하지만) 마찬가지다. 가령 슈베르트 현악오중주의 느린 악장, 혹은 주디 콜린스나 존 바에즈의 노래를 들으면 그렇다. 부모님의 공책을 보면, 나는 일찌감치 말의 리듬에 매료되었던 듯하다. 마콰팔라에 살 때 내가 오후에 혼자 놀면서 이런 말을 중얼거리면 부모님은 옆에서 귀를 기울였다.

바람이 분다
바람이 분다
비가 온다
추위가 온다
비가 온다
매일 비가 온다
왜냐하면 나무 때문에
나무의 비니까

나는 하루 종일 혼자 재잘거리거나 흥얼거렸던 모양이다. 뜻은 통하지 않아도 운율이 맞는 문장을 노래하기도 했다.

작고 까만 배가 바다로 불어간다
작고 까만 배가 바람에 불어간다
바다로 바다로 바다로
초원으로, 작고 까만 배가
작고 까만 배가 초원으로 내려간다
초원은 바다 밑으로
초원 밑으로, 바다 밑으로
작고 까만 배가 초원으로 내려간다
초원 밑으로, 바다 밑으로

이렇게 겨우 절반쯤 이해하는 단어들을 가지고서 리듬을 맞추고 순서를 바꾸며 혼잣말하는 버릇은 어린 아이들에게 흔한 듯하다. 버트런드 러셀의 자서전에도 비슷한 사례가 나온다. 러셀이 두 살짜리 딸 케이트가 중얼거리는 말을 엿들었다면서 소개한 부분이다.

> 북쪽 바람이 북극에서 부네.
> 데이지가 풀을 때리네.
> 바람이 블루벨을 불어 눕히네.
> 북쪽 바람이 남쪽에서 바람 쪽으로 부네.

내가 다음 독백에서 에즈라 파운드를 왜곡하여 언급한 것은 아마도 부모님이 그의 책을 소리 내어 읽는 걸 들었기 때문이리라.

> 아스카리가 타조에서 떨어졌어
> 빗속에서
> 크게 노래하자 제기랄
> 그런데 타조는 어떻게 됐지?
> 크게 노래하자 제기랄 (에즈라 파운드가 민요 〈뻐꾸기 노래〉를 패러디해 쓴 시 〈오래된 노래Ancient Music〉에 '노래하자 제기랄'이라는 후렴구가 나온다. – 옮긴이)

부모님은 내가 아는 노래가 많다고도 적었다. 나는 노래를 정확한 음정으로 부르면서 스스로 축음기인 척했다. 가끔은 바늘이 홈에 끼어서 자꾸 같은 부분을 되풀이하는 것을 흉내내며 '농담'하다가, 누가 '바늘'(내 손가락)을 밀어 홈에서 끄집어내야만 그쳤다. 우리집에는 태엽으로 감는 휴대용 축음기가 있었다. 플랜더스와 스완이 부른 〈재생의 노래〉에서 불멸의 존재로 기록된, 그런 형태의 축음기였다.

> 내게 작은 축음기가 있었지,
> 난 그걸 돌리고 또 돌렸어.
> 뾰족한 바늘을 쓰면
> 쾌활한 소리가 났지.
>
> 사람들은 그걸 증폭시켜서
> 훨씬 더 큰 소리를 냈지.
> 그러고는 뾰족한 섬유 바늘을 써서
> 소리를 다시 부드럽게 만들더군.

아버지는 섬유 바늘을 사지 않았다. 그 대신, 성격에 어울리게도, 사이잘 잎사귀 끄트머리에 달린 가시로 변통했다.

내가 아는 노래는 레코드에서 들은 것도 있었고, 앞에서 인용한 것처럼 즉석에서 횡설수설 지어낸 것도 있었고, 부모님에게 배운 것도 있었다. 특히 아버지는 내게 난센스 노래를 가르치기를 좋아했다. 아버지가 할아버지에게 배운 노래도 많았다. 아버지는 〈메리는 윌리엄 염소를 갖고 있지〉, 〈히 호 카투살렘, 예루살렘의 창부〉, 〈호키 포키 윙키 펌〉 등 주옥같은 노래들을 저녁마다 불러젖혔는데, 듣자하니 아버지의 외할아버지가 다른 때는 전혀 그러지 않으면서도 꼭 신발끈을 묶을 때만 그런 노래를 불렀다고 한다. 한번은 내가 니아사호숫가에서 잠시 길을 잃었다. 어머니가 나를 찾고 보니, 내가 야외용 의자에 앉은 두 노부인 사이에서 그들에게 〈고둘리 노래〉를 불러드리고 있었다고 했다. 〈고둘리 노래〉란 베일리얼 칼리지 학생들이 1896년부터 이웃 트리니티 칼리지를 향해 벽 너머로 부른 짓궂은 세레나데로, 할아버지와 아버지의 십팔번이었다.

고두우우우우울리.
그의 얼굴은 햄처럼 생겼지.
보비 존슨도 그렇게 말했어.
그도 알아야 해.
끔찍한 트리니티. 끔찍한 트리니티.
내가 끔찍한 트리니티 사람이라면
나는 기필코. 나는 기필코.
뒷간으로 갈 테야,
나는 기필코. 나는 기필코.
물을 내리고 사라질 테야.
나는 기필코. 나는 기필코.
끔찍한 트리니티. 끔찍한 트리니티.

뭐, 훌륭한 시라고는 도저히 말할 수 없겠고 보통은 말짱한 정신으로 불리는 적도 없지만, 노부인들이 이 노래를 어떻게 생각했을까 상상해보면 좀 재미있다. 어머니의 전언에 따르면, 그 부인들은 선교사였는데도 꽤 즐거워하는 것 같았다고 한다. 여담이지만, 1959년에 내가 직접 베일리얼에 입학하고 보니 노래 가사가 좀 더 시시하게 바뀌어 있었다. 아버지가 졸업하고 22년이 흐르는 동안, 어느 시점엔가 나쁜 밈 돌연변이가 발생해 애초의 미묘한 흥취가 사라졌던 것이다.

나는 취침 시간을 늦추려는 음흉한 의도에서 맨날 축음기 흉내를 냈다. 축음기 속도가 떨어져서 노래가 점차 느려지고 음정도 점차 낮아지는 바람에 계속 다시 '감아주어야' 하는 상황을 흉내낸 것이었다. 실제로도 그런 상황은 일상다반사였다. 집에는 전기가 들어오지 않았다. 아버지의 78회전 레코드 컬렉션을 들으려면 태엽식 축음기를 자주 감아주어야 했다. 우리는 내가 지금까지도 사랑하는 폴 로브슨의 레코드를 주로 들었고, 역시 위대한 베이스가수였던 표도르 샬랴핀이 독일어로 부른 〈시인 톰〉도 자주 들었다(그 녹음을 찾을 수 있으면 좋겠는데, 아직은 아이튠즈가 나를 실망시키고 있다). 이런저런 관현악 곡도 들었다. 특히 나는 세자르 프랑크의 〈교향적 변주〉를 가리켜 '똑똑 물 떨어지는 노래'라고 불렀는데, 아마도 피아노 파트를 가리키는 말이었으리라.

전기가 없었기에, 파라핀 압력 램프로 집을 밝혔다. 먼저 변성 알코올을 주입해서 맨틀을 데운 뒤 파라핀 증기를 채우면, 불꽃이 저녁 내내 쉭쉭 아늑하게 타올랐다. 니아살랜드에서 살 때는 수세식 변소도 없는 게 보통이라서 구덩이 변소를 썼다. 변소가 집 밖에 있을 때도 있었다. 그러나 다른 측면에서는 대단히 호화롭게 산 편이었다. 언제나 요리사, 정원사, 하인 여러 명을 두었고(유감스럽지만 그들을 그냥 '남자애들'이라고만 불렀다), 늘 내 곁에서 친구가 되어준 알리가 그들을 통솔했다. 우리는 잔디밭에서 다과를 즐겼다. 아름다운

은제 찻주전자와 뜨거운 물이 든 저그를 내갔으며, 우유 저그에는 가장자리에 고둥 껍질들을 꿰매 날아가지 않도록 만든 섬세한 모슬린 덮개를 씌웠다. 그리고 ('스코틀랜드 팬케이크'라고도 하는) 드롭스콘을 먹었다. 내게 그 음식은 프루스트의 마들렌과 같은 존재다.

휴가철에는 니아사호수의 백사장에서 양동이와 삽으로 모래놀이를 하며 놀았다. 니아사호수는 수평선에 육지가 보이지 않아서 바다로 여겨질 만큼 넓다. 우리는 이엉을 인 호숫가 오두막을 빌려주는 깔끔한 호텔에서 묵었다. 또 언젠가는 좀바 산 위의 별장을 빌려서 휴가를 보냈는데, 그때 있었던 사건은 내게 비판적 소양이 부족했다는 사실을 여실히 보여주는 일화다(그러니 어쩌면 내가 한 살 때 산타클로스가 샘 아저씨임을 꿰뚫어보았다는 이야기는 사실이 아닐지도 모른다). 나는 어느 다정한 흑인 아저씨와 숨바꼭질을 하고 놀다가 어느 헛간을 살펴보았는데, 그때는 아저씨가 거기 없었다. 그런데 나중에 다시 돌아갔더니 이번에는 아저씨가 있는 게 아닌가. 틀림없이 내가 아까 살펴봤던 자리에. 아저씨는 자신이 계속 그곳에 있었지만 내 눈에 안 보이도록 요술을 부렸다고 말했다. 지금 생각하면 아저씨가 거짓말했다는 가설이 명백히 더 그럴싸하지만, 그때 나는 아저씨의 설명을 받아들였다. 내가 좀처럼 지울 수 없는 의문이 있는데, 마술과 기적과 투명인간까지 등장하는 동화를 읽는 게 아이들에게 오히려 해롭지 않을까 하는 의문이다. 그러나 내가 이런 의구심을 표현할라치면, 사람들은 아이들의 유년기의 마법을 깨뜨릴 생각이냐면서 나를 마구 질타한다. 나는 좀바 산의 숨바꼭질 사건을 부모님에게 말하지 않았던 것 같다. 그러나 어쨌든 부모님이 흄의 관점에서 기적을 설명해주었다면 더 기꺼웠으리라고 생각한다.

흄의 관점이란 이런 식이다. 리처드, 너는 어느 쪽이 더 큰 기적 같니? 잘 속는 아이를 골리려고 아저씨가 거짓말했다는 기적? 아니면 아저씨가 정말 남의 눈에 안 보이게 둔갑했다는 기적? 말해보렴, 꼬마 리처드야. 평원에 우뚝 솟은 좀바 산의 그 헛간에서 실제로 어떤 일이 벌어졌던 것 같니?

내가 어릴 때 잘 속는 편이었음을 보여주는 또 다른 일화. 내가 키우던 동물들의 죽음에 슬퍼하는 것을 달래주려고, 누군가 내게 동물은 죽으면 '행복한 사냥터'라는 자기들만의 천국으로 간다고 말해주었는데, 나는 그 말을 곧이곧대로 믿었다. 동물들이 그곳에서 사냥할 먹잇감에게도 과연 그곳이 '천국'일까 하는 생각은 해보지 않았다. 어느 날, 나는 멀리언 코브에서 만난 개가 누구 개냐고 물었다가 상대의 대답을 "래드너 부인의 개가 돌아온 거야"라고 잘못 들었다. 나는 내가 태어나기 전에 외할머니가 사프론이라는 개를 길렀고 그 개가 오래전에 죽었다는 사실을 알고 있었다. 그래서 사뭇 신기하게 여기면서도, 더 캐물을 만큼 호기심이 강렬하지는 않았기 때문에, 그냥 그 개가 사프론이라고 믿어버렸다. 사프론이 행복한 사냥터에서 잠시 다니러 온 거라고 믿어버렸다.

대체 왜 어른들은 아이들이 속아넘어가도록 부추길까? 산타클로스를 믿는 아이를 가벼운 탐구의 길로 이끄는 게 정말 그렇게 못된 짓인가? 산타클로스가 세상 모든 아이에게 선물을 배달하려면 굴뚝을 몇 개나 타야 할까 물어보는 게? 산타클로스가 크리스마스 아침까지 임무를 마치려면 순록이 얼마나 빨리 날아야 할까 물어보는 게? 산타클로스는 존재하지 않는다고 딱 잘라 말하자는 게 아니다. 아이에게 회의적 검토라는 훌륭한 습관을 장려하자는 것뿐이다.

친척들과 번화가로부터 수천 킬로미터 떨어져 있었으니, 전쟁 중 크리스마스와 생일 선물은 한계가 있었다. 부모님은 부족한 부분을 창의성으로 메웠다. 어머니는 내 몸집만 한 곰인형을 만들어주었다. 아버지는 갖가지 창의적인 기구들을 만들어주었는데, 그중에는 보닛(후드) 밑에 (비례는 안 맞지만 기쁘게도 실물 크기였던) 진짜 점화플러그가 달린 장난감 화물차도 있었다. 그 화물차는 네 살쯤이었던 어린 나의 자랑이자 기쁨이었다. 부모님의 기록을 보면, 나는 화물차가 '망가진 척'하면서 이런 행동을 취했다.

펑크를 고친다
배전기에서 물을 닦아낸다
배터리를 손본다
라디에이터에 물을 넣는다
카뷰레터를 슬쩍 건드린다
초크를 잡아당긴다
스위치를 반대 방향으로 돌려본다
플러그들을 손본다
여분의 배터리들을 적절히 집어넣는다
엔진에 오일을 좀 넣는다
스티어링이 제대로 되어 있는지 살핀다
기름을 채운다
엔진을 식힌다
몸체를 뒤집어서 밑면을 살핀다
터미널을 단락시켜서 펑 하는 소리를 시험한다(나도 이건 무슨 말인

지 모르겠다)

용수철을 바꾼다

브레이크를 손본다

기타 등등

각 항목마다 적절한 움직임과 소리를 낸다. 그러면 엔진 장치가 그르르르르 그르르르르 소리를 낸 뒤 시동이 걸리기도 하고, 보통은 걸리지 않는다.

1946년, 전쟁이 전해에 끝났기 때문에 우리는 휴가를 받아 영국으로 '귀향'했다(그때까지 나는 영국에 한 번도 가보지 못했지만, 그래도 늘 '고향'은 영국이었다. 내가 만난 뉴질랜드 2세대 이민자들도 비슷한 향수를 갖고 있었다). 우리는 기차로 케이프타운까지 가서, 그곳에서 리버풀로 가는 '스코틀랜드의 여왕' 호를 타야 했다. 남아프리카 기차는 차량 간 통로가 개방된 형태였다. 통로 난간은 배의 갑판 난간처럼 생겨, 그 위에 팔을 얹은 채 끔찍한 오염물질을 내는 증기 엔진의 재를 맘껏 마시면서 경치가 흘러가는 것을 구경할 수 있었다. 그런데 배의 난간과는 달리, 이 난간은 기차가 굽이를 돌 때 더 늘어나거나 줄어들도록 신축성이 있었다. 그렇다 보니 사고가 나는 건 시간문제였고, 실제로 사고가 났다. 내가 왼팔을 난간에 걸치고 있다가 기차가 굽이를 돌기 시작하고서야 그 사실을 깨달았던 것이다. 난간이 수축하자 팔이 끼었다. 부모님은 발을 동동 굴렀지만, 긴 굽이가 끝나고 다시 직선 노선이 될 때까지 나를 풀어줄 방법은 없었다. 기차는 다음 역인 마페킹에서 잠시 멈췄다. 나를 병원에 데려가서 팔을 꿰매기 위해서였다. 지연 때문에 다른 승객들이 많이 짜증나지 않았기만을 바랄 뿐이다. 아직도 그때 상처가 남아 있다.

이윽고 케이프타운에 도착해서 보니, '스코틀랜드의 여왕'은 징글징글한 배였다. 전시에 군대 수송선으로 개조되었던 탓에, 개별 선실은 없고 지하 감옥 같은 단체 침실에 3층으로 침상이 달려 있었다. 남자들이 쓰는 방이 따로 있고, 여자들과 아이들이 쓰는 방이 따로 있었다. 공간이 하도 좁아서 옷 갈아입기 같은 일은 교대로 해야 할 지경이었다. 어머니의 일기에 따르면, 여자 침실은…

> 어린 아이들이 하도 많아서 소란하기 짝이 없었다. 우리는 아이에게 옷을 입힌 뒤 문간으로 데려가서 각자 자기 아이를 받으려고 줄지어 선 아빠들에게 넘겨주었다. 그러면 아빠들이 아이를 데리고 아침식사 줄에 가서 섰다. 리처드는 정기적으로 배의 의사를 찾아가서 팔에 감은 붕대를 갈았다. 그리고 나는 아니나 다를까, 3주의 여행 중 절반쯤 왔을 때 말라리아가 재발했다. 세라와 내가 병실에 들어가자, 불쌍한 리처드는 끔찍한 침실에 혼자 남았다. 리처드를 존에게 보내거나 나와 함께 있게 해달라고 부탁했지만 허락되지 않았다. 잔인한 짓이었다.
>
> 리처드에게 그 여행이 얼마나 끔찍했는지를 우리가 제대로 이해했던 것 같진 않다. 그 경험이 리처드에게 얼마나 오래 영향을 미쳤는지도 몰랐던 것 같다. 리처드는 아마 세상의 모든 안전함이 갑자기 사라졌다고 느꼈을 것이다. 영국에 도착했을 때 리처드는 상당히 울적한 아이가 되어 있었고, 활기를 깡그리 잃었다. 비가 컴컴하게 내리는 리버풀 부두에서 하선하기를 기다리면서 배 밖을 내다볼 때, 리처드는 의아한 듯이 "여기가 영국이에요?"라고 묻고는 얼른

이어서 "언제 돌아가요?"라고 물었다.

우리는 에식스의 친조부모 댁, 호펫으로 갔다.

그곳 2월은 얼얼하게 춥고 가혹했다. 리처드는 자신감이 썰물처럼 빠져나갔고, 말도 다시 더듬기 시작했다. 리처드는 옷을 어떻게 해야 좋을지 몰랐다. 인생의 대부분을 극히 적은 옷가지만 걸친 채 살았으니, 단추나 신발끈 따위에 난감할 만했다. 리처드의 할아버지와 할머니는 아이가 좀 뒤떨어진 게 아니냐고 생각했다. "아직 옷도 혼자 못 입냐?" 그분들도 우리도 아동심리학 책이라고는 읽은 적 없었기 때문에, 그분들은 리처드에게 버릇을 가르치려고 들었다. 리처드는 제 속에 틀어박혔고, 좀 얼어버린 듯했다. 호펫에서는 매일 아침 의식이 있었다. 리처드는 아침을 먹으러 와서 반드시 "안녕히 주무셨어요."라고 인사해야 했다. 그러지 않으면 도로 방으로 보내졌다. 리처드는 더 심하게 말을 더듬게 되었고, 아무도 즐겁지 않았다. 내가 그때 어른들의 행동을 용인했던 것이 이제서야 부끄럽게 느껴진다.

콘월의 외조부모 댁에 가서도 상황은 별반 나아지지 않았다. 나는 거의 모든 음식을 싫어했고, 외조부모가 억지로 먹이려고 들면 헛구역질을 짜냈다. 최악은 질척하고 끔찍한 야채 곤죽이었다. 나는 실제로 접시에 게웠다. 그러니 우리가 사우샘프턴에서 케이프타운으로 가는 '카나본성' 호를 타고 니아살랜드로 돌아갈 때가 되자, 모두들 안도했던 듯싶다. 이때 우리는 남쪽의 마콰팔라로 돌아가지 않고 중부의 릴롱궤 근처로 가게 되었다. 아버지는 먼저 릴롱궤 외곽 리쿠니에 있는 농업 현장 연구소에 배치되었다가, 현재 말라위의 수도지만 당시에는 지방 소도시에 불과했던 릴롱궤로 다시 발령 받았다.

리쿠니와 릴롱궤는 행복한 추억이 많은 곳이다. 나는 여섯 살 때 과학에 흥미를 품기 시작한 것 같다. 리쿠니에서 여동생과 한방을 쓸 때, 내 동생으로서 이후에도 오랫동안 고초를 겪을 그 애에게 화성이나 금성이나 그밖의 행성들이 지구에서 얼마나 떨어져 있고 각각에 생명이 살 가능성이 얼마나 되는가 하는 이야기를 늘어놓았던 기억이 나기 때문이다. 나는 세상에서 빛 오염이 가장 적은 장소였던 그곳 밤하늘의 별들을 사랑했다. 저녁은 마법에 걸린 듯 안전하고 안심되는 시간이었다. 나는 그 시간을 베어링 굴드의 찬송가와 연관지어 생각했다.

이제 하루가 끝나,
밤이 다가오네,
저녁의 그림자가
슬그머니 하늘을 가로지르네.

이제 어둠이 몰려오고,
별이 나타나기 시작하네.
새들과 짐승들과 꽃들은
이제 곧 잠이 들겠지.

내가 어쩌다 찬송가를 알게 되었는지는 모르겠는데, 아프리카에서는 교회를 간 적이 한 번도 없었기 때문이다(영국에서 조부모들과 지낼 때는 갔다). 아마도 부모님이 그 노래를 가르쳐주었던 모양이다. '맑고 푸른 하늘 위에는 아이들의 친구가 살고 계시네' 하는 찬송가와 함께.

리쿠니는 내가 저녁이면 기다란 그림자가 드리운다는 사실을 처음 인식하고 매료되었던 곳이기도 하다. 당시에는 T. S. 엘리엇의 '당신의 저녁 그림자가 길게 일어나 나를 맞이하네'라는 시구에서 연상되는 불길한 느낌은 전혀 없었다. 요즘도 나는 쇼팽의 녹턴을 들을 때마다 그때의 리쿠니로, '별이 나타나기 시작하는' 저녁의 안심되고 안락한 기분으로 돌아간다.

아버지는 세라와 내 잠자리에서 멋진 이야기를 지어내 들려주곤 했다. 먼 예에에엣날에 곤윙키랜드라는 머나먼 땅에서 살았던 공룡으로서 새된 가성으로 '티들리-위들리-위들리'라는 말을 반복하는 '브롱코사우루스'가 등장하는 이야기가 많았다(나는 대학생이 되어 한때 남반구에 존재했던 곤드와나대륙이 이후 아프리카, 남아메리카, 오스트레일리아, 뉴질랜드, 남극, 인도, 마다가스카르로 찢어졌다는 사실을 배우고서야 비로소 '곤윙키랜드'가 무엇에 빗댄 이름인지 알았다). 우리 남매는 아버지의 손목시계 숫자판이 컴컴한 곳에서 빛나는 걸 보며 좋아했다. 그러면 아버지는 우리가 모기장 밑에서 편하게 자면서 시간을 잴 수 있도록 만년필로 우리 손목에 시계를 그려주었다.

릴롱궤는 또한 유년기의 소중한 추억이 있는 곳이다. 지방 농업담당관의 사택은 만발한 부겐빌레아 꽃으로 파묻히다시피 했다. 정원에는 한련화가 가득했고, 나는 그 잎을 즐겨 먹었다. 톡 쏘듯이 매콤한 독특한 맛은 요즘도 가끔 샐러드에서 만나는데, 프루스트의 마들렌에 해당하는 것을 나더러 꼽으라면 그 맛이 또 하나의 후보일 것이다.

우리집과 똑같이 생긴 옆집에는 의사가 살았다. 의사 글린 부부에게는 데이비드라고, 나와 나이가 같은 아들이 있었다. 우리는 매일 함께 놀았다. 데이비드의 집에서, 우리집에서, 근처에서. 주변 흙에는 검푸른 알갱이가 섞여 있었는데, 아마도 철가루였던 듯싶다. 우리가 자석을 실에 묶어 끌고 다니면서 그 알갱이들을 모았으니까 말이다. 우리는 베란다에 '집'을 지었다. 뒤집어 세운 의자와 탁자 위에 러그, 매트, 담요 따위를 늘어뜨려 작은 방과 복도를 만든 것이었다. 베란다 '집'에 심지어 수도도 끌어들였다. 정원 나무의 속 빈 줄기를 이어붙여서 관을 만든 것이었다. 아마 케크로피아나무였던 것 같지만, 우리는 '루바브나무'라고 불렀다. 우리가 (〈작은 갈색 저그〉 노래의 가락에 맞춰) 즐겨 불렀던 노래에서 딴 이름이었던 것 같다.

> 하하하. 히히히.
> 코끼리 둥지는 루바브나무에 있지.

우리는 나비도 모았다. 대개 노랗고 검은 호랑나비였는데, 지금 와서 생각하면 파필리오속의 여러 종이었던 것 같다. 그러나 데이비드와 나는 종류를 구별하지 않고 죄다 '크리스마스 아저씨'라고 불렀다. 노랗고 검은 색조는 크리스마스와 어울리지 않건만, 데이비드는 그 이름이 적당하다고 우겼다.

아버지는 나비 수집 취미를 장려했다. 전문가가 쓰는 코르크 대신 건조시킨 사이잘을 써서, 나비를 핀으로 고정해두는 틀을 만들어주었다. 당신 자신이 수집가였던 친할아버지도 할머니와 함께 우리집에 다니러 왔을 때 나를 격려해주었다. 두 분은 동아프리카를 두루 여행하며 세 아들을 차례로 방문한다는 계획을 세웠고, 먼저 우간다로 가서 콜리어 삼촌을 만난 뒤, 탕가니카를 거쳐 남쪽 니아살랜드로 내려왔다. 어머니의 회상에 따르면,

> 두 분은 지역 버스를 갈아타면서 짧은 거리를 이어 달렸다. 흑인들, 다리가 묶인 불쌍한 닭들, 엄청나게 많은 이런저런 물건들이 꽉꽉 들어찬 버스에서 대단히 불편한 상태로. 음베야(탕가니카 남부에 있다) 밑으로는 그나마도 교통 수단이 없었다. 그때 소형 경비행기를 갖고 있는 청년이 두 분을 데려다주겠다고 제안했다. 그들은 비행기로 나섰지만, 악천후를 만나 기수를 돌려야 했고, 그동안 우리는 두 분으로부터 아무 연락도 받지 못했다. 날이 개자 그들은 다시 비행을 시도했다. 고도는 낮게 유지했다. 토니(할아버지의 이름 클린턴의 약칭이다)가 몸을 내밀고 강물과 도로를 보면서 오래된 지도를 읽어 조종사에게 방향을 알려주기 위해서였다.

할아버지는 특유의 모험가 기질을 발휘했던 모양이다. 할아버지는 지도를 좋아했다. 기차시각표도 좋아했다. 시각표를 달달 외고 계셨고, 고령이 되어서까지 계속 읽은 글씨가 바로 기차시각표였다.

릴롱궤에서는 비행기가 도착하기 10분 전쯤 모두가 그 사실을 알

왔다. 어느 집이 마당에서 관두루미를 애완동물로 키웠기 때문이다. 그 새들은 사람에게 아무 소리도 안 들릴 때부터 비행기가 다가오는 소리를 들었고, 날카롭게 울부짖기 시작했다. 무서워서인지 기뻐서인지는 모르겠지만! 어느 날 두루미들이 울기 시작하자, 우리는 리처드의 조부모가 오시는 게 아닌가 싶었다. 일주일에 한 번 오는 정기 비행기 시각이 아니었기 때문이다. 세발자전거에 탄 리처드와 데이비드와 함께 우리는 모두 비행장으로 올라갔고, 작은 비행기를 제때 맞이했다. 비행기는 마을 상공을 두 번 선회한 뒤, 엄청나게 쿵쾅거리면서 착륙했다. 할머니와 할아버지가 비행기에서 내렸다.

그러니까 그때는 항공기 관제 센터 따위는 없었다. 관두루미뿐.

우리가 벼락을 맞은 것도 릴롱궤에서였다. 어느 날 저녁, 거대한 먹구름이 몰려왔다. 사방이 캄캄해졌고, 아이들은 (나무) 침대에 친 모기장 밑에서 저녁을 먹고 있었다. 나는 이른바 소파라는 것(낡은 철제 침대틀로 만든 것)에 기대어 책을 읽고 있었는데, 그때 갑자기 쇠망치가 머리를 후려치는 느낌이 들었다. 나는 완전히 뻗었다. 엄청나게 강하고, 세심하게 표적을 노린 듯한 일격이었다. 우리는 무선 안테나와 커튼에 불이 붙은 것을 보고는 아이들 방으로 달려들어가서 아이들이 무사한지 확인했다. 아이들은 솜털 하나 다치지 않았고, 오히려 퍽 지겹다는 듯이 옥수수를 질겅질겅 씹고 있었다!

부모님이 먼저 커튼 불부터 끈 뒤에 우리가 안전한지 보러 달려

왔는지, 아니면 우리를 먼저 확인한 뒤에 커튼 불을 껐는지는 역사가 말해주지 않는다. 어머니의 회고담은 이렇게 이어진다.

> 나는 철제 침대에 기댔던 쪽 옆구리에 길고 빨갛게 화상을 입었다. 우리는 나중에 다른 웃긴 일도 잔뜩 발견했다. 콘크리트 바닥이 뜯겨서 헛간 지붕에 올라가 있는 식이었다! 요리사는 손에 쥐고 있던 칼이 낚아채지면서 나뒹굴었다고 했다. 철사로 된 빨랫줄은 다 녹았고, 거실 창유리는 완전히 녹아버린 무선 안테나의 흔적과 함께 사방에 흩어졌고, 기타 등등. 다 기억나지는 않지만 아무튼 극적이었다.

나는 그날의 벼락에 대한 기억이 희미하다. 하지만 요리사의 칼이 정말로 손에서 낚아채졌는지 아니면 그가 겁먹어서 냉큼 내동댕이쳤는지는 좀 궁금하다. 나라면 후자였을 테니까. 벼락이 남긴 흔적 때문에 창문에 온통 알록달록한 무늬가 생겼던 것도 기억난다. 벼락이 치던 순간에 그 소리가 평소처럼 (대체로 메아리라) '붐 붐 드 붐 붐 붐' 하지 않고 터무니없이 크게 딱 한 번 '쾅' 했던 것도 기억난다. 동시에 아주 밝은 섬광이 번뜩였겠지만, 그 기억은 없다.

> 다행히 우리가 이후 천둥 번개를 겁내게 되지는 않았다. 아프리카에는 근사한 번개가 아주 많았기 때문이다. 번개는 엄청나게 아름다웠다. 환하게 밝혀진 하늘을 배경으로 산등성이가 까만 실루엣을 드러냈다. 가끔은 거의 논스톱으로 두드려대는 듯한 천둥소리가 그랜드오페라의 반주처럼 내내 울려퍼졌다.

릴롱궤에서 우리는 처음으로 새 차를 샀다. 낡은 스탠더드 12기통 '베티 터너'를 대체한 윌리스 지프의 스테이션왜건 '크리핑 제니'였다. 크리핑 제니의 새 차 냄새에 몹시 흥분했던 느낌이 여태 아련하고 기쁘게 떠오른다. 아버지는 우리 남매에게 그 차가 다른 차들보다 나은 점이 무엇인지 설명해주었다. 제일 기억에 남은 점은 앞바퀴 위에 평평한 흙받기가 달려 있다는 점이었는데, 아버지는 우리더러 소풍을 나가서 탁자로 쓸 수 있도록 특별히 설계된 것이라고 말했다.

나는 다섯 살에 밀른 부인의 탁아소에 들어갔다. 이웃집 부인이 방 하나에서 운영하는 작은 보육원이었다. 밀른 부인은 내게 변변히 뭘 가르칠 수가 없었다. 다른 아이들은 그곳에서 읽기를 배웠는데 나는 어머니에게 벌써 다 배웠기 때문이다. 부인은 나더러 한켠에서 혼자 '성인용' 책을 읽으라고 했다. 그러나 그 책은 너무나 성인용이었다. 나는 글자 하나하나를 충실하게 눈으로 좇았지만, 뜻은 대부분 이해하지 못했다. 부인에게 '탐구적인'이라는 단어가 무슨 뜻이냐고 물었던 기억이 있다. 그러나 부인이 다른 아이들을 가르치느라 바쁜 와중에 계속 단어 뜻을 물어볼 용기는 차마 나지 않았다. 그래서 나는,

> 의사의 아들 데이비드 글린과 함께 의사의 아내에게 배웠다. 둘 다 총명하고 예민한 소년이었고, 둘 다 그때 많이 배운 것 같다. 리처드와 데이비드는 이후 함께 이글 스쿨에 들어갔다.

RICHARD DAWKINS

4

산속의 독수리 학교

The Making of a Scientist

이글 스쿨은 남로디지아(현재는 끔찍하고 우스꽝스러운 독재 국가 짐바브웨에 해당한다) 모잠비크 국경 근처, 침엽수림이 울창한 붐바 산의 고지대에 위치한 신설 기숙학교였다. 내가 과거 시제로 말한 것은 나중에 그 불행한 나라를 들쑤신 혼란에 휩쓸려 학교가 영영 문을 닫았기 때문이다. 창립자 프랭크 ('탱크') 케리는 옥스퍼드에 있는 드래건 스쿨의 사감 출신이었다. 내 생각에 드래건 스쿨은 영국에서 가장 큰 초등학교이자, 논쟁의 여지는 있을지언정 가장 훌륭한 초등학교로, 모험심을 장려하는 멋진 전통과 훌륭한 졸업자 명단을 자랑한다. 탱크는 아프리카에서 자수성가하겠다는 야망으로 독립한 것이었고, 이글 스쿨은 드래건 스쿨의 충실한 후예였다. 교훈도 같았고(베르길리우스의 글에서 딴 '아르두우스 아드 솔렘'으로, '태양까지 높이 날아오르라'라는 뜻이다), 설리번의 노래 〈기독교 병사들아,

진격하라〉에 맞춰서 "아르두우스 아드 솔렘" 하고 부르는 교가도 같았다. 탱크는 니아살랜드를 돌아다니면서 학부모들에게 사업을 선전하던 중, 릴롱궤의 우리집에 들렀다. 부모님은 그가 마음에 들어서 내가 갈 학교로 이글 스쿨을 선택했고, 글린 부부도 마찬가지였다. 데이비드와 나는 함께 진학하게 되었다.

이글 스쿨에 대한 기억은 흐릿하다. 나는 딱 두 학기를 다닌 것 같은데, 학교가 문을 연 뒤로 첫 두 학기였을 것이다. 공식 개교식에 참석했던 기억은 난다. 학교의 '문이 열리는 날'에 대해서는 사전에 소문이 자자했고, 나는 약간 어리둥절했다. 그 표현은 〈태초부터 우리를 도운 신이시여〉라는 찬송가의 한 구절을 뜻한다고 여겼기 때문이다.

> 쉴 새 없이 흐르는 개울물처럼,
> 시간은 모든 자손을 앗아가네.
> 모든 이는 금세 사라져 꿈처럼 잊히고,
> *문이 열리는 날* 죽을 것이라네.

찬송가는 이글 스쿨 시절의 내게 강한 인상을 남겼다. 〈온 힘을 다해 힘껏 싸워라〉처럼 싸울 때보다 졸 때 어울릴 만큼 지루하고 음울한 가락의 노래조차 그랬다. 부모들은 각자 자식에게 성경책을 마련해주어야 했는데, 우리 부모님은 왠지 몰라도 내게 《어린이 성경》을 딸려 보냈다. 《어린이 성경》은 성인용 성경과는 전혀 다른 물건이었기 때문에, 나는 약간 낙오되고 남들과 '다르다'는 기분이 들었다. 특히 본문이 장과 절로 구분되지 않은 점이 엄청난 박탈로 느껴졌다.

나는 문장을 일일이 세분하여 참조하기 쉽게 만든 성경의 방식에 매료되어, 평범한 동화책들까지 죄다 끌어내 그 본문에 숫자로 '절'을 매겼다. 최근에 스미스라는 19세기 사기꾼이 지어낸 《모르몬 경전》을 들춰볼 일이 있었는데, 그가 모든 문장을 절로 세분하고 16세기 영어의 문체까지 흉내낸 걸 보면 그도 나처럼 킹제임스 성경의 바로 그 특징에 매료되었던 게 틀림없다는 생각이 들었다. 여담이지만, 《모르몬 경전》이 16세기 문체라는 사실만으로도 당장 스미스라는 그 작가가 사기꾼임을 알아차려야 하지 않나? 그와 동시대를 산 사람들은 《모르몬 경전》이 애초에 틴들과 크랜머 시대의 영어로 씌었다고 생각했단 말인가? 마크 트웨인이 예리하게 지적했듯이, 《모르몬 경전》에서 '그리고 이렇게 되었나니'라는 구절을 모조리 지운다면 책은 소책자처럼 얇아질 것이다.

이글 스쿨에 다닐 때 내가 제일 좋아한 책은 학교 도서관에서 발견한 휴 로프팅의 《둘리틀 선생 이야기》였다. 지금은 그 책이 인종차별적 내용 때문에 여러 도서관에서 금서가 되었는데, 충분히 이해할 만하다. 동화에 푹 빠진 졸링키부족의 왕자 범포는 자신이 개구리였다가 마법이 풀려 사람으로 돌아오는 왕자, 혹은 신데렐라 같은 공주와 사랑에 빠지는 왕자가 되기를 간절히 바란다. 그러나 만에 하나 자신이 입맞춤으로 잠자는 공주를 깨웠을 때 공주가 자신의 새카만 얼굴을 무서워하면 어쩌나 걱정되어, 둘리틀 선생에게 자기 얼굴을 백인처럼 하얗게 만들어달라고 부탁한다. 1920년에 출간되었을 때는 딱히 특별할 것도 논란이 일 것도 없었던 이 이야기가 20세기 말의 변화하는 시대정신과 반목하게 된 이유는 척 보면 알 수 있으리라. 그러나 굳이 이야기에서 도덕적 교훈을 따져야겠다면, 상상력이 대단한 이 '둘리틀 선생' 시리즈는, 개중에서도 내가 최고로 꼽는《둘리틀 선생의 우체국》같은 이야기는 인종차별의 기미가 있을지언정 그보다 훨씬 더 뚜렷하게 반反인종차별을 주장하기 때문에 명예를 되찾을 것이다.

교가와 교훈 외에도, 이글 스쿨은 선생님을 별명이나 이름으로 부르는 드래건 스쿨의 전통까지 베꼈다. 우리는 교장 선생님을 탱크라고 불렀다. 야단을 맞을 때조차. 당시 나는 그 별명이 지붕 위에서 물을 담아두는 탱크를 뜻한다고 생각했는데, 이제 와서 생각하니 당연히 거침없는 군사용 운송 수단을 가리키는 말이었을 것이다. 케리 씨는 난관에 굴하지 않고 나아가는 불굴의 끈기 때문에 드래건 시절에 그런 별명을 얻었던 게 아닐까. 다른 선생님으로는 클로드(역시 드래건에서 왔다), 딕(매주 수요일 오후 휴식 시간에 복된 배급품인 초콜릿을 나눠주는 인기 만점 역할을 맡았다), 그리고 거무스름하고 명랑한 헝가리인으로 프랑스어를 가르치던 폴이 있었다. 가장 어린 꼬마들을 가르치던 왓슨 부인은 '워티'로 통했고, 여사감인 코플스턴 양은 '코퍼스'로 통했다.

이글 스쿨에서 내가 행복했다고는 차마 말하지 못하겠다. 하지만 세 달 동안 집에서 떨어져 있는 일곱 살 아이가 행복할 수 있는 만큼은 행복했던 것 같다. 가장 사무쳤던 경험은, 조용한 아침에 우리가 아직 꾸벅꾸벅 조는 동안 코퍼스가 기숙사를 한 바퀴 돌 때 내가 거의 매일 탐닉한 환상이었다. 나는 코퍼스가 어떻게든 마술처럼 내 어머니로 변신할 것이라고 상상했다. 꼭 그렇게 되게 해달라고 끊임없이 기도했다. 코퍼스는 어머니처럼 검은 곱슬머리였기에, 나는 아이다운 순진한 마음에 변신이 그다지 힘든 기적은 아닐 것이라고 추측했다. 다른 소년들도 코퍼스를 좋아하는 만큼이나 틀림없이 우리 어머니도 좋아할 것이라고 믿었다.

코퍼스는 엄마같이 상냥했다. 첫 학기 말에 그녀가 내 생활기록부에 적은 글에 애정이 손톱만큼도 없었다고는 생각하고 싶지 않다. 그녀의 평가에 따르면, 내게는 '오직 세 가지 속도만 있는데, 느림, 아주 느림, 멈춤'이다. 본인은 조금도 그럴 의도가 없었지만, 딱 한 번 코퍼스가 나를 겁준 적도 있다. 나는 어느 흑인 맹인이 완숙 달걀의 끄트머리처럼 희멀건 눈동자로 멍하니 응시하는 모습을 본 뒤로 눈이 머는 것에 대한 공포심이 있었다. 언젠가 나도 완전히 못 보게 되거나 완전히 못 듣게 될 거라는 생각에 안절부절못했고, 괴롭게 한참 따져본 끝에 둘 다 막상막하로 나쁘지만 그중에서도 눈이 머는 것은 상상할 수 있는 최악의 사건이라고 결론 내렸다. 이글스쿨은 현대적인 학교라서 전깃불이 들어왔다. 자체 발전기를 썼던 것이다. 어느 날 저녁, 코퍼스가 기숙사에서 우리와 이야기하던 중에 발전기 엔진이 꺼진 모양이었다. 불이 나가서 완벽한 어둠이 휘감자, 나는 두려워서 떨면서 물었다. "불이 나간 거예요?" 코퍼스는 가볍게 빈정대듯이 대꾸했다. "아니란다. 네가 눈이 멀었나 보구나." 저런! 코퍼스는 자기가 한 말이 내게 얼마나 무서운 것인지 전혀 몰랐다.

나는 유령도 무서워했다. 유령은 실질적인 형체를 지닌 존재라고 생각했다. 눈구멍이 뻥 뚫린 해골이 온몸의 뼈를 달그락거리면서 곡괭이를 든 채 기나긴 복도를 무서운 속도로 쌩 달려와서, 무섭도록 정확하게 내 엄지발가락을 노려 일격을 날릴 것이라고 상상했다. 또한 나는 누군가에게 잡아먹히면 어쩌나 하는 기괴한 환상에도 시달렸다. 그런 괴상한 상상들이 어디에서 왔는지는 모르겠다. 내가 읽었던 책에서 온 것은 아니었고, 부모님이 비슷한 이야기를 해준 적도 결코 없었다. 어쩌면 기숙사의 다른 아이들이 지어낸 이야기에서 들었을지도 모른다. 나는 다음으로 진학한 학교에서 그런 아이들을 많이 만났다.

나는 이글 스쿨에서 아이들의 무한한 잔인함도 처음 경험했다. 천만다행으로 내가 따돌림을 당하지는 않았다. 그러나 '페기 아줌마'라는 별명으로 불리던 소년은 무자비한 놀림을 겪었는데, 별명 외에는 마땅히 다른 이유도 없는 것 같았다.《파리대왕》의 한 장면처럼, 수십 명의 소년이 그 아이를 둘러싸고 빙글빙글 돌면서 놀 때 부르는 단조로운 노랫가락에 맞춰 "*페기* 아줌마, *페기* 아줌마, *페기* 아줌마"라고 읊어댔다. 그러면 가엾은 소년은 그만 정신을 놓고, 둘러싼 고문자들에게 두서없이 주먹을 날리면서 덤벼들었다. 한번은 그 아이가 로저라는 소년과 땅바닥을 뒹굴면서 오랫동안 심각하게 싸우는 꼴을 나머지 우리들은 가만히 둘러싼 채 구경하기만 했다. 로저는 열두 살이었기 때문에 모두가 우러르는 존재였다. 구경꾼들은 피해자에게 감정 이입한 게 아니라, 잘생기고 놀이에도 능한 골목대장에게 이입했다. 아이들 사이에는 이렇듯 남부끄러운 일화가 너무 흔하다. 한참 늦기는 했어도, 결국에는 탱크가 오전 조회에서 엄숙하게 경고함으로써 집단따돌림을 종식시켰다.

매일 밤 기숙사에서, 우리는 침대 위에서 무릎을 꿇고 머리맡의 벽을 바라보는 자세로 한 사람씩 돌아가며 취침 기도를 읊었다.

주여, 간청하오니 어둠을 밝혀주소서. 당신의 크나큰 자비로 우리를 이 밤의 모든 환난으로부터 보호해주소서. 아멘.

누구도 이 기도문이 글로 씌어진 것을 보지는 못했고, 다들 이게 정확히 무슨 뜻인지도 몰랐다. 우리는 앵무새처럼 매일 밤 서로의 말을 따라 할 뿐이었고, 그 결과 문장은 뜻이 통하지 않을 만큼 왜곡되었다. 이 일화는 밈 이론을 시험하는 흥미로운 사례가 될 만하다. 물론 여러분이 이런 이야기에 관심이 있어야만 흥미로울 것이다. 만일 밈 이론에 관심이 없다면, 혹은 밈 이론이란 게 뭔지 모르겠다면, 다음 문단으로 넘어가도 좋다. 자, 따져보자. 만일 아이들이 기도문의 의미를 이해했다면, 문장이 왜곡되는 일은 없었을 것이다. 잘못 복사된 DNA가 '교정'되는 것처럼, 그 의미가 일종의 '정상화' 효과를 발휘하기 때문이다. 밈이 유전자에 비유해도 좋을 만큼 충분히 많은 '세대'를 살아남는 것은 바로 그런 정상화 효과 때문이다. 그런데 실제 우리에게는 기도문의 단어들이 온통 낯설었기 때문에, 그저 음성학적으로 소리를 흉내내는 수밖에 없었다. 그러니 한 아이가 다른 아이를 흉내내며 '세대'를 거쳐 밈이 전수될 때, 그 '돌연변이율'이 높을 수밖에 없었다. 이 효과를 실험으로 조사해봐도 재미있을 것 같지만, 아직 내가 실천할 기회는 없었다.

선생님 중 한 분은, 아마도 탱크나 딕이, 소년들의 합창을 지휘했다. 우리는 〈캠프타운 경마〉나 다음과 같은 노래를 불렀다.

내게는 6펜스가 있네, 신난다, 신난다, 6펜스라네,
평생 써도 부족하지 않을 6펜스,
2펜스는 빌려주고 2펜스는 써버리고

그러고도 마누라에게 가져다줄 2펜스가 남는다네.

다음 노래에서는 '버드(새)'의 r을 굴려서 '벌드'처럼 발음하라고 배웠다. 당시에는 이유를 알 수 없었지만, 아마도 미국 노래라고 생각해서 그랬던 것 같다.

우리는 벌판의 버어어얼드처럼 앉아 있네
벌판의 버어어얼드
벌판의 버어어얼드
우리는 벌판의 버어어얼드처럼 앉아 있네
저 아래 데메라라에서.

드래건 스쿨의 그 유명한 모험적 기상은 이글 스쿨에도 얼마쯤 이식되었다. 선생님들이 전교생을 데리고 나가서 다 함께 신나게 '마타벨레와 마쇼나 놀이'를 했던 날이 기억난다(서부극 놀이를 '카우보이와 인디언 놀이'라고 하듯이, 로디지아에서 지배적인 두 부족의 이름을 딴 것이었다). 우리는 붐바 산 숲과 초원을 신나게 쏘다녔다(붐바는 쇼나어로 '안개의 산'이라는 뜻이다). 원, 대체 어떻게 길을 영영 잃어버린 아이가 한 명도 나오지 않았던 건지. 학교에 수영장은 없었지만(내가 떠난 뒤에 지었다고 들었다), 선생님들은 우리를 폭포 발치에 있는 사랑스러운 연못으로 데려가서 (홀딱 벗고) 자맥질하게 해주었다. 그 편이 훨씬 더 재미있었다. 폭포를 놔두고서 수영장을 바랄 소년이 어디 있겠는가.

나는 비행기로 학교에 간 적이 한 번 있다. 일곱 살 소년에게 혼자 하는 여행은 꽤 대단한 모험이었다. 나는 릴롱궤에서 솔즈베리(현재의 하라레)까지 드래건 래피드 복엽기를 타고 가서, 그곳에서 다시 움탈리(현재의 무타레)까지 가야 했는데, 솔즈베리에 사는 학교 친구의 부모가 그곳에서 나를 만나 움탈리로 보내주기로 약속되어 있었다. 그런데 그분들이 통 나타나질 않는 것이었다. 나는 온종일처럼 느껴지는 긴 시간 동안 혼자 솔즈베리 공항을 어슬렁거렸다(이제 와서 따져보면 시간이 그렇게 길었을 리는 없다). 사람들은 다들 친절했다. 누군가는 내게 점심을 사주었고, 누군가는 내가 격납고로 어슬렁어슬렁 들어가서 비행기를 구경하도록 허락했다. 희한하게도 그날은 상당히 행복했던 날로 기억에 남아 있다. 나는 혼자라는 사실이 전혀 무섭지 않았다. 앞으로 어떻게 될까 하는 걱정도 하지 않았다. 이윽고 나를 만나기로 되어 있던 사람들이 나타났고, 나는 움탈리로 갔다. 그곳에서 탱크가 나를 맞아 윌리스 지프 스테이션 왜건으로 학교까지 데려갔던 것 같다. 그 차는 우리집의 크리핑 제니를 연상시켰기 때문에 나는 퍽 좋아했다. 이 일화는 내 기억대로 쓴 것이다. 데이비드 글린은 좀 다른 기억을 갖고 있는데, 아마도 나와 데이비드가 함께 갔던 적도 있고 나 혼자 갔던 적도 있어서 그런 게 아닐까 싶다.

RICHARD
DAWKINS

5

아프리카여, 안녕

The Making of a Scientist

영국으로 휴가를 다녀온 지 3년이 된 1949년, 부모님은 또 한 번 휴가를 내 이번에도 케이프타운에서 영국으로 여행했다. 이번에는 '움탈리'라는 작고 깔끔한 배를 탔다. 그 배에 대한 기억은 별로 없지만, 아름답게 광을 낸 나무 벽판과 조명은 떠오른다. 지금 생각하면 아르데코 풍이었던 모양이다. 승무원 규모가 적어서 따로 오락 담당자를 고용할 수 없었기 때문에, 승객 중에서 킴버 씨라고, 그야말로 파티에 죽고 못 살 것 같은 타입의 남자가 투표로 그 역할을 맡았다. 킴버 씨는 이런저런 행사를 주관했다. 적도를 지날 때는 '적도 통과' 의식을 벌였는데, 해초로 만든 턱수염과 삼지창까지 갖춘 넵투누스 신이 등장했던 기억이 난다. 킴버 씨는 모두가 가장을 하고서 저녁을 먹는 행사도 마련했다. 나는 해적으로 분장했다. 다른 소년이 카우보이로 분장한 걸 보고 질투가 났지만, 부모님은 그 애의 복장이 더 낫다고 인정하면서도 그건 다 만들어진 물건을 구입한 것뿐이고 나는 직접 꾀를 내 만든 것이니 내 것이 더 낫다고 설명했다. 지금은 무슨 말씀인지 이해가 가도, 당시에는 그렇지 않았다. 큐피드로 분장한 어느 어린 사내아이는 홀딱 벗은 채 사람들에게 마구 화살을 쏘아댔다. 우리 어머니는 인도인 (남성) 웨이터인 것처럼 과망간산칼륨으로 피부를 검게 물들이고 나왔다. 아마도 그 색깔이 빠지기까지 며칠은 걸렸을 것이다. 어머니는 웨이터의 제복을 빌려 입고 화려한 장식띠와 터번까지 갖췄고, 다른 웨이터들도 농담에 보조를 맞췄다. 식사하는 승객들은 그 웨이터가 어머니인 줄 아무도 알아차리지 못했다. 심지어 나도 그랬고, 선장도 그랬다. 어머니가 선장에게 일부러 수프 대신 아이스크림을 가져다주었는데도 말이다.

나는 움탈리호의 작은 수영장에서 여덟 살 생일에 처음 수영을 배웠다. 갑판 기둥 사이에 범포천을 쳐서 만든 수영장이었다. 새로 배운 기술에 무척 만족한 나는 바다에서 시험해보고 싶었다. 그래서 배가 화물로 토마토를 싣기 위해 카나리아제도의 라스팔마스에 정박해서 하루 동안 승객들을 뭍에 내렸을 때, 우리는 해변으로 직행했다. 나는 자랑스럽게 바다에서 헤엄쳤고, 어머니는 해변에서 망을 봤다. 그런데 갑자기 유달리 거대한 파도가 이는 듯했다. 어머니가 보니, 파도가 개헤엄을 치는 내 아담한 몸뚱어리를 덮칠 것 같았다. 어머니는 옷을 입은 채로 용감무쌍하게 물에 달려들었다. 나를 구하기 위해서. 그러나 파도는 나를 전혀 해치지 않고 살짝 들어올렸을 뿐이고, 그 뒤에 온 힘으로 어머니를 덮쳤다. 어머니는 머리에서 발끝까지 쫄딱 젖었다. 승객들은 저녁까지 배로 돌아갈 수 없었기 때문에, 어머니는 그날 내내 소금물에 젖은 옷을 걸치고 있어야 했다. 그러나 배은망덕하게도 나는 어머니의 모성 어린 영웅적 행동에 대한 기억이 전혀 없다. 위의 이야기는 어머니가 들려준 대로 쓴 것이다.

토마토 화물은 적재가 제대로 되지 않은 모양이었다. 바다로 나가자 짐짝들이 위험스레 한쪽으로 쏠려, 배가 우현으로 심하게 기울었다. 우리가 묵은 선실의 현창은 내내 물에 잠겨 있었다. 여동생 세라는 "엄마, 우리 벌써 바다에 가라앉았나 봐요"라고 말했다. 악명 높은 비스케이만을 지날 때는 사태가 더욱 악화되었다. 움탈리호는 맹렬한 강풍에 휘말려 똑바로 서 있기도 어려웠다. 나는 신이 났고, 선실로 달려내려가서 내 침대의 시트를 벗겨 왔다. 그러고는 시트를 요트의 '돛'처럼 나부껴 바람을 받아 꼭 요트처럼 갑판 위를 미끄러졌다. 어머니는 벌컥 화를 내면서 그러다가 배 밖으로 날아갈 수도 있었다고 나무랐다. 맞는 말이었으리라. 세라가 아끼던 담요 '보트'는 정말 배 밖으로 날아갔으니까. 선견지명이 있었던 어머니가 담요를 반으로 잘라서 만일의 경우에도 세라가 좋아하는 그 냄새를 맡을 수 있게 손써두었기에 망정이지, 아니었으면 대단히 비극적인 사건이었을 것이다. 나는 이른바 '위안의 담요'라는 걸 가져본 적이 없지만, 그 현상에 흥미가 있다. 그런 담요의 쓰임새는 아이들이 엄지나 다른 손가락을 빠는 동안 냄새를 맡는 용도인 것 같다. 심리학자 해리 할로가 붉은털원숭이 새끼들에게 천으로 만든 가짜 어미를 제공했던 실험과도 뭔가 연관된 현상이 아닐까.

이윽고 배는 런던항에 정박했다. 우리는 호펫을 마주 보고 선 튜더 왕조 풍의 사랑스러운 낡은 농가, '쿠쿠스(뻐꾸기들)'에서 묵었다.

할아버지와 할머니가 그 땅이 개발되는 것을 막으려고 사들인 집이었다. 어머니의 동생인 다이애나 이모와 이모의 딸 페니, 이모의 두 번째 남편이자 내 아버지의 동생인 빌 삼촌도 시에라리온에서 휴가를 얻어 영국으로 건너와서 우리와 함께 지냈다. 페니는 제 아버지인 밥 케디가 전쟁터에서 죽은 뒤 태어난 아이이다. 밥 케디의 다른 두 형제도 모두 용맹하게 전사한 터라, 그들의 부모인 케디 부부에게는 참으로 끔찍한 비극이었고 따라서 그분들이 유일한 혈육인 페니에게 아낌없이 애정을 쏟는 것은 당연한 일이었다. 그분들은 페니의 이종사촌인 나와 세라에게도 다정했다. 우리를 명예손주처럼 대했고, 크리스마스에는 매번 제일 비싼 선물을 보냈으며, 매년 런던으로 데려가 연극이나 팬터마임을 보여주었다. 케디 집안은 사우스엔드에 케디백화점을 갖고 있는 부잣집이었다. 그분들이 사는 대저택에는 야외 수영장과 테니스장이 있었고, 집 안에는 아름다운 브로드우드 소형 그랜드피아노와 최초의 텔레비전까지 있었다. 텔레비전을 난생처음 본 우리 아이들은 커다랗고 반들반들한 나무 캐비닛 한가운데 작은 화면에서 뿌연 흑백 영상으로 등장하는 나귀 '머핀'에게 홀딱 빠졌다.

쿠쿠스에서 두 가족이 한 가족처럼 산 몇 달은 유년기만이 줄 수 있는 마법 같은 추억을 안겨주었다. 사랑하는 빌 삼촌은 늘 우리를 웃겼다. 삼촌은 아이들을 "당밀 바지들"이라고 불렀고(구글에서 검색해보니, 영국인들이 '복사뼈에 걸치는 바지'라고 표현하는 짧은 바지를 부르는 오스트레일리아식 표현이라고 한다), 직접 지은 노래를 불러주었다. 우리도 그 두 곡을 자주 청했다.

소는 다리가 왜 네 개지? 왜 그런지 알고 싶어.
하지만 나도 모르고 너도 모르고 소도 모르지.

다음 노래는 선원들의 혼파이프 곡조에 맞춰 불렀다.

티들리윙크스 할아범, 어디 한번 주전자를 가져봐,
주전자를 못 갖는다면 낡고 더러운 팬이라도 가져봐.

페니와 아버지가 다른 남동생 토머스는 우리가 쿠쿠스에서 사는 동안 태어났다. 토머스 도킨스는 내 친사촌이자 이종사촌이니, 실로 보기 드문 관계다. 우리는 조부모 네 명을 모두 공유하므로, 각자의 부모를 제외하고는 모든 선조가 같다. 우리는 부모 중 한쪽이 다른 형제와 동일한 정도로 유전자를 공유하지만, 서로 닮진 않았다. 토머스가 태어났을 때, 어른들은 간호사를 고용했다. 그러나 그 간호사는 빌 삼촌이 두 가족용 아침식사를 준비하는 광경을 목격하자마자 때려치우고 가버렸다. 삼촌은 포석 깔린 부엌 바닥에 앉아서 접시를 빙 둘러 늘어놓고, 마치 카드 패를 나누듯이 달걀과 베이컨을 하나씩 던져넣고 있었다. 그 시절에는 아직 '위생 안전' 개념이란 게 없었지만, 깐깐한 간호사에게는 참을 수 없는 광경이었다. 간호사는 당장 나가서 다시는 돌아오지 않았다.

세라와 페니와 나는 첼름스퍼드에 있는 세인트앤 스쿨로 매일 통학했다. 어머니와 이모가 우리 나이에 다녔던 학교인데, 마틴 양이라는 교장 선생님도 그대로였다. 그 학교에 대한 기억은 많지 않다. 급식에서 민스미트 냄새가 진동했던 것, 자일스라는 남자아이가 자기 아빠가 철도 레일 사이에 누워 있는 동안 그 위로 기차가 지나간 적이 있다고 주장했던 것, 음악 선생님을 '하프 씨'라고 불렀다는 것 정도일까. 하프 선생님은 우리에게 〈리치먼드 언덕의 사랑스러운 아가씨〉라는 노래를 가르쳤다. 가사에 '그녀를 내 사람으로 만들 수 있다면 왕관도 사양하리'라는 대목이 있는데, 나는 '왕관도 사양하리'가 한 단어로 된 동사라고 착각하고는 문맥상 '얼마나 좋을까'라는 뜻이라고 이해했다. '매일 돌아오는 새 아침은 하느님의 사랑 / 우리가 깨어 기상하는 것이 그 증거'라는 찬송가 가사도 비슷한 방식으로 오해했다. '기상하는 것이 그 증거'라는 말이 무슨 뜻인지 알 수 없었지만, 문맥상 누구나 그걸 갖고 있으면 고마워해야 마땅한 어떤 물건일 거라고 짐작했다. 세인트앤 스쿨의 교훈은 꽤 귀여웠다. '할 수 있다, 해야 옳다, 해야 한다, 할 것이다'였다(정확히 이 순서였는지는 모르겠지만 읊어보면 맞는 듯하다). 쿠쿠스의 어른들은 이 말에서 키플링의 〈병참부 낙타들의 노래〉를 떠올렸고, 지금도 내가 잊지 못할 만큼 멋지게 리듬을 넣으면서 그 노래를 읊었다.

> 못 해! 안 돼! 싫어! 안 해!
> 차례차례 그냥 넘겨버려!

나는 세인트앤 스쿨에서 몇몇 큰 여자아이에게 놀림을 당했다. 아주 심각하지는 않았지만, 만일 내가 열심히 기도한다면 초자연적 힘을 불러들여서 그 아이들에게 응보를 가할 수 있으리라는 몽상에 빠질 만큼은 괴로웠다. 나는 하느님의 찌푸린 옆얼굴을 담은 검자줏빛 구름이 번개처럼 하늘을 가르고 놀이터 위로 날아와서 나를 구하는 광경을 상상했다. 내가 할 일은 그런 일이 벌어질 수 있음을 믿는 것뿐이라고 생각했고, 그런 일이 벌어지지 않는 까닭은 내 기도가 충분하지 않아서라고 생각했다. 이글 스쿨에서 코플스턴의 변신을 기도했을 때처럼 말이다. 기도에 대한 아이들의 시각은 그처럼 순진한 법이다. 그런데 어떤 사람들은 어른이 돼서도 그 상태를 벗어나지 못해, 하느님에게 주차공간을 확보해달라거나 테니스 시합에서 이기게 해달라고 기도한다.

나는 세인트앤에 한 학기만 다닌 뒤 이글 스쿨로 돌아갈 예정이었다. 그런데 우리가 영국에 머무는 동안 가족의 계획이 180도로 달라졌다. 나는 이글 스쿨도, 코퍼스도, 탱크도 두 번 다시 볼 수 없게 되었다. 그로부터 3년 전, 아버지가 영국에서 온 전보를 받은 일이 있었다. 웬 먼 친척이 옥스퍼드셔에 있는 도킨스 집안의 부동산을 아버지에게 물려주었다고 통지하는 내용이었다. '오버 노턴 하우스'라는 집과 '오버 노턴 파크'라는 땅, 그리고 오버 노턴 마을의 작은 집 여러 채였는데, 처음 그 부동산이 도킨스 집안의 소유가 되었을 때는 그보다 훨씬 더 넓었다. 1726년에 그곳을 구입한 사람은 제임스 도킨스 하원의원(1696~1766)이었고, 그는 재산을 조카 헨리 도킨스 하원의원(1728~1814)에게 물려주었다. 내 6대조 할아버지이자 전세 마차 네 대를 사방으로 흩어지게끔 지시하여 사랑의 도피를 했던 그 헨리 도킨스의 아버지다. 이후 도킨스 성을 지닌 후손들이 여러 세대에 걸쳐 부동산을 물려받았는데, 그중 윌리엄 그레고리 도킨스(1825~1914) 대령이 재앙의 씨앗이었다. 크림전쟁 참전 용사로서 한 성격 했던 대령은 세입자들에게 자신이 지지하는 정당에 투표하지 않으면 쫓아내겠다고 협박했는데, 얄궂게도 그 정당은 자유당이었다. 대령은 다혈질에다가 툭하면 소송 걸기를 좋아했다. 군대 선임 장교들이 자신을 모욕했다는 이유로 고소를 남발하느라 재산을 대부분 탕진했다. 그러나 질질 끌기만 할 뿐 소득은 없었던 고소 과정에서 — 늘 그렇듯이 — 변호사들 외에는 득 본 사람이 없었다. 심각한 피해망상이었던 듯한 대령은 공공연히 여왕을 모욕하는 발언을 했고, 런던 길거리에서 자신의 부대장이었던 루크비 경을 공격했으며, 최고사령관이었던 케임브리지 공작을 고소했다. 더욱 안타까운 점은, 아름다운 조지 왕조 풍의 오버 노턴 하우스에 유령이 씌었다고 믿은 나머지 1874년에 저택을 허물고 빅토리아 시대 풍으로 새 집을 세운 것이었다. 대령은 여러 소송 때문에 점점 빚에 파묻혔다. 결국에는 오버 노턴 영지를 담보로 잡히고 최대 한도까지 빚을 내야 했고, 채권자들이 허락한 주당 2파운드의 생활비로 궁핍하게 살다가 브라이턴의 하숙집에서 죽었다. 재수 나쁜 상속인들이 20세기 초에 담보 대출금을 다 갚았지만, 그러느라 토지의 대부분을 팔아야 했기 때문에 아버지에게 넘어온 것은 알맹이에 해당하는 작은 땅뿐이었다.

어쨌거나 끝까지 남은 부동산을 1945년까지 소유했던 사람은 윌리엄 대령의 종손인 헤러워드 도킨스 소령이었다. 헤러워드는 런던에서 살았고, 그 땅 근처로 갈 일은 거의 없었다. 헤러워드는 윌리엄처럼 독신이었고, 도킨스 성을 지닌 다른 가까운 친척도 없었다. 헤러워드는 분명 유언을 작성할 때 족보를 살펴보았을 것이고, 도킨스 집안의 생존자들 중에서 내 할아버지가 제일 연장자임을 확인했을 것이다. 그러나 아마도 변호사가 한 세대를 건너뛰라고 조언했을 것이다. 그래서 자신보다 훨씬 어린 팔촌인 내 아버지를 상속인으로 정하게 되었을 것이다. 그것은 탁월한 선택이었다. 물론 당시에 헤러워드는 아버지가 그 땅을 보존하고 일굴 인물로 적격이라는 사실을 알 턱이 없었겠지만 말이다. 두 사람은 한 번도 만난 적이 없었다. 아버지는 난데없이 아프리카로 전보가 날아들기 전에는 헤러워드의 존재조차 몰랐을 것이다.

1899년, 데일리 부인이라는 여성이 오버 노턴 하우스의 장기 임대권을 결혼 선물로 받았다. 그녀가 낸 집세는 물론 밑 빠진 독에 물 붓기 같았던 윌리엄 대령의 빚 상환으로 몽땅 사라졌다. 데일리 부인은 그곳에서 가족과 함께 위풍당당한 생활을 영위했다. 부인은 지역 상류사회의 기둥이었고, 헤이스롭 사냥대회의 열혈 추종자였다. 우리 부모님은 헤러워드가 그곳을 자신들에게 넘겼다고 해서 데일리 부인의 생활이 달라질 거라고는 전혀 기대하지 않았다. 아버지는 니아살랜드 농림부에서 열심히 승진하며 은퇴하는 날까지 일할 계획이었다(혹은, 나중에 사태가 달라졌으니, 니아살랜드가 말라위로 독립하는 날까지였으리라).

그런데 1949년 움탈리호가 영국에 도착했을 때, 부모님은 뜻밖의 전갈을 받았다. 연로한 데일리 부인이 죽었다는 소식이었다. 부모님이 당장 떠올린 생각은 다른 세입자를 찾아야겠다는 것이었다. 그러나 아프리카를 떠나 영국에서 농사를 지을 수도 있다는 가능성이 차츰 두 분 머리에 떠올랐고, 두 분의 마음이 서서히 그쪽으로 기울었다. 어머니가 위험한 말라리아에 취약하다는 사실이 한 이유였고, 내 생각에 우리 남매를 영국 학교에 보낼 수 있다는 점도 매력으로 작용했을 것이다. 양쪽 조부모들은 아프리카를 떠나지 말라고 권했다. 변호사도 마찬가지였다. 친조부모는 아버지가 니아살랜드에서 대영제국 공무원으로 일하는 것이 집안 전통을 잇는 의무라고 여겼고, 외할머니는 부모님도 대부분의 귀농자들처럼 결국 '폐농'하고 말리라는 불길한 예감에 시달렸다. 그러나 부모님은 끝내 모든 조언을 거스른 채 아프리카를 포기하기로 결정했다. 오버 노턴에서 살면서 200년 넘게 유유자적한 상류층의 장원으로 쓰였던 땅을 처음으로 제대로 된 농장으로 바꿔보기로 했다. 아버지는 식민지 공무원 자리에서 사직했다. 연금도 박탈당했다. 그러고는 영국의 소농들을 차례차례 찾아다니면서 문하생이 되어, 앞으로 필요한 새로운 기술들을 익혔다. 오버 노턴 하우스에서 살지는 않기로 했다. 대신에 그 집을 공동주택으로 개조했다. 집세로 건물 유지비를 충당하려는 생각이었다(변호사는 아예 허물어서 손실을 줄이라고 조언했다). 우리 가족은 진입로 입구의 오두막에서 살기로 했는데, 손볼 데가 많았기 때문에 그동안에는 임시로 오버 노턴 하우스의 한구석에서 살았다. 사실 야영을 했다는 표현이 더 정확하겠다.

이즈음에도 나는 둘리틀 선생에게 열광하고 있었다. 오버 노턴 하우스에 임시로 머물 때 내 머릿속을 지배했던 환상은 나도 둘리틀 선생처럼 인간 아닌 동물들과 대화하는 법을 배우겠다는 것이었다. 그러나 나는 둘리틀 선생보다도 한 발 더 나아갈 것이었다. 텔레파시로 대화할 생각이었으니까. 나는 집 근처 수 킬로미터 내에 있는 모든 동물이 오버 노턴 파크로, 더 정확하게 말하자면 내게로 모여들게 해달라고, 그래서 내가 그 동물들을 돕게 해달라고 간절히 희망했고, 기도했고, 의지를 집중시켰다. 나는 이런 식으로 소원을 비는 기도를 굉장히 자주 했다. 무언가를 열렬히 원하면 반드시 이뤄지는 법이고 필요한 것은 오직 의지력 혹은 기도의 힘뿐이라는 설교자들의 말에 깊이 감화되었던 모양이다. 나는 신념이 강하면 태산도 움직일 수 있다는 말까지 믿었다. 아마 웬 설교자가 그렇게 말하는 것을 들었던 탓일 텐데, 설교자들이 으레 그렇듯이 그는 깜빡 넘어가기 쉬운 아이 앞에서 비유와 현실을 구분하지 않고 말했던 것이다. 솔직히 가끔은 그들이 그런 구분을 알기는 아는지조차 의심스럽다. 그런 구분이 별반 중요하지 않다고 생각하는 사람도 많은 것 같다.

그 시절에 나는 과학소설 풍의 상상놀이를 즐겼다. 친구 질 잭슨과 함께 오버 노턴 하우스 안에 우주선을 만들었는데, 각자의 침대가 우주선인 척하면서 몇 시간이고 연기하는 것이었다. 두 아이가 사전에 머리를 맞대고 플롯을 짜지 않더라도 즉석에서 공동의 환상이 구현된 스토리보드를 끼워맞출 수 있다는 사실은 참으로 흥미롭다. 한 아이가 불현듯 "조심해요, 캡틴! 트룬 로켓들이 좌현 쪽으로 공격해옵니다!"라고 외치면, 상대 아이는 자신이 생각하는 공상을 말로 표현하기도 전에 얼른 로켓을 피하는 시늉부터 하는 것이다.

이즈음 부모님은 나를 이글 스쿨에서 공식적으로 자퇴시켰고, 영국에서 보낼 학교를 물색했다. 부모님은 가까운 옥스퍼드에 있는 드래건 스쿨에 보내고 싶었을 것이다. 이글 스쿨의 '모험적' 체험을 이어갈 수 있을 테니까. 그러나 드래건 스쿨은 아이가 태어나자마자 이름을 올려두어야만 들어갈 수 있을 정도로 수요가 많은 학교였다. 부모님은 그 대신 솔즈베리(영국의 솔즈베리로, 로디지아의 솔즈베리가 이 이름을 땄다)에 있는 섀핀 그로브 스쿨로 나를 보냈다. 아버지와 삼촌이 둘 다 다녔던 곳으로, 썩 나쁘지 않은 학교였다.

영국의 불가사의한 용어에 익숙하지 않은 독자를 위해서 설명이 필요할 듯하다. 섀핀 그로브와 이글은 둘 다 '프리패러터리(예비) 스쿨'이다. 줄여서 '프렙 스쿨'이라고 부른다. 무엇에 '예비'한단 말인가? 이보다 더 헷갈리는 이름인 '퍼블릭 스쿨'에 예비한다는 것인데, 퍼블릭 스쿨은 사실 단어의 뜻과는 정반대로 공립이 아니라 사립 학교를 뜻한다. 부모가 수업료를 치르는 아이들만 받는 곳이다. 지금 내가 사는 옥스퍼드 집 근처에는 위치우드라는 학교가 있다. 그곳 정문에는 몇 년 동안 재미있는 안내판이 걸려 있었다.

위치우드 여학교 (남학생 예비학교)

아무튼, 내가 열세 살에서 열여덟 살까지 다닐 퍼블릭 스쿨의 전 단계로 여덟 살에서 열세 살까지 다닐 학교는 섀핀 그로브 스쿨로 정해졌다. 말이 나왔으니 말인데, 모든 도킨스 집안 소년들이 다닌 기숙학교가 아니라 다른 형태의 학교로 나를 보낸다는 생각은 부모님의 머리에 전혀 떠오르지 않았을 것이다. 기숙학교는 물론 비싸지만 희생을 감수하고 보낼 가치가 있다는 게 부모님의 생각이었을 것이다.

RICHARD
DAWKINS

6

솔즈베리의
뾰족탑 아래

he Making of a Scientist

새 학교에 가는 것은 언제나 혼란스러운 법이다. 첫날부터 나는 새 단어들을 배워야 한다는 사실을 깨달았다. 나는 '퓨스puce'라는 말에 어리둥절했다. 그 단어가 벽에 적힌 것을 보고, '푸키'라고 발음해야 할 것이라고 잘못 판단했다. 나중에 보니 그것은 멸시하는 느낌의 단어로 역시 학생들이 자주 썼던 '웻wet'과 동의어로, 둘 다 연약하다는 뜻이었다. '머슬muscle'은 반대되는 뜻이었다. "난 머슬 인도에서 태어났어. 아프리카는 퓨스야." (그 시절에 그런 학교에 들어온 아이들은 세계지도에서 영국 식민지령을 뜻하는 분홍빛으로 칠해진 먼 지역에서 태어난 경우가 많았다.) '위그wig'는 그 학교 속어에서 음경을 뜻했다. "너는 원두파야 왕당파야? 네 위그 말이야, 버섯이냐 신발끈이냐 말이야." 각자의 그 신체적 세부 사항은 더는 비밀이 아니었다. 매일 아침 모두 발가벗고 줄 서서 찬물 목욕을 해야 했기 때문이다. 우리는 기상 벨이 울리자마자 침대에서 벌떡 일어나, 잠옷을 벗고, 수건을 챙겨서, 비틀비틀 욕실로 걸어갔다. 욕실의 세 욕조 중 하나에 이미 찬물이 채워져 있었다. 갤러웨이 교장이 지켜보는 앞에서, 우리는 최대한 잽싸게 풍덩 몸을 담갔다가 나왔다. 이따금 똑같은 벨이 한밤중에 울려서 우리를 깨웠다. 화재 대비 훈련이었다. 그때 한번은 내가 너무 졸린 나머지 기계적으로 아침 기상 의식을 따르고 말았다. 나는 잠옷을 벗고 수건을 쥔 채 홀딱 벗은 상태로 비상 탈출구 앞까지 가서야 실수를 깨달았다. 남들은 다 잠옷과 가운과 슬리퍼를 걸치고 있었던 것이다. 다행히 여름이었다. 찬물 목욕만 했던 것은 물론 아니다. 저녁에는 뜨거운 물로 제대로 목욕했다(일주일에 몇 번이나 했는지는 잊었다). 그때는 가만히 서 있으면 여사감이 몸을 닦아주었다. 우리는 그 목욕을 꽤 좋아했다. 특히 예쁜 여사감 조수가 해줄 때는.

그 시절은 절약의 시절이었다. 전쟁이 끝난 지 오래되지 않은 때라, 여전히 많은 물자를 배급받았다. 돌아보면, 음식은 상당히 끔찍했다. 정부가 배급하는 물품에는 사탕도 있었다. 그 덕분에 배급제가 아닐 때보다 오히려 단것을 더 많이 먹는 역설적인 효과를 낳았다. 저녁식사 후에 학교가 모든 학생들에게 할당량만큼 꼼꼼히 사탕을 나눠주었기 때문이다. 우리 이에는 당연히 나쁜 영향을 미쳤으리라. 이제 와서 드는 생각이지만, 왜 전쟁 중에도 사탕 배급을 했을까? U보트의 공격에서 살아남은 귀한 설탕을 더 나은 용도로 쓸 수는 없었나?

나는 걸핏하면 발이 얼었고, 동창을 심하게 겪었다. 알다시피 냄새는 기억을 잘 환기시키는데, 어머니가 동창에 바르라고 가져다주었던 유칼리 기름 냄새는 언제까지나 내게 새핀 그로브와 따끔거리는 발가락 통증을 연상시킨다. 밤에 잘 때도 추울 때가 많았다. 우리는 침대 속에서도 가운을 입음으로써 추위를 쫓았다. 침대마다 밑에 요강이 있었기 때문에, 밤중에 복도를 걸어 화장실까지 갈 필요는 없었다. 그 물건을 가리키는 잉글랜드 북부 방언을 당시에 내가 알았다면 좋았으련만. 거전더라고 부른다고 한다(아래에 놓기 때문에). ('Goes under'가 변형되어 'gazunder'가 되었다 – 옮긴이)

아버지가 다닐 때 있었던 선생님 중 그때까지 남은 사람은 한 명뿐이었다. H. M. 레치워스는 칩스 선생님(제임스 힐턴의 1934년 소설 《굿바이 미스터 칩스》에 나오는 노교사 주인공을 가리킨다 – 옮긴이)처럼 상냥하고 늙은 노인으로, 제1차 세계대전에 참전했고 한동안 공동으로 교장도 지냈다. 우리는 그를 슬러시라고 불렀다. 면전에서는 아니었다. 새핀 그로브는 드래건이나 이글 스쿨처럼 선생님들을 별명으로 부르는 관행은 없었기 때문이다. 유일한 예외는 연례 스카우트 캠프를 갈 때였다. 그때는 그가 치피라고 불리고 싶어 했는데, 그가 보이 스카우트 운동의 창시자 베이든 파월 경을 알았던 때보다 훨씬 더 예전에 얻은 오래된 별명이 아니었나 싶다. 그는 슬러시라는 별명은 싫어했다. 한번은 라틴어 수업에서 우리가 배울 단어들 중 하나로 '타베스tabes'가 나왔다. 마침 레치워스 씨가 우리에게 번역을 시키고 있었다. 한 아이가 타베스를 번역할 때가 되자(우리가 읽던 문장의 맥락에서는 '슬러시'라는 뜻이었다), 우리는 모두 킬킬거렸다. 레치워스 씨는 슬픈 얼굴을 하더니 그 별명이 리비우스의 바로 그 문장에서 유래했다고 알려주었다("까마득한 옛날이었지… 바로 그 문장이었어… 까마득한 옛날에…"). 어쩌다 그런 별명이 붙었는지는 절대로 알려주지 않았지만.

교장인 맬컴 갤러웨이는 살벌한 인물이었다(어쩌면 교장들은 직책상 살벌해지는 법인지도 모르겠다). 우리는 그를 갤로즈(교수대)라고 불렀다. 별명에 걸맞게 그는 체벌을 아끼지 않았는데, 섀핀 그로브에서는 회초리를 썼다. 이글 스쿨에서는 선생님들이 줄자로 '베이컨 조각'이라고 불리는 자국을 남기는 게 고작이었던 데 비해, 갤로즈의 회초리는 진짜 아팠다. 갤로즈는 회초리를 두 개 갖고 있다고 했다. 두 회초리는 각각 '슬림 짐'과 '빅 벤'이라고 불렸고, 비행의 경중에 따라 세 번 때리느냐 여섯 번 때리느냐가 정해졌다. 천만다행으로 나는 빅 벤은 한 번도 경험하지 않았다. 그러나 슬림 짐으로 세 대 맞는 것도 충분히 아팠고, 멍이 남았다. 우리는 기숙사로 돌아와서 마치 전투의 상처를 자랑하듯이 서로 멍을 과시했다. 멍은 불그스름해졌다가 퍼레졌다가 누레졌다가 하며 몇 주가 지나서야 희미해졌다. 아이들은 바지에 연습장을 넣어서 충격을 줄이면 된다고 시시덕거렸지만, 정말로 그랬다면 갤로즈가 대번에 알아차렸을 것이다. 실제로 시도한 사람은 없었던 게 분명하다.

요즘 영국에서는 체벌이 불법이다. 과거에 체벌했던 교사들에 대해서는 잔인하거나 가학적인 인간들이 아니었겠느냐고 말하는 분위기다. 그러나 확신하건대, 갤로즈는 둘 다 아니었다. 이 현상은 우리의 관습과 가치가 얼마나 빠르게 변하는지 보여주는 사례일 뿐이다. 나는 《만들어진 신》에서 이런 현상을 '도덕적 시대정신의 변천'이라고 명명했다. 스티븐 핑커는 《우리 본성의 선한 천사》에서 방대한 역사적 기간에 걸쳐 도덕적 시대정신의 변천을 집대성한 바 있다(핑커가 정확히 이 표현을 쓴 것은 아니지만 말이다).[10]

갤로즈는 마음만 먹으면 대단히 상냥했다. 소등하기 전에 기숙사를 한 바퀴 돌 때는 다정한 삼촌처럼 우리를 이름으로 부르며 격려했다(오직 그때뿐이었고, 일과 중에는 결코 그러지 않았다). 어느 날 저녁, 갤로즈가 우리 방 책장의 《지브스 선집》을 보고는 우리에게 P. G. 우드하우스를 아는 사람이 있느냐고 물었다. 아무도 없었다. 갤로즈는 침대에 앉은 뒤, 이야기 하나를 읽어주었다. '설교 핸디캡 소동'이었다. 그는 그 책을 수없이 자주 펼쳐본 분위기였다. 우리는 모두 그 이야기에 *열광했다*. 나도 아직 여러 지브스 이야기 중에서 그 이야기가 제일 좋고, 여러 작가 중에서 P. G. 우드하우스가 제일 좋다. 나는 우드하우스를 읽고 또 읽었으며, 심지어 내 목적에 맞게 패러디까지 했다.

매주 일요일 저녁에는 갤로즈 부인이 사택 거실에서 책을 읽어주었다. 우리는 신발을 바깥에 벗어두고 들어가, 축축한 양말 냄새가 희미하게 풍기는 가운데 다들 양반다리를 하고 바닥에 앉았다. 부인은 한 번에 한두 챕터씩 읽어서 한 학기에 한 권을 마쳤다. 대개 《문플리트》, 《매던스록》, 《잔인한 바다》(섹스 장면이 삭제된 '청소년판'이었다)처럼 흥분되는 모험 이야기였다. 한번은 부인이 출타 중이라 갤로즈가 대신 읽었다. 《솔로몬 왕의 보고寶庫》에서 피스헬멧을 쓴 용감한 주인공들이 '시바 여왕의 가슴'이라는 이름의 쌍둥이 산에 다다른 대목이었다(스튜어트 그레인저가 주연을 맡은 영화에서는 재밌게도 이 이름이 검열에 걸려 바뀌었는데, 영화는 역시 묘하게도 원작에 없는 여성 인물을 원정대에 포함시켰다). 갤로즈는 잠시 낭독을 멈추더니, 그 산은 실제로 은공 언덕을 가리킨다고 덧붙였다. (나중에 나는 말했다. "얘들아, 그거 뻥이야. 갤로즈는 자기가 케냐에 가본 적이 있다고 자랑하는 거지만, 사실 솔로몬 왕의 보고는 케냐에 없어. 방까지 계단 올라가기 경주하자!")

밤중에 천둥이 심하게 치면, 갤로즈는 제일 어린 아이들이 자는 방으로 올라와서 불을 켜고는 겁에 질렸을지도 모르는 꼬마들을 달랬다(곰인형이 허락될 만큼 어린 아이들이었다). 학기 중간쯤에는 부모들이 방문해서 각자 아들을 데리고 나가 하루 종일 노는 '외출 일요일'이 있었다. 이때 방문자가 없는 아이가 한두 명은 늘 있기 마련이었다. 부모가 외국에 있거나 아픈 경우였다. 나도 한 번 그랬다. 갤러웨이 부부는 크고 낡은 1930년대 투어링카 '그레이 구스'와 아담한 모리스 8 '제임스'에 자기 자식들과 우리를 함께 태워서 데리고 나갔고, 우리는 강둑에서 근사한 소풍을 즐겼다. 그때 그분들이 우리에게 얼마나 상냥했는지 떠올리면 눈물이 맺힐 지경이다. 그들은 자기 자식들만 데리고 외출하는 편이 더 좋았을 것 아닌가.

그러나 교사로서 갤로즈는 무시무시했다. 우렁찬 목소리로 꽥 고함을 지르곤 했다. 목청껏 다그치는 그의 목소리는 다른 교실에도 다 들렸고, 그러면 학생들과 다른 선생님들은 공모자처럼 미소를 나누곤 했다. "'가정법 우트ut'를 만나면 어떻게 하라고 했지? …곰곰히 생각을 해보란 말이야!" (그런데 가만 생각해보면, 실제 언어는 그런 규칙들에 따라 이뤄지지 않는다.) 또 다른 라틴어 선생이었던 밀스 선생님은 갤로즈보다 더 무시무시했다. 어찌나 무서운지 별명조차 없었다. 그는 늘 살벌한 분위기였고, 늘 정확하고 완벽한 필기를 요구했다. 실수 하나만 해도 문단 전체를 다시 써야 했다. 한편 통통하고 상냥하고 엄마 같은 밀스 선생님은, 앞의 남자 밀스 선생님과는 관계가 없었는데, 땋은 머리카락을 마치 후광처럼 동그랗게 뒤통수에 말아 붙이고 있었다. 이 밀스 선생님은 제일 어린 꼬마들을 가르쳤으며, 모든 학생을 "얘야!"라고 불렀다. 명랑한 다우슨 선생님은 안경을 쓴 수학 교사였고 별명은 어니 도였다. '어니'라는 이름이 어디에서 왔는지는 아무도 몰랐는데, 어느 날 다우슨 선생님이 시를 읽어주다가 시를 쓴 작가에 대해 이야기해주어 알게 되었다. 당연히 어니스트 다우슨이었다. 어떤 시였는지는 정확하게 기억나지 않는다. 아마도 '오래가지 않으리, 눈물과 웃음은' 하는 시였던 것 같지만, 무엇이 되었든 어차피 쇠귀에 경 읽기였다. 어니 도는 좋은 선생님이었다. 내가 미적분에 관해 평생 알 내용의 대부분은 그때 그가 희미한 북부 사투리로 가르쳐준 것이었다. 쇼 선생님에게는 별명이 없었다. 하지만 우리는 그의 십대 딸을 '프리티 쇼Pretty Shaw'라고 불렀다. 누군가 "내 생각에 틀림없이I'm pretty sure(아임 프리티 슈어)…"라고 말을 꺼내면 반드시 뒤따르기 마련인 유치한 말장난을 정당화하려는 이유 말고는 별다른 이유도 없었다. 젊은 교사들은 쉴 새 없이 바뀌었다. 아마 대학 진학을 앞둔 학생들이었거나 막 대학을 졸업한 사람들이었을 것이다. 우리는 그런 교사들을 대부분 좋아했는데, 오로지 그들이 젊다는 이유 때문이었던 것 같다. 그중 한 명이었던 하워드 선생님, 즉 앤서니 하워드는 나중에 뛰어난 저널리스트이자 〈뉴스테이츠먼〉의 편집자가 되었다.

내게 첫 학기였던 2학년 때 우리 담임은 롱 선생님이었다. 앙상하게 여위고 곧은 생머리에 무테안경을 쓴 중년의 롱 선생님은 대부분의 선생님들처럼 우리에게 친절했다. 그녀는 2학년 담임을 맡은 것 외에는 주로 피아노를 가르쳤다. 그녀의 피아노 수업은 내가 최초로 받은 음악 수업이었는데, 나는 부모님에게 실제보다 훨씬 과장해서 진도를 자랑했다. 결국에는 진실이 드러나기 마련인데, 왜 허풍을 쳤을까? 나로서도 영영 모를 노릇이다.

우리 부모님이 혹시라도 남로디지아 이글 스쿨의 학습 수준을 나쁘게 평가했다면, 그렇지 않다는 사실이 곧 밝혀질 것이었다. 이글 스쿨에서는 내가 같은 학년 친구들 중에서 평균에 불과했지만, 섀핀 그로브에 들어간 직후에는 남들보다 한참 앞선 편이었다. 나는 그 사실이 당황스러웠다. 그곳은 학업 능력을 높이 사는 분위기가 아니었기 때문이다. 그래서 나는 심지어 일부러 모르는 척했다. 선생님이 라틴어나 프랑스어 단어의 뜻을 물으면, 냉큼 아는 답을 내놓아서 친구들에게 위신이 깎이는 게 싫었기 때문에 짐짓 확실히 모르겠다는 듯이 "음…" "어…" 하고 머뭇거렸다. 이런 버릇은 이듬해인 3학년 때는 극단적으로 비논리적인 수준에까지 이르렀다. 운동에 능한 근육질 친구들은 대체로 공부를 못하니까, 내가 운동을 잘하려면 공부를 못하는 수밖에 없다는 멍청한 결론을 내렸던 것이다. 그것은 너무나 멍청한 태도였으니, 이제 와서 생각하면 그것만 봐도 어차피 나는 공부를 잘할 능력이 못 되었다.

나는 운동을 잘한다는 것이 어떤 능력인지를 전혀 몰랐다. 학교에 샘슨 *마*, 샘슨 *미*, 샘슨 *민*이라는 삼형제가 있었다(각각 *메이저*, *마이너*, *미니무스*를 줄인 별명이었다). 셋 다 운동을 잘했다. 특히 샘슨 *민*은 모든 스포츠에 뛰어났다. 한번은 크리켓 경기가 시작되었을 때부터 자기 편이 다 떨어져나갈 때까지 '배트를 놓지 않았다가', 그러니까 죽지 않고 살아남았다가, 실리미드온 위치에서 기적적인 캐치를 해냈다. 우스꽝스럽게도 나는 샘슨의 이름이 성경의 유명한 근육질 거인 이름과 비슷한 것은 우연일 리 없다고 생각했다. 내가 순진하게 추측하기로는, 샘슨 삼형제가 성경 속 인물로부터 직접 운동 실력을 물려받았을 리는 없어도 최소한 중세에 강한 선조가 있어서 그로부터 물려받았을 것 같았다. 대장장이가 스미스라는 이름을 얻거나 방앗간 주인이 밀러라는 이름을 얻었듯이, 그 선조는 비슷한 방식으로 샘슨이라는 이름을 얻었을 거라고 생각했다. 실제로 '암스트롱'이란 이름은 팔심이 셌던 남자의 별명에서 유래한 게 아니던가. 이 추측에서 잘못된 점은 물론 한둘이 아니다. 무엇보다도 큰 잘못은, 현재에 두드러진 유전적 특질이 두어 세대 이상 선조에게까지 거슬러 올라가서도 존재했을 거라고 가정한 점이었다. 1장에서 언급했던 '더버빌가의 테스' 오류인 셈이다.

눈이 하나뿐이었던 샘슨 형제의 아버지는 — 다른 쪽은 왜가리에게 쪼여 잃었다(그럴듯하지 않은 소리였지만 적어도 우리는 그렇게 들었다) — 햄프셔에 농장을 갖고 있었다. 새핀 그로브 스카우트단은 매년 그곳에서 캠핑을 했다. 감독은 슬러시였고, 그 행사 때만 차출해 활용하는 '덤보'라는 뚱뚱한 신사와 갤로즈가 거들었다. 스카우트 캠프는 1년 중 최고의 순간이었다. 우리는 텐트를 세우고, 변소를 파고, 직접 설치한 화덕에서 맛있는 댐퍼와 트위스트(밀가루 반죽 덩어리를 직화로 그을린 음식)를 구워 먹었다. 깔끔하게 꼰 삼끈으로 나뭇가지 엮는 법을 배웠으며, 그 방법을 써서 컵걸이니 빨래걸이니 갖가지 유용한 캠핑 장비를 만들었다. 그리고 모닥불을 둘러싸고 앉아서 〈다이의 머리통은 탁구공 같네〉 같은 스카우트 노래를 합창했다. 노래는 슬러시/치피가 가르쳐주었다. 대부분 아주 짧아서 배우기 어렵지 않았다.

당나귀가 흥겹게 노래 부르네, 풀밭으로 가면서.
왜 그러는지 알게 뭐야, 그는 나귀인걸.
히히잉. 히히잉. 히히잉, 히힝잉, 히히잉.

어떤 곡은 아예 가락이 없어서 노래라기보다는 단결의 함성이었다.

우리한텐 파리가 안 앉아.
우리한텐 파리가 안 앉아.
너희들에게는
파리가 앉을지 몰라도
우리한텐 파리가 안 앉아!

〈피에스 드 레지스탕스〉라는 노래는 못된 달걀이 등장하는 서사적인 곡이었는데, 치피가 불러주었다. 그 가사 전문을 웹 부록에 올려두었다. 혹시라도 독자 중에서 지금은 잊힌 이 노래를 캠프 모닥불 앞에서 부르고 싶은 사람, 그럼으로써 왕립더블린보병연대 출신의 헨리 머리 레치워스 문학석사(옥스퍼드), 일명 슬러시, 일명 치피, 그러니까 〈칩스 선생님, 안녕히〉의 칩스 선생님처럼 인자하고 몽환적으로 슬픈 얼굴을 가졌던 섀핀 그로브 가부장의 혼을 비유적으로 일으켜 깨우고 싶은 사람이 있을지도 모른다는 감상적인 희망 때문이다. 나는 2005년에 베일리얼 칼리지의 학장 사택 건물에서 아버지의 90세 생일 파티를 열었는데, 그때 사랑스러운 소프라노 앤 매카이와 피아노 반주자가 내가 정확하게 적어준 이 달걀 노래를 화

1

1, 2_ 도킨스 집안은 18세기 초부터 치핑 노턴 지역의 일원이었다. 당시 내 6대조 할아버지 헨리 도킨스 하원의원이 세인트메리교회에 가족 묘를 마련했다. 기념 석판에 새겨진 글을 보면(아래), '본인 자신과 후손들을' 위해서였다. 화가 리처드 브롬프턴이 1774년에 그렸던 헨리의 가족 초상화를 배경으로, 우리 가족은 1958년 무렵 오버노턴에서 사진을 찍었다. 리앤더 조정 클럽의 분홍색 넥타이를 맨 할아버지가 할머니 이니드와 다이애나 이모 사이에 앉아 있다. 할아버지 앞에 앉은 사람은 내 여동생 세라다. 할아버지 뒤에 선 사람은 빌 삼촌으로, 그 양쪽에 콜리어 삼촌과 내가 서 있다. 아버지는 맨 왼쪽 끝에 있다. 어머니는 할머니와 콜리어 삼촌의 부인인 바버라 숙모 사이에 앉아 있다.

2

3_ 친할아버지 클린턴 G. E. 도킨스가 몸을 앞으로 숙이고 베일리얼을 위해서 노 저을 준비를 하는 동안, 칼리지 바지선에 모인 저 구경꾼들 속에는 혹 줄라이카 돕슨이 있었을까?

4, 5_ 할아버지가 대학을 다닐 때(5) 학비를 지원한 사람은 그 삼촌이었던 클린턴 에드워드 도킨스 경으로(4), 그의 자유사상가다운 견해는 이른바 '베일리얼 노래' 속에서 칭송되고 있다.

6, 7, 8_ 아버지(7)와 럭비 선수였던 빌 삼촌(8)은 버마의 숲속에서 목가적인 어린 시절을 보낸 뒤, 할아버지와 다른 도킨스 집안 남자들의 뒤를 이어 베일리얼에 들어갔다.

데번의 돌턴에 모인 스미시스 집안 사람들.

9_ 개와 책을 안고 있는 사람이 친할머니 이니드다. 그 옆에는 그 어머니(아주 근사한 모자를 썼다), 오빠 에벌린(테니스 라켓을 쥐고 있다), 아버지(파나마 모자를 썼다)와 정체 모를 손님이 두 명 더 있다.

10_ 1923년 무렵 스미시스 사촌들. 바닥에 앉은 아이들은 오른쪽부터 왼쪽으로 빌 도킨스, 요릭 스미시스, 존 도킨스, 요릭의 여동생 벨린다 스미시스다. 콜리어 도킨스는 이니드 할머니의 팔에 안겨 있다.

11, 12_ 에벌린 스미시스의 아내 올리브는 호랑이 사냥이라는 불쾌한 취미로 '호랑이 여인'이라는 별명을 얻었다. 그 아들이자 우리 아버지의 외사촌인 버트럼 스미시스는 자연에 대해 덜 파괴적이고 더 학문적인 관심을 품었다.

11
THE AUTHOR ON AN ELEPHANT

RHINOCEROS HORNBILL
12
THE BIRDS OF BORNEO
BY
BERTRAM E. SMYTHIES
B.A., M.B.O.U.
With 30 plates in colour by
COMMANDER A. M. HUGHES
and
OLIVER AND BOYD
EDINBURGH : TWEEDDALE COURT
LONDON : 39A WELBECK STREET, W.1
1960

16

17

13, 14_ 외할아버지 '빌' 래드너는 (왼쪽에서 세 번째에 앉아 있다) 제1차 세계대전 중 실론으로 파견되어 무선 기지국을 세운 해군 장교들 중 하나였다. 개는 기지국 마스코트였을까? 외할머니 코니가 쓰다듬는 개도 같은 개처럼 보인다.

15_ 외조부모는 내 어머니 진이 3살일 때 영국으로 돌아왔다.

16, 17, 18_ 외가는 에식스에서 살았고(꼬마친구의 어깨에 팔을 두른 사람이 어머니다), 콘월의 멀리언에서 휴가를 보내곤 했다. 해변 사진에서 다이애나 이모가 언니인 우리 어머니와 외할머니의 손을 잡고 있다.

18

19

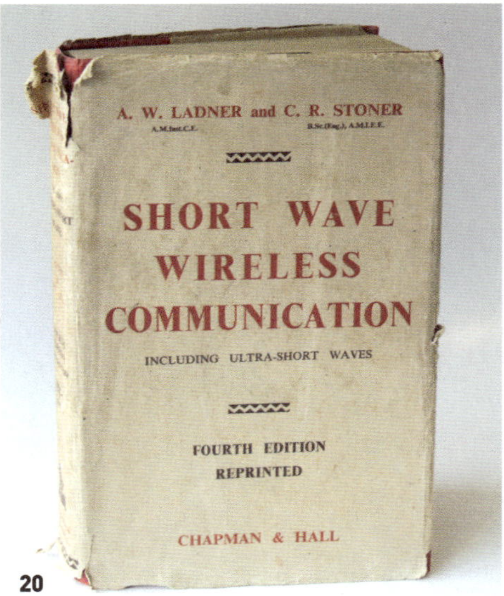

20

19, 20_ 마르코니 전신회사의 엔지니어이자 단파 무선 통신에 대한 책을 썼던 외할아버지가 회사를 방문한 아랍 왕족에게 장치를 보여주고 있다. 외할아버지는 폴두 전신국에서 일하던 중 외할머니를 만났다.

21_ 전신국이 절연판으로 썼던 두꺼운 석판 몇 개는 근처 멀리언 코브에 있는 우리 외갓집 마당의 포석이 되었다.

21

려하게 연주해주었다. 아버지도 음정은 좀 틀렸지만 명랑하게 따라 불렀다.

스카우트 캠프에서 우리는 도끼질, 매듭 묶기, 수신호, 모스 부호 같은 활동을 달성할 때마다 배지를 얻었다. 나는 모스 부호에 능했다. 아버지가 전쟁 중 소말릴란드에서 장갑차를 탈 때 완성한 암기법이 있었기 때문이다. 이런 식이다. 알파벳 하나하나마다 그 알파벳으로 시작하는 문구를 붙여서 외운다. 이때 단음절 단어는 점을 뜻하고, 더 긴 단어는 대시를 뜻한다. 가령 G는 '고든 하이랜더즈 고'라고 외우는데, 그러면 '대시 대시 점'이 된다. 나는 수신호에 대해서는 이런 암기법을 생각해내지 못했다. 수신호에 서툴렀던 게 어쩌면 그 때문이었는지도 모른다. 아니면 그저 공간지각력이 부족해서였는지도 모른다. 나는 IQ 검사를 잘 풀다가도 마지막에 나오는 공간 회전 문제에서 점수를 깎아먹었으니까.

1년 중 기다려지는 또 다른 행사는 연례 학예회였다. 공연은 늘 오페레타였고, 연출은 늘 슬러시가 맡았는데, 최소한 우리 아버지 때부터는 이어진 전통이었다. 빌 삼촌이 나중에 내게 말해준 바에 따르면, 삼촌은 "전구 역할로 오디션을 봤지만 역량이 부족해서" 떨어졌다고 한다. 주연은 노래를 잘 부르는 아이가 맡았고, 내가 그런 아이였다. 내가 마지막 학년에 여주인공을 연기했던 오페레타 〈버들무늬 접시〉는 우리의 전형적인 레퍼토리였다. 배경막에는 예의 유명한 푸른 도자기 접시 속 그림이 큼지막하게 그려져 있었다. 그림 속 탑은 공주가 사는 곳이다. 사실 공주는 진작에 죽었지만, 다리 위에 모인 작달막한 세 남자는 공화국을 세우자는 요구를 회피하기 위해서 공주의 죽음을 오랫동안 비밀로 숨겨왔다. 그런데 타타르왕국의 잘생긴 왕자가 공주에게 구애하려고 말을 달려 오는 중이라는 전갈이 오자, 세 남자의 계획은 위기에 처한다. 이 대목에서, 마을 처녀로 분한 내가 등장해서 독창곡을 불러젖혔다. 나는 과장된 연극조 몸짓으로 푸른 배경을 가리키면서 푸른 도자기 세상을 노래했다.

> 지끈거리는 내 머리 위에 푸른 하늘이 펼쳐져 있네.
> 피곤한 내 발 밑에 푸른 풀밭이 펼쳐져 있네.
> 푸른 길 위로 드리운 푸른 나무들의 그림자는
> 훨씬 더 깊고 영원한 푸른빛.
> 세상 사람들은 모두 푸른 옷을 입네.
> 굽이치는 바다는 자신과 똑같은 바닷빛.

마지막 행은 꽤 재치가 있다(물론 학생들에게는 들려줘봐야 소용없었다). 그 가사가 적어도 어른 관객들의 웃음은 자아냈으리라고 믿고 싶은데, 그 관객이란 거의 전부가 헌신적이고 인내심 많은 부모들이었다. 유일한 예외는 〈솔즈베리 크로니클〉에서 온 기자였다(여담이지만, 그는 내게 분에 넘치도록 후한 평가를 주었다).

> 왕실의 탑이 햇살을 받아 반짝거리네.
> 저쪽 황당한 나무에는 축구공들이 매달려서 자라네.
> (노래는 이 뒤에도 몇 연이 더 있었지만, 내 부실한 기억의 한계는 여기까지다.)

다리 위 작달막한 세 남자는 옳다구나 하면서 냉큼 나를 납치해 탑으로 들어간다. 죽은 공주의 대역을 시키려는 것이다. 간발의 차이로, 얼굴에 검은 콧수염을 매달고 칼집에 칼을 매단 타타르 왕자가 무대로 뛰어든다. 이후 어떤 과정을 통해 해피엔딩이 이뤄졌는지는 기억나지 않지만, 아무튼 왕자가 나를 어깨에 가로로 걸쳐 메고 타타르왕국으로 데려가는 장면에서 공연은 막을 내렸다.

한편, 못 견디게 창피했던 순간들도 뇌리에 오래 남아 있다. 지금도 그런 순간을 떠올릴라치면 끙 하고 절로 신음이 나온다. 섀핀 그로브에서는 매일 편하게 간식을 먹는 시간이 있었다. 주로 버터 바른 빵을 먹었다. 우리가 식당에 들어가려고 줄을 서 있으면, 당번 선생님이 가끔 몇 명의 이름을 불렀다. 그날 생일을 맞은 아이가 적어준 이름들이었다. 호명된 아이들은 줄에서 빠져나와, 식당 한켠에 마련된 특별한 생일상으로 갔다. 그곳에는 생일을 맞은 아이의 사랑하는 어머니가 보내준 생일 케이크, 젤리, 그밖의 맛있는 음식들이 차려져 있었다. 나는 그 원리를 이해했고, 당번 선생님에게 희망하는 친구들의 이름을 적어내야 한다는 것도 이해했다. 그쯤은 똑똑히 알 수 있었다. 다만 내 주의를 벗어난 사소한 항목이 하나 있었다. 사전에 어머니에게 케이크와 젤리를 보내달라고 기별해둬야 한다는 점이었다. 생일에, 아마도 아홉 살 생일이었던 듯한데, 나는 친구 명단을 적어서 당번 선생님에게 드렸다. 선생님은 큰 소리로 목록을 읽었다. 선택받은 친구들은 들떠서 식당으로 들어왔고, 텅 빈 테이블을 보고는…. 이렇게 오랜 세월이 흘렀는데도 나는 여태 창피해서 그 광경을 더는 묘사할 수 없다. 여전히 알 수 없는 대목은, 어째서 그때 내가 케이크가 어디에서 나는지 궁금해하지 않았는가 하는 점이다. 막연히 학교 요리사가 만들어준다고 생각했을지도 모른다. 하지만 그렇다면, 요리사가 어떻게 내 생일을 아는지 궁금해했어야 하지 않나? 어쩌면 초자연적인 마술에 의해 케이크가 생겨난다고 생각했을지도 모른다. 빠진 이를 베개 밑에 두고 자면 아침에 그 대신 6페니 동전이 놓여 있는 것처럼 말이다. 좀바 산 숨바꼭질 일화와 더불어, 이 일화는 어쭙잖으나마 비판적 혹은 회의적 사고력이라고 할 만한 재능이 어린 내게 태부족이었다는 슬픈 사실을 까발린다. 이 사건들이 개인적으로 창피한 것과는 별개로, 사건의 타당성을 따져보는 능력이 부족하다는 점은 나 외에도 많은 사람이 지닌 특징이다. 사뭇 흥미로운 그 주제에 대해서는 나중에 다시 이야기하자.

섀핀 그로브 저학년 학생일 때, 나는 이례적으로 너저분하고 어수선한 꼬마였다. 첫해에 받은 생활기록부에는 잉크라는 주제가 집요하게 반복해 등장한다.

> **교장:** 공부를 꽤 잘했으니 상을 받을 만합니다. 현재는 잉크투성이 꼬마인데, 이 점이 자칫 공부를 망치기 쉽습니다.

> **수학 선생님:** 공부를 열심히 합니다. 하지만 제출한 숙제를 읽기 어려울 때가 많습니다. 잉크는 글씨 쓰는 데 써야지 옷을 적시는 데 쓰는 게 아니란 점을 배워야겠습니다.

> **라틴어 선생님:** 착실히 발전했습니다만, 안타깝게도 잉크를 쓸 때면 공책이 대단히 지저분해집니다.

나이 지긋한 프랑스어 교사였던 벤슨 선생님은 어째서인지 잉크라는 라이트모티프를 빠뜨렸지만, 그녀의 평가에서도 씁쓸한 뒷맛이 느껴진다.

> **프랑스어 선생님:** 능력이 충분합니다. 발음이 좋고, 공부를 회피하는 재주가 뛰어납니다.

잉크? 글쎄, 책상마다 뚜껑 열린 잉크병을 두고 아이들에게 찍어 쓰는 펜을 제공한 상황에서 뭘 기대한 건가? 그런 펜은 잉크를 온 교실에 휘날리거나 종이에 크고 번쩍거리는 방울을 떨어뜨리도록 설계된 게 아니던가? 나는 그렇게 떨어진 방울을 퍼뜨려 거미 모양으로 만들거나 종이를 반으로 접어 로르샤흐 무늬로 둔갑시켰다. 손가락에서 잉크 자국을 긁어내는 속돌이 세면대마다 흩어져 있었던 것도 무리가 아니다. 털어놓으려니 겸연쩍지만, 온 사방에 있었던 잉크는 연습장에 국한되지 않고 그 너머로도 번졌다. 나는 교과서도 잉크로 더럽혔다. 케네디가 쓴《쉬운 라틴어 첫걸음Shorter Latin Primer》의 제목을《쇼트브레드 먹기 첫걸음Shortbread Eating Primer》으로 바꾸는 것 정도가 아니었다. 그런 짓은 누구나 기계적으로 당연히 하는 것 아닌가. 내 낙서 버릇은 한참 더 나아갔다. 나는 교과서 속에도 온통 낙서를 했다. 알파벳의 빈 공간을 잉크로 메웠고, 책장의 오른쪽 위 귀퉁이에 작은 만화를 그려서 책장을 후루룩 넘기면 활동사진처럼 움직이게 했다. 교과서는 우리 소유가 아니었다. 학기가 끝나면 도로 반납해서 손아래 후배들에게 물려주어야 했다. 잉크 범벅 교과서를 반납할 때가 되면 곤란에 처하리라는 사실을 나도 잘 알았다. 그 걱정에 잠을 이루지 못했고, 심각하게 불행했으며,

(어차피 상당히 맛이 없기는 해도) 식사를 마다할 지경이었다. 그런데도 나는 계속 그 짓을 했다. 책을 마구 훼손했던 그때 그 아이가 책을 신성시하는 현재의 나와 같은 인간이라는 사실을 머리로는 인식하지만, 지금의 나는 어린 시절 나의 괴상한 행동을 도무지 이해할 수 없다. 옛날에 내가 집단괴롭힘에 대해 보였던 반응도 마찬가지다. 모르긴 몰라도 내 또래 사람들은 거의 모두 옛날에 나와 같은 반응을 보이지 않았을까.

노골적인 괴롭힘은 대체로 허풍에 지나지 않았다. 실속 없는 위협에 불과했다. 무한한 미래를 언급하는 것만 봐도 공허한 말임을 알 수 있었다. "됐어! 더는 못 참아. 이제 너를 *언젠가 때려줄 사람 명단*에 올릴 거야." 이 말은 "너는 죽으면 지옥에 갈 거야"라는 말만큼이나 모호하기 짝이 없다(그러나 안타깝게도 세상에는 후자의 위협을 모호하지 않다고 여기는 사람들도 있다). 하지만 진짜로 괴롭히는 경우도 있었다. 그중에서도 유달리 잔인한 형태는 집단따돌림을 이끄는 리더가 있고 그를 추종하는 심복들이 그의 인정을 얻으려고 노력하는 경우였다.

섀핀 그로브의 피해자는 이글 스쿨의 '페기 아줌마'보다 훨씬 더 심각한 괴롭힘에 시달렸다. 조숙하고 총명한 모범생이었던 그 소년은 덩치가 컸고, 거동이 어색하고 미련스러웠으며, 변성기가 일찍 와서 목소리가 갈라졌고, 친구가 없었다. 실명은 밝히지 않겠다. 만에 하나 그가 이 글을 읽을 수도 있고, 그가 여전히 그 기억을 고통스럽게 느낄 수도 있으니까. 그 아이는 운 나쁜 부적응자였다. 지금은 못생긴 새끼 오리지만 나중에 틀림없이 백조가 될 아이였다. 그는 오히려 연민을 일으킬 만한 존재였고, 점잖은 환경에서라면 응당 그랬을 것이었다. 그러나 《파리대왕》의 정글이나 다름없는 아이들의 놀이터에서는 그렇지 못했다. 그의 이름을 따서 "반-누구 패"라고 자처하는 무리까지 있었다. 오로지 그의 생활을 비참하게 만들려는 목적에서 말이다. 그러나 그가 저지른 죄라고는 거동이 어색한 꺽다리라는 것, 운동신경이 떨어져서 공을 잘 못 잡는다는 것, 볼품없게 휘청거리는 자세로 달린다는 것, 그리고 아주아주 똑똑하다는 것밖에 없었다.

그 아이는 통학생이었다. 저녁마다 집으로 탈출할 수 있다는 뜻이었다. 교문을 나서도 페이스북과 트위터에서 계속 괴롭힘을 당하는 요즘 피해자들과는 달랐다. 그러나 무엇 때문인지, 아마도 부모가 해외로 나갔기 때문이었는지, 그가 기숙생으로 들어온 학기가 있었다. 진짜 놀림은 그때부터였다. 그가 찬물 목욕을 견디지 못한다는 사실이 고난을 가중시켰다. 찬물이 문제였는지 옷을 다 벗어야 하는 것이 문제였는지는 모르겠지만, 다른 아이들이 한달음에 해치우는 일 앞에서 그는 훌쩍거리고, 공포에 몸이 굳고, 거머쥔 수건으로 몸을 가린 채, 사시나무처럼 떨면서 물에 들어가기를 거부했다. 그것이 그의 101호실이었다(조지 오웰의 《1984》에 등장하는 고문실의 이름 – 옮긴이). 결국에는 갤로즈가 불쌍히 여겨 그에게만 찬물 목욕을 면제해주었다. 그러나 그 조치는 안 그래도 바닥까지 떨어진 그의 인기를 더더욱 해칠 뿐이었다.

사람들이 어쩌면 그렇게 잔인했을까? 지금의 내게는 상상도 안 되는 일이지만, 그때는 모두가 정도의 차이는 있어도 실제로 그렇게 잔인했다. 최소한 나서서 괴롭힘을 막지 않았다는 점에서라도 잔인했다. 우리는 어쩌면 그렇게 연민이 없었을까? 올더스 헉슬리의 《가자에서 눈이 멀어》를 보면, 남자들이 과거에 학교 기숙사에서 미운 오리 새끼를 집단으로 괴롭혔던 일을 회상하면서 부끄럽고 이해할 수 없다는 심정을 토로하는 장면이 있다. 그런데 나를 비롯해 앞의 일화를 기억하는 모든 동창생이 느낄 듯한 이 죄책감을 이해한다면, 과거의 집단수용소 간수들이 어떻게 그런 짓을 저질렀는지 이해하는 데 일말의 도움이 될지도 모른다. 혹시 게슈타포들은 모든 아이에게서 정상적으로 나타나는 심리가 아동기 이후에도 사라지지 않고 존속함으로써 성인기의 이상심리로 자란 경우가 아닐까? 너무 단순한 설명일 것 같기는 하다. 좌우간, 성인이 된 내 자아는 여전히 영문을 모르겠다. 내가 연민을 모르는 아이였던 것은 아니다. 둘리틀 선생 덕분에, 나는 남들이 지나치다고 여길 만큼 동물에게 연민을 느끼는 아이였다. 아홉 살이었나, 외할머니와 함께 멀리언 항구에 배를 띄우고 낚시를 했다. 하필 내게 고등어를 낚는 불운이 닥쳤다. 나는 당장 후회에 울먹이면서 도로 놓아주려고 했다. 그러나 그럴 수 없어서 울어버렸다. 외할머니는 상냥하게 나를 위로했지만, 불쌍한 물고기를 도로 놓아주라고 허락할 정도로 상냥하지는 않았다.

나는 학교와 마찰을 빚는 친구들에게도 연민을 느꼈다. 이때도, 보는 관점에 따라 판단은 다르겠지만, 지나치다고 할 만한 수준이었다. 나는 친구들의 죄를 벗겨주기 위해서 우스꽝스러울 만큼 애썼다. 용감하지만 무모한 수준으로 애썼다. 이것은 나름대로 연민의 증거가 아니겠는가. 그런데도 나는 그로테스크한 집단괴롭힘을 막기 위해서는 손가락 하나 까딱하지 않았다. 한 이유는 주도적이고 인기 많은 학생들의 눈밖에 나지 않으려는 마음이었을 것이다. 성공적인 집단괴롭힘의 특징은 충성스러운 심복들을 거느리는 것이다. 이 특징은 오늘날 인터넷에 전염병처럼 퍼진 언어폭력과 괴롭힘에서도 잔인하게 드러나는데, 이 경우에는 가해자에게 익명성이라는 추가의 보호막까지 있다. 좌우간 문제는, 내가 섀핀 그로브의 피해자에게 마음속으로라도 동정을 느꼈던 기억이 없다는 점이다. 어떻게 그럴 수 있을까? 회고적인 죄책감과 더불어 이 모순은 오늘날까지도 나를 괴롭힌다.

잉크 이야기에서처럼, 이번에도 나는 어린 시절의 나와 그가 자라서 된 성인의 나를 조화시키려고 애쓰고 있다. 내가 짐작하기로는 대부분의 사람들이 이런 갈등을 겪을 것이다. 언뜻 모순으로 느껴지는 이 현상은 왜 일어날까? 왜냐하면, 우리가 과거의 아이와 현재의 성인이 같은 '인간'이라는 착각에 빠져 있기 때문이다. '아이는 어른의 아버지'라고 생각하는 것이다. 그런 생각이 자연스럽기는 하다. 아이의 몸을 물리적으로 구성했던 분자들 중에서 수십 년 뒤까지 살아남는 것은 하나도 없다는 사실을 익히 들어 알아도, 어쨌든 우리 기억은 오늘에서 내일로, 나아가 지난 10년에서 다음 10년으로 매끄럽게 이어진다. 나는 따로 일기를 쓰지 않으니, 내가 이 책을 쓸 수 있는 것도 바로 그 연속성 덕분이다. 그러나 데릭 파핏, 그리고 파핏이 《이성과 인격》에서[11] 언급한 다른 철학자들을 비롯한 우리 시대의 깊이 있는 철학자들이 교묘한 사고실험을 통해 보여주었듯이, 시간이 흘러도 우리가 계속 같은 사람이라는 말은 사실 그 뜻이 모호하다. 한편, 브루스 후드 같은 심리학자들은 다른 방향에서 이 문제에 접근했다. 하지만 이 자리는 철학 논증을 펼칠 자리가 아니므로, 내가 한편으로는 기억의 연속성 덕분에 정체성도 평생 연속된 것처럼 *느끼지만* 다른 한편으로는 어린 시절의 책 파괴자 겸 연민 결핍자와 지금의 내가 같은 인간이라는 사실을 영 미심쩍게 느낀다고만 말하고 넘어가자.

나는 운동신경도 결핍된 아이였다. 그러나 스쿼시에는 푹 빠졌다. 학교에는 스쿼시 코트가 있었다. 나는 상대를 이기려고 애쓰는 것은 그다지 즐기지 않았다. 혼자 벽에 공을 때리면서 얼마나 오래 할 수 있는지 도전하는 게 좋았다. 방학에는 스쿼시 금단증세에 시달렸다. 공이 벽을 때릴 때 울리는 소리, 검은 고무공의 냄새가 그리웠다. 농장 한켠에, 이를테면 빈 돼지우리에 코트를 급조할 수 없을까 이리저리 궁리했다.

섀핀 그로브 이야기로 돌아가자. 나는 종종 관람석에서 스쿼시 시합을 구경했다. 시합이 끝나면 얼른 내려가서 혼자 연습하기 위해서였다. 어느 날, 열한 살이었을 텐데, 관람석에 한 선생님이 나와 함께 있었다. 선생님은 나를 자기 무릎에 끌어올려 앉힌 뒤, 제 손을 내 반바지에 집어넣었다. 약간 더듬은 것뿐이었지만, 나는 대단히 불쾌했을뿐더러 대단히 당황스러웠다(고환올림근반사는 아프진 않지만 소름이 돋듯이 오싹해서 아픈 것보다 더 기분 나쁘다). 나는 몸을 비틀어 무릎에서 내려온 뒤, 얼른 친구들에게 가서 말했다. 그러자 다른 친구들도 그 선생님에게 같은 경험을 당한 경우가 많다고 말했다. 그가 우리에게 영구적인 피해를 입혔다고는 생각하지 않는다. 오히려 몇 년 뒤에 그가 자살했다. 아침 기도 시간 분위기가 뒤숭숭하기에, 우리는 갤로즈가 울적한 소식을 전하기 전부터 무슨 일이 일어났구나 하고 눈치챘다. 여자 선생님들 중에서 한 명은 섧게 울었다. 그로부터 오랜 시간이 흐른 뒤의 일이다. 옥스퍼드 뉴 칼리지의 교수 테이블에서 덩치 큰 주교가 내 옆에 앉았다. 나는 그의 이름을 알아보았다. 섀핀 그로브 학생들이 일요일 아침마다 이열종대로 예배를 보러 가던 세인트마크교회의 부사제였다(그러니까 내가 훨씬 작았던 시절에 말이다). 그는 여태 그곳 소문을 듣고 있는 모양으로, 그에 따르면 그 여선생님은 자살한 소아성애자 남선생님에게 홀딱 반해 있었다고 했다. 당시에 우리는 전혀 짐작도 못 했는데 말이다.

일요일 아침 예배는 세인트마크교회에서 봤지만, 주중에는 학교 예배당에서 아침저녁으로 기도를 올렸다. 갤로즈는 신앙심이 깊었다. 이름뿐인 신앙심이 아니라 진정한 신앙심이었다. 의무감에서 믿는 척하는 많은 교육자나(심지어 성직자들도 그렇다) 믿는 척해야 표를 얻을 수 있다는 (내가 볼 때 과장된) 생각에 믿는 척하는 정치인들과는 달리, 갤로즈는 종교 교리를 진심으로 믿었다. 갤로즈는 하느님을 보통 '킹(왕)'이라고 불렀다(이때 "키잉"이라고 잡아늘여서 발음했는데, 다른 때는 표준 발음을 지키는 사람이었기 때문에 놀랍게 느껴졌다). 어렸던 내게는 그 사실이 적잖은 혼란으로 느껴졌다. 조지 6세가 신이 아니란 사실은 물론 나도 어렴풋이 깨치고 있었겠지만, 그래도 마음속에서 왕족과 신성이 거의 공감각적으로 혼동되었던 것이다. 조지 6세가 죽고 그 딸이 즉위했을 때도 내 착각은 이어졌다. 그때 갤로즈는 성유 바르기 같은 허튼 의례 행위에 대한 존경심을 학생들의 마음속 깊이 심어놓았다. 아직도 나는 1953년 대관식 기념 머그를 볼 때마다, 혹은 헨델의 장대한 찬가 〈사제장 자독〉이나 월턴의 〈보주와 홀〉 행진곡이나 엘가의 〈위풍당당 행진곡〉을 들을 때마다 그때 느꼈던 경외감이 아련히 떠오른다.

일요일 저녁에는 설교를 들었다. 설교는 갤로즈와 슬러시가 번갈아 했다. 갤로즈는 흰 후드가 달린 케임브리지 석사 가운을 입었고, 슬러시는 붉은 후드가 달린 옥스퍼드 석사 가운을 입었다. 그중 기억에 남은 특이한 설교는 이런 내용이었는데, 누가 한 이야기인지는 모르겠다. 한 무리의 군인들이 철길 옆에서 훈련을 받고 있었다. 교관이 잠시 주의가 흐트러져, "뒤로 돌아!"라고 외쳐야 하는 것을 잊었다. 군인들은 기차가 들어오고 있는 철길을 향해 계속 행진했다. 물론 이 이야기가 진짜였을 리는 없다. 당시 설교의 분위기를 떠올리자면 무턱대고 권위에 복종하는 군인들을 존경하라는 의미였던 것 같지만, 지금 와서 생각하면 그 역시 설마 그랬을까 싶다. 어쩌면 내 기억이 잘못되었을 수도 있다. 정말로 그랬으면 좋겠다. 심리학자 엘리자베스 로프터스와 같은 연구자들이 밝혔듯이, 가짜 기억은 때로 진짜 기억과 구별되지 않는다. 비윤리적인 심리 치료사가 고통받는 환자들의 머릿속에 교묘한 거짓 기억을 심음으로써 그들이 어릴 때 *틀림없이* 성적 학대를 당했다고 믿게 만드는 경우에 특히 그렇다.

어느 일요일에는 톰 스테드먼이라는 착하고 젊은 풋내기 선생님이 어떻게 설득당했는지는 몰라도 대신 설교를 맡았다. 그가 마지 못해 나섰다는 사실은 딱 보면 알 수 있었다. 아주 싫은 것 같았다. 그가 "천국이 무슨 소용이겠습니까?"라는 말을 반복했던 게 기억난다. 그것이 브라우닝의 시에서 인용한 구절임을 몇 년 뒤가 아니라 그때 내가 알았더라면 설교를 좀 더 잘 이해했을 텐데. 역시 젊은 교사였던 잭슨 선생님은 근사한 테너의 목소리였다. 하루는 그도 설득에 못 이겨 헨델의 〈나팔이 울리리라〉를 불렀는데, 몹시 내키지 않는다는 투였다. 우리 앞에서는 자신의 예술이 쇠귀에 경 읽기임을 정확히 간파한 게 분명했다.

학교로 간간이 찾아왔던 강연자들과 공연자들도 우리에게는 과분한 존재였다. 내가 그들을 기억한다는 사실만으로도 결국 의미는 있었는지 모르겠지만 말이다. R. 키스 좁이 "그것들은 아직 저기에 묻혀 있답니다"라고 강연했던 것(고고학에 대한 내용이었다), 레이디 헐이 식당의 업라이트피아노를 연주했던 것(슈만의 〈사육제〉였다), 누군가 섀클턴의 남극 탐험을 이야기했던 것, 다른 누군가는 지직거리는 흑백 필름으로 시드니 우더슨을 포함한 1920년대와 1930년대 운동선수들을 보여주었던 것, 아일랜드 음유시인 트리오가 손수 설치한 작은 무대에서 "나는 9펜스로 바이올린을 샀네, 이것도 아일랜드제야"라는 노래를 불렀던 것이 기억난다. 폭발물에 대해 강연한 사람도 있었다. 그는 주머니에서 다이너마이트를 꺼내겠다고 하면서, 자기가 그것을 떨어뜨렸다가는 학교 전체가 펑 하고 날아갈 거라고 태연하게 덧붙였다. 그러면서 그것을 공중으로 던졌다가 받아냈다. 우리는 물론 그를 믿었다. 우리는 잘 속고 순진한 꼬마들이었으니까. 어떻게 안 믿겠는가? 그는 어른이었고, 우리는 어른이 하는 말을 믿으라고 배우면서 컸는데.

우리가 어른만 믿은 것은 아니었다. 또래에게도 속아 넘어갔다. 기숙사에 터를 잡고 밤마다 우리를 골리는 이야기꾼이 있었다. 그는 조지 6세가 자기 삼촌이라고 주장하며, 불운한 왕이 버킹엄왕궁에 포로로 잡혔을 때, 탐조등 불빛을 이용한 암호로 절박한 메시지를 조카에게, 그러니까 우리 기숙사 이야기꾼에게 전달했다는 이야기를 들려주었다. 어린 몽상가는 끔찍한 벌레 이야기로 우리를 겁주기도 했다. 어떤 벌레는 벽에서 우리 머리로 폴짝 뛰어내린 뒤, 관자놀이에 동그랗게 구슬만 한 구멍을 파고 그 속에 독주머니를 묻는다고 했다. 그러면 우리는 죽을 거라고 했다. 천둥 번개가 거세게 치던 날은, 우리가 만일 벼락에 맞더라도 15분 동안은 그 사실을 전혀 못 느낀다는 말을 해주었다. 두 귀에서 피가 흘러내리기 시작하고서야 정신이 들고, 그러자마자 죽어버린다는 것이었다. 우리는 그의 말을 믿었다. 그래서 벼락이 친 뒤에는 안절부절못하면서 기다렸다. 왜 그랬을까? 그가 우리보다 더 많이 안다고 믿을 이유가 무엇이었을까? 벼락을 맞으면 15분 동안 아무것도 못 느낀다는 말이 눈곱만큼이라도 그럴싸한 말이던가? 슬프게도 이 일화 역시 내게 비판적 사고력이 없었음을 보여준다. 우리는 아이들이 어릴 때부터 비판적·회의적으로 사고하도록 가르쳐야 하지 않을까? 모든 사람은 우선 의심하고, 가능성을 따지고, 증거를 요구하도록 교육받아야 하지 않을까?

글쎄, 그래야 했을 테지만, 현실은 그렇지 않았다. 오히려 반대였다. 어른들은 쉽게 속는 태도를 적극 장려했다. 갤로즈는 모든 학생이 졸업 전에 영국국교회에 입문하는 견진성사를 받도록 깐깐하게 신경 썼다. 실제로 대부분이 성사를 받았다. 내가 기억하는 예외는 로마가톨릭교 집안 출신이었던 소년과(그 아이는 일요일마다 역시 가톨릭을 믿는 예쁜 여사감 조수와 함께 성당으로 가서 우리의 부러움을 샀다) 무신론자를 자처해 우리를 깜짝 놀라게 한 조숙한 소년뿐이었다. 그 아이는 성경을 가리켜 신성한 헛소리라고 말했고, 우리는 매일 그에게 벼락이 떨어지기를 기대했다(그 아이의 우상 파괴적인 태도는 기하학 문제를 증명하는 스타일에도 반영되었다. "삼각형 ABC는 이등변삼각형*처럼 보이므로*, 따라서…." 논리적인 태도는 아니었지만 말이다).

나는 다른 동급생들과 함께 견진성사를 신청했다. 세인트마크교회 교구 사제인 하이엄 씨가 매주 우리를 찾아와서 학교 예배당에서 교리문답을 가르쳤다. 백발에 잘생겼고 삼촌처럼 다정했던 그의 가르침을 우리는 믿었다. 이해는 되지 않았고, 이치가 닿는 것 같지도 않았지만, 그건 우리가 너무 어려서 그렇다고 생각했다. 그런 가르침이 이치에 닿지 않는 말처럼 느껴졌던 것은 실제로 이치에 닿지 않는 말이었기 때문임을, 나는 지금에서야 깨닫는다. 그것은 모두 지어낸 헛소리였다. 나는 견진성사 때 받은 성경을 아직 갖고 있다. 들춰볼 기회도 자주 있다. 이건 제대로 된 킹제임스 성경이었다. 최고의 대목들은 아직 외우고 있다. 특히 전도서와 아가서를(두말하면 잔소리지만, 아가서는 진짜 솔로몬 왕이 지은 노래들은 아니다). (구약성서의 아가서는 영어로 '노래 중의 노래' 혹은 '솔로몬의 노래'라고 불린다. - 옮긴이)

내가 최근에서야 어머니한테 들은 사실인데, 당시 갤러웨이 교장은 부모들에게 일일이 전화해서 우리가 꼭 견진성사를 받았으면 좋겠다는 의중을 전했다고 한다. 그는 열세 살이 종교의 영향을 받기 쉬운 나이라고 말하면서, 일찌감치 견진성사를 받게 하면 아이가 퍼블릭 스쿨에 진학해 그와 반대되는 영향을 경험하기 전에 종교적 기반을 다질 수 있어서 좋다고 말했다. 어리고 순진한 영혼들을 잘 설계하려는 그의 마음은 아무래도 진심이었던 모양이다.

견진성사를 받던 무렵, 나는 독실한 신자였다. 교회에 가지 않는 어머니를 건방지게 비난할 정도였다. 어머니는 한 귀로 흘려들을 뿐, 내게 조용히 하라고 대꾸하지는 않았다. 사실 그러셨어야 했는데. 나는 매일 밤 기도했다. 침대 위에서 무릎을 꿇진 않았고, 이불

속에서 태아처럼 웅크린 자세였다. 나는 그 자세를 '하느님과 만나는 나만의 작은 공간'이라고 여겼다. 나는 한밤중에 예배당으로 몰래 내려가서 제단 앞에 무릎을 꿇고 싶었다(감히 시도하진 못했다). 그러면 천사가 나타나서 계시를 보여줄 것 같았다. 물론 내가 열심히 기도한다는 조건하에.

열세 살이 된 마지막 학기에, 갤로즈가 나를 반장으로 임명했다. 그게 뭐 그렇게 기쁜 일이었던지, 나는 학기 내내 둥둥 떠다녔다. 훗날 옥스퍼드에서 내가 재직한 부서의 장이 여왕에게 기사로 임명되어 그 축하연에 참석한 일이 있었다. 그 자리에서 다른 동료에게 우리 교수가 명예에 기뻐하더냐고 물었더니, 잊지 못할 대답이 돌아왔다. "그럼, 두 귀랑 거시기까지 쫑긋 선 개처럼 들떴던걸." 내가 반장이 되고서 느낀 기분이 꼭 그랬다. 그리고 철도 클럽에 들어와도 좋다는 허락을 받았을 때도 그랬다.

철도 클럽은 나를 섀핀 그로브로 보낸 부모님의 결정을 내가 평생 고마워하게 된 주된 이유였다. 클럽 운영자는 드물게 독일어 수업을 선택하는 학생이 나타나는 경우에만 교사라고 할 수 있는 K. O. 쳇우드 에이킨이었다. 기름하고 슬픈 얼굴에 우수 어린 분위기였던 그의 진정한 사랑이자 아마도 유일한 취미는 철도방이었다(최근에 구글로 검색한 결과 그가 콘월에서 꽤 알려진 화가이기도 했다는 사실을 알았지만 말이다). 그는 학교에서 내준 교실에 그레이트 웨스턴 철도를 마술처럼 고스란히 본뜬 모형을 설치해두었다. 0게이지 축척의 전동 모형으로, 두 종착역은 패딩턴과 펜잰스였고 노선 중간쯤에 있는 역은 엑서터였다. 기관차는 수전이니 조지니 하는 식으로 저마다 이름이 있었고, 작고 귀여운 전환용 기관차는 두 대 모두 보아네게라고 불렸다(보 원, 보 투). 역마다 스위치가 여러 개 있었고, 각각의 스위치가 노선에서 맡은 부분을 작동시켰다. 빨간 스위치는 상행선을, 파란 스위치는 하행선을 조작했다. 기차가 패딩턴역에 도착하면, 그때까지 차량을 끌어 온 큰 기관차와 차량을 분리한 뒤, 측선에서 움직이는 작은 전환용 기관차로 차량을 상행선에서 하행선으로 이동시켰다. 기관차는 조차대로 보내 방향을 바꾼 뒤, 차량의 앞머리에 해당하는 쪽에 다시 연결해 하행선으로 내려보냈다. 그리고 기차가 펜잰스역에 닿으면 전 과정을 다시 반복했다. 나는 전기불꽃에서 나는 오존 냄새를 사랑했고, 어떤 스위치를 어떻게 켜고 꺼야 원하는 대로 조작할 수 있는지 알아내는 것도 좋았다. 그 즐거움은 훗날 컴퓨터 프로그래밍을 하면서 느낀 즐거움이나 예전에 밸브 하나짜리 라디오를 납땜하면서 느낀 즐거움과 비슷했던 것 같다. 누구나 철도 클럽에 들어가고 싶어 했고, 가입에 성공한 아이들은 쳇우드 에이킨의 우울한 태도에도 불구하고 그에게 반했다. 지금 생각하면 그는 그때 벌써 아팠던 것 같다. 내가 졸업하고 얼마 지나지 않아 암으로 죽었으니까. 그가 죽은 뒤에도 철도방이 살아남았는지는 모르겠다. 학교야 물론 없애고 싶어 안달이었을 것이다.

나는 철도 클럽을 즐겼고, 반장들만 쓰는 공부방을 언제든 맘대로 드나드는 특권도 즐겼다. 그러나 마침내 내가 다른 학교로 진학해 바닥부터 다시 시작할 때가 왔다. 아버지는 내가 겨우 생후 3개월이었을 때 자신의 모교인 말버러 스쿨에 내 이름을 올려두려고 했는데, 놀랍게도 너무 늦었다는 답을 들었다. 태어나자마자 올렸어야 한다는 것이었다(대체 생후 몇 개월이라야 태어나자마자인가). 졸업생으로서 아버지는 모교의 거만한 답장에 마음이 꽤 상했지만, 어쨌든 내 이름을 대기자 명단에 올렸다. 그래서 때가 되었을 때, 나는 말버러에 들어가려면 들어갈 수 있었다. 그런데 그동안 아버지의 마음이 다른 방향으로 움직였다. 아버지는 옆집에 사는 농부 신사, 캠벨 소령의 기술적 재주에 감명받은 터였다. 소령은 공작실에 온갖 도구를 갖춰두었고, 전문가 수준의 용접공이었다. 아버지는 내가 자신처럼 농부가 될지도 모른다고 생각했다. 그리고 농부의 경력에서는 공작 기술이 대단한 이점이라고 판단했다(나도 내가 만난 농부들 중에서 가장 성공했을 뿐 아니라 가장 파격적이고, 진취적이고, 존경스럽고, 영웅적인 조지 스케일스를 통해서 최근에 새삼 그 사실을 배웠다).[12]

캠벨 소령은 모교인 노샘프턴셔의 아운들 스쿨에서 기술을 배웠다고 했다. 아운들에는 영국의 어느 학교도 따라오지 못할 만큼 훌륭한 공작실이 있었고, 1901년에서 1922년까지 교장을 지낸 F. W. 샌더슨은 모든 학생이 학기마다 일주일씩 정상적인 공부를 죄 중단한 채 공작실에서 작업을 배우는 제도를 마련해두었다. 말버러든 다른 어떤 학교든 그와 비슷한 제도를 자랑하는 곳은 없었다. 부모님은 내 이름을 아운들에 올렸고, 나는 섀핀 그로브의 마지막 학기에 장학금 시험을 치렀다. 결국 장학금은 못 얻었지만, 입학 점수는 충분했다. 그리하여 내가 진학할 학교는 아운들이 되었다. 1954년이었고, 나는 열세 살이었다.

여담이지만, 캠벨 소령이 아운들에서 그것 말고 뭘 더 배웠는지 궁금하다. 반항하는 아랫사람을 엄격하게 대하는 태도는 학교가 아니라 군대에서 배웠을 것이다. 한번은 그의 일꾼이 좀도둑질을 하다가 걸렸다. 공작실에서 도구를 하나 훔쳤던가 그랬다. 소령은 사뭇 문어적인 표현으로 그를 해고했다. "내 쌍발총을 50미터 거리에서 맞게 해주지." 물론, 위협을 실행에 옮기지는 않았다. 어쨌든 재미있는 일화이자 도덕적 시대정신의 변천을 잘 보여주는 또 하나의 사례다.

RICHARD
DAWKINS

7

영국의 여름은 끝이 났으니

The Making of a Scientist

물론, 학교 밖에도 삶이 있었다. 섀핀 그로브 학생들은 학기가 끝나기만을 학수고대했다. 우리가 제일 좋아하는 찬송가는 학기 마지막 날 부르는 노래였다. “다시 만날 때까지 신이 함께하기를.” 순위가 그보다 낮았지만, 자극적이고 호전적인 선교용 찬송가도 우리는 사랑했다.

> 여어, 동지들이여! 하늘에 나부끼는 신호를 보라.
> 지원군이 나타났고, 승리는 목전이다.
> “요새를 지켜라, 내가 가고 있으니.” 예수께서 신호하시니
> 우리도 하늘로 답을 보내자. “당신의 은총으로 그럴 것입니다.”

방학이 되면 우리는 모두 명랑하게 집으로 갔다. 학교에서 마련

한 기차를 타고 런던으로 가는 아이도 있었고, 부모가 차를 가지고 와서 데려가는 아이도 있었다. 내 경우에는 구닥다리 랜드로버가 데리러 왔다. 요즘 속물적인 기숙학교 학생들은 부모가 재규어보다 한 푼이라도 더 싼 차를 타고 나타나면 창피해 죽겠다고 하지만, 나는 결코 그런 창피함을 느끼지 않았다. 울룩불룩하고 지붕이 새는 낡은 백전노장이 자랑스러웠다. 아버지는 그 차로 종종 지도에 나오지 않는 일직선 코스를 따라 덤불 속을 뚫고 지났다. 손때 묻은 영국 육지측량부 지도에서 두 직선 도로가 서로 떨어져 있되 동일선 상에 있을 때는 반드시 그 둘을 잇는 로마 시대 도로가 존재한다는 이론에 따른 행동이었고, 어린 나는 그 이론이 그렇게 재미있을 수가 없었다.

그런 행동은 전형적으로 아버지다운 행동이었다. 아버지도 할아버지처럼 지도를 사랑했다. 그리고 둘 다 기록을 사랑했다. 이를테면 날씨 기록을. 아버지는 매일 그날의 최고 기온과 최저 기온, 강우량을 한 해도 빠짐없이 꼼꼼하게 공책에 기록했다. 개가 우량계에 실례하는 장면을 포착한 뒤에도 아버지의 열정은 아주 조금 꺾였을 뿐이다. 우리 개 번치가 이전에 얼마나 자주 그 짓을 했는지, 그래서 예전 강우량이 얼마나 부풀려졌는지는 결코 알 수 없을 것이다.

아버지는 언제든 그 시기에 집착하는 취미가 있었다. 대개는 아버지가 갖춘 상당한 실용적 창의성을 발휘해야 하는 취미였다. 캠벨 소령처럼 선반과 용접 도구를 사용하는 부류라기보다 고철과 노끈을 사용하는 부류였지만 말이다. 아버지는 아름다운 '디졸브' 작품으로 왕립사진협회 회원으로 선출되었다. 컬러 슬라이드를 연속으로 보여주도록 세심하게 설계된 그 도구는 나란히 놓인 두 프로젝터가 번갈아가며 슬라이드를 보여주었고, 슬라이드는 예술적으로 페이드아웃하면서 다음 슬라이드로 넘어갔으며, 음악이나 말소리가 반주로 곁들여졌다. 요즘은 이런 작업을 컴퓨터로 다 할 수 있지만, 당시에는 한쪽 조리개가 열리면 다른 쪽 조리개가 닫히도록 두 조리개를 역으로 연결하는 방법을 써서 페이드인과 페이드아웃을 처리해야 했다. 아버지는 프로젝터에 쓸 조리개를 마분지로 만든 뒤, 고무줄과 붉은 실을 이용한 기똥찬 설계로 두 조리개를 연결하고 나무 레버로 장치를 작동시켰다.

가족끼리는 '디졸브'를 '드리블(질질 흘리다)'이라고 불렀는데, 성급하게 갈겨쓴 글씨를 누군가 잘못 읽은 게 계기였다. 우리는 아버지의 예술작품을 '드리블'이라고 부르는 데 익숙해져서 다른 이름으로 부를 생각은 하지 않았고, 그 단어는 원래 의미를 잃었다. 한번은 아버지가 사진가 클럽에서 발표를 했다(당시 그런 자리에 자주 다니셨다). 아버지가 '디졸브'에 취미를 붙이기 전에 찍은 옛날 사진들이 주가 되었고, 아버지는 그 점을 청중에게 설명하기 시작했다. 아버지는 더듬거리고 횡설수설하는 귀여운 말투로 발표하는 스타일이었는데, 청중은 다음과 같은 첫 문장에 약간 어리둥절하면서도 마음이 훈훈해졌을 것이다. "에, 저는 사실, 저는 사실, 에, 이 사진들은 주로, 에, 주로 제가 *드리블*을 시작하기 전에 찍은 것으로서…."

유창하다고는 할 수 없는 아버지의 말투는 과거에 어머니에게 구애할 때도 마찬가지였다. 아버지는 어머니의 눈동자를 사랑스럽게 응시하면서 "네 눈동자는 마치… *끈주머니* 같아"라고 중얼거렸다고 한다. 괴상한 소리 같지만, 나는 무슨 뜻인지 알 것 같다. 이것도 조리개와 상관이 있는 말이다. 아닌 게 아니라, 끈주머니에서 끈으로 졸라매는 부분을 정면으로 보면 방사선으로 뻗어나간 주름들이 눈동자의 홍채처럼 매력적으로 보이니까.

어느 해는 펜던트를 만드는 것이 취미가 되어, 아버지는 파도에 닳은 콘월 사문석을 가죽끈으로 맨 펜던트를 여자 친척 모두에게 하나씩 만들어주었다. 또 어느 해는 손수 자동식 우유멸균기를 설계하고 제작하는 일에 집착했다. 멸균기에는 색색으로 번쩍거리는 신호용 불빛이 달려 있었고, 머리 위에는 교반기를 움직이는 장치가 있었다. 우리 농장에서 돼지를 관리하던 리처드 애덤스(토끼 이야기를 쓴 유명 작가와는 물론 다른 사람이다)라는 고용인은 그 모습에 영감을 받아 이런 사랑스러운 시를 썼다.

> 구름 같은 증기와 번쩍거리는 불빛, 참으로 거대한 기구라네.
> 나일론끈에 묶인 교반기는 날개 단 듯 날아가네, 동화극의 요정처럼.

아버지의 창의성은 쉴 줄을 몰랐다. 낡아빠진 KAR 모자를 쓰고 목청껏 찬송가를 부르며("모압은 발 씻을 대야로 삼고…." 말이 나왔으니 말인데, 아버지가 찬송가를 불렀다고 해서 종교를 믿었다는 말은 절대로 아니다) 작은 회색 퍼거슨 트랙터에 앉아 밭을 갈 때, 아버지는 이것저것 생각할 시간이 충분했다. 아버지는 밭을 직선으로 간 뒤에 트랙터를 거꾸로 돌리는 시간이 낭비라고 판단해, 대각선 지그재그로 가는 기발한 방법을 개발했다. 그러면 트랙터를 돌리는 각도가 *작아졌고*, 덕분에 밭 전체를 한 번 가는 데 걸리는 시간보다도 더 짧은 시간 동안 두 번 갈 수 있었다.

아버지는 트랙터에 관한 기발한 발상을 곧잘 해냈으나, 늘 분별 있게 행동하신 것은 아니었다. 한번은 트랙터 클러치가 걸려버렸다. 기어가 풀리지 않자, 아버지는 내려와서 클러치 밑에 누웠다. 어디가 걸렸는지 보려는 것이었다. 그리고 결국 풀어냈다. 그런데 생각해보라. 트랙터 클러치 밑에 누워 있으면, 거대한 왼쪽 뒷바퀴 코앞에 누운 꼴이 된다. 트랙터는 신나게 다시 털털거리며 아버지를 치고 달아났다. 요즘의 거대한 트랙터가 아니라 퍼거슨 트랙터였기에 망정이었다는 말밖에 더 할 말이 없다. 작은 퍼기는 의기양양 밭을 미끄러졌다. 곁에 있던 일꾼 노먼은 경악하여 어쩔 줄을 모르고 우뚝 서 있었으므로, 아버지가 일어나 앉아서 그에게 쫓아가 트랙터를 세우라고 지시해야 했다. 가엾은 노먼은 차를 몰아 아버지를 병원으로 데려다줄 수도 없을 만큼 달달 떨었기에, 역시 아버지가 직접 운전해야 했다. 아버지는 한동안 입원해 다리에 견인 장치를 하고 있었지만, 영구적인 피해는 남지 않은 것 같다. 입원에 따른 유익한 효과도 있었다. 입원을 계기로 파이프 담배를 끊으셨던 것이다. 아버지는 다시는 담배를 태우지 않았다. '맛있는 전통 담배임을 보장함' 따위의 슬로건이 적힌 담배 깡통 수백 개가 유물로 남았을 뿐인데, 아버지는 수십 년 뒤에도 그렇게나 좋아하던 각종 나사, 너트, 나사받이, 그밖의 잡다하고 꾀죄죄한 고철 조각을 담아두는 용도로 그 깡통들을 사용했다.

아버지는 F. 뉴먼 터너라는 농업 활동가 기질의 작가에게 감화되어, 그리고 아마도 말버러와 옥스퍼드 시절의 친구인 괴짜 휴 콜리에게 감화되어, 일찍부터 유기농법으로 전향했다. 선전가들이 나서서 유행시키기 한참 전이었다. 아버지는 무기 비료나 제초제를 전혀 쓰지 않았다. 아버지에게 유기농법을 조언한 사람들은 콤바인 수확에도 반대했는데, 어차피 우리 농장은 너무 작아서 콤바인을 쓸 이유가 없었다. 초기에는 오래된 바인더로 수확했다. 바인더는 작은 회색 트랙터 뒤에 매달려 시끄럽게 탈탈거리면서 밭을 달렸다. 그러면서 앞에서는 밀이나 보리를 잘라내고, 뒤에서는 그것을 다발로 깔끔하게 묶었다(나는 매듭을 묶는 기발한 메커니즘에 무척 감탄했다). 진짜 일은 그때부터였다. 다발을 볏단 무지로 만들어야 했기 때문이다. 우리는 다들 바인더를 따라가면서, 한 번에 두 단씩 받아서 서로 기대 세웠다. 여섯 다발을 모으면 작은 원형 천막처럼 생긴 볏단 무지가 하나 완성되었다. 일은 힘들었다. 팔은 온통 쓸리고 까졌으며, 가끔 피도 났다. 그래도 만족스러웠고, 밤에 잠이 잘 왔다. 어머니는 통에서 따른 사과술을 저그에 담아 밭에서 볏단 쌓는 사람들에게 냈다. 하디의 소설 속 장면과도 같은 풍경 속에서 동료애 비슷한 훈훈한 감정이 흘러넘쳤다.

볏단 무지를 만드는 이유는 곡물을 말리기 위해서였다. 그 뒤에는 도로 볏단을 다 실어와서 거대한 건초 더미로 쌓았다. 아직 어렸던 나는 쇠스랑으로 건초 더미 꼭대기까지 볏단을 던져올릴 만큼 힘이 세지 않았지만, 그래도 노력했다. 일꾼들 못지않게 강한 아버지의 두 팔과 거친 두 손이 부러웠다. 몇 주 뒤, 탈곡기를 빌려서 건초 더미 옆에서 타작을 했다. 손으로 탈곡기에 다발을 집어넣으면, 낟알은 타작되어 나오고 짚단만 남았다. 일꾼들은 소 담당이든 돼지 담당이든 잡역부든, 원래 맡은 일과는 무관하게 다들 선의에서 타작을 거들었다. 나중에는 우리 농장도 시대의 흐름에 따라 옆집 콤바인을 빌렸다.

앞에서 내가 도킨스 집안의 진정한 전통에 따라 야외를 전천후로 누비는 대신 책을 들고 슬쩍 방으로 사라지는 은밀한 독자였다고 말한 적이 있다. 은밀한 독자였던 것은 맞으나, 방학 때 읽은 책이 철학이나 삶의 의미나 다른 심오한 질문들과 관련된 것이었다는 허풍은 차마 못 떨겠다. 나는 상당히 표준적인 청소년 소설을 읽었다. 《빌리 번터》, 《저스트 윌리엄》, 《비글스》, 《불독 드러먼드》, 퍼시 F. 웨스터먼, 《빨강별꽃》, 《보물섬》. 어떤 이유에서인지 우리 집안은 이니드 블라이턴을 탐탁지 않게 여겨서 그녀의 책은 못 읽게 했다. 콜리어 삼촌은 아서 랜섬 시리즈를 계속 안겨주었지만, 나는 그 이야기에는 통 재미를 붙이지 못했다. 너무 여성스러워서 바보스럽다고 느꼈던 것 같다. 리치멀 크럼프턴의 《저스트 윌리엄》 시리즈는 진정한 문학적 가치가 있었다. 아이는 물론이고 어른에게도 매력적으로 느껴질 만한 아이러니가 있었는데, 지금도 그 생각은 변하지 않았다. 《빌리 번터》 시리즈도, 비록 컴퓨터로 지어냈다고 해도 될 만큼 지나치게 공식에 얽매인 이야기들이었지만, '그는 저 옛날의 모세처럼 먼저 이쪽을 보고 다음에는 저쪽을 보았으나, 사람이라곤 한 명도 보이지 않았다'나 '천국의 문 앞에 선 땅딸막한 페리(페르시아 신화에 나오는 요정－옮긴이)처럼'과 같은 구절에서는 자못 문학적인 냄새를 풍겼다. 《불독 드러먼드》는 당대를 대변하는 지독한 강경주의와 인종차별적 편협성을 남김없이 보여주었다. 그러나 어리고 순진한 나는 미처 그런 생각을 하지 못했다. 외조부모 댁에는 《바람과 함께 사라지다》가 있었다. 나는 어느 방학 때 그 책을 읽고 다음 방학에도 열렬히 다시 읽었다. 그러나 그 속에 담긴 가부장적 인종차별주의는 나이가 더 들어서야 깨달았다.

오버 노턴에서의 가정생활은 여느 가정처럼 행복하기도 하고 힘들기도 했다. 부모님은 유대가 강한 부부였다. 2010년 12월에 아버지가 95세로 돌아가시기 직전, 두 분은 70번째 결혼기념일을 함께 맞았다. 우리는 딱히 부자는 아니었지만 가난하지도 않았다. 집에는 중앙난방도 텔레비전도 없었다. 후자는 가난이 아니라 선택에 따른 결과였지만 말이다. 자동차는 앞에서 언급했던 낡은 랜드로버 아니면 크림색 밴이었다. 둘 다 고급과는 거리가 멀었지만 맡은 일을 잘 해냈다. 세라와 내 학비가 비쌌으므로, 부모님은 우리를 사립학교에 보내기 위해서 생활의 다른 부분에서 절약해야 했을 것이다. 유년기의 가족 휴가는 코트다쥐르의 호화로운 호텔이 아니라 웨일스에서 군대 예비 텐트를 치고 비를 흠뻑 맞으면서 보냈다. 캠핑을 할 때면 버마 농림부에서 가져온 캔버스 욕조에서 씻었고, 모닥불을 피워 몸을 덥히면서 그 불로 요리도 했다. 한번은 아버지가 욕조에 몸을 담그고 발을 밖으로 뺀 채 사색적으로 혼잣말하는 소리를 세라와 내가 텐트에서 들었다. "음, 부츠를 신고 목욕하기는 처음인 것 같은데."

성장기 중에서도 중요했던 십대 초반의 3년 동안, 내게는 형이나 다름없는 존재가 있었다. 아프리카에서 우리 가족과 친했던 딕과 마거릿 케틀웰 부부는 니아살랜드에 남았다. 딕은 유례없이 젊은 나이에 농림부 국장이 되었고, 어찌나 견실하게 일을 잘했던지 나중에 니아살랜드가 말라위로 완전히 독립하기 전에 수립되었던 임시정부에서 토지광업부 장관까지 지냈다. 내가 아기였을 때 놀이 친구였던 그 아들 마이클은 열세 살이 되자 영국 셔번 스쿨에서 기숙사 생활을 시작했다. 그런데 한 세대 전에 우리 아버지가 그랬듯이, 방학에 어디로 가나 하는 문제가 발생했다. 마이클이 우리집으로 오기로 해서 내가 얼마나 기뻤는지 모른다. 우리 둘은 나이 차가 한 살 조금 더 났다. 우리는 모든 활동을 함께 했다. 얼어붙을 듯 차가운 계곡에서 수영을 했고, 실내에서는 화학 실험 세트, 메카노,[13] 탁구, 커내스터 카드놀이, 배드민턴, 축소판 스누커 당구를 했으며, 비트와인, 세제, 비타민 알약 같은 유치한 혼합물이나 레시피를 실험했다. 또 세라와 함께 셋이서 '개퍼스(영감님들)'라는 어린이 농장을 운영했다. 우리는 아버지가 준 새끼 돼지들에게 '배럴스(통들)'라는 이름을 붙이고 매일 먹이를 주었다. 녀석들을 돌보는 책임은 온전히 우리 몫이었다. 마이클과 나는 평생 친구가 되었다. 사실 지금 그는 내 매부이자 내 여러 어린 친척들의 할아버지다.

성장기에 형이 있으면 안 좋은 점도 있다. 둘이서 무슨 일을 하든 형이 작업을 도맡고 동생은 옆에서 도구를 건네기만 하는 관계가 구축되기 때문이다(마이클은 뛰어난 외과 의사가 되었으니, 이 비유가 완전히 틀린 말은 아니다). 빌 삼촌에게는 '손재주가 꽝'이라는 평판이 평생 따라다녔던 데 비해 우리 아버지에게는 정반대의 평판이 따랐는데, 어쩌면 그것도 같은 이유 때문이었을지 모른다. 동생은 견습생이 되기 쉽지, 직접 장인이 되기는 어렵다. 대체로 형이 결정을 맡고 동생은 추종자가 되는 경향이 있으며, 어릴 적 습관은 오래가는 법이다. 빌 삼촌과는 달리 나는 손재주가 꽝이라는 평판을 듣진 않았다. 그래도 나는 정말로 재주가 없었고, 지금도 없다. 일은 마이클이 다 했고, 나는 여분의 조수였다. 아버지는 내가 곧 유명한 아운들의 공작실을 경험함으로써 늦게나마 캠벨 소령의 뒤를 따르기를 기대했으리라. 그러나 그 공작실은, 뒤에 이야기하겠지만, 막상 겪어

보니 실망스러웠다.

나는 자연학자로서도 싹수가 노란 아이였을 것이다. 빌 삼촌과 다이애나 이모 부부의 집에 갔을 때 역시 손님으로 온 젊은 데이비드 애튼버러를 만나 함께 하루를 보내는 진귀한 경험을 했는데도 말이다. 당시에도 유명했지만 아직 전국적으로 이름난 명사는 아니었던 애튼버러는 시에라리온 내륙으로 촬영을 갔을 때 삼촌의 집에 머물렀던 걸 계기로 친구로 지냈고, 이후 삼촌 부부가 영국으로 돌아온 뒤, 마침 내가 그 집에 머물 때 아들 로버트를 데리고 놀러 왔던 것이다. 우리는 어망과 끈에 매단 잼병을 갖고서 온종일 철벙철벙 도랑과 연못을 누볐다. 뭘 찾으려고 했는지는 잊었다. 영원이나 올챙이나 잠자리 유생이었겠지. 어쨌든 그날의 기억만큼은 영영 잊지 못한다. 세상에서 최고로 카리스마 있는 동물학자와 그런 경험을 했는데도, 어쩐지 나는 부모님과는 달리 꼬마 자연학자의 길로 접어들지 못했다. 이제 아운들이 나를 불렀다.

RICHARD
DAWKINS

8

네네강 옆 뾰족탑

The Making of a Scientist

소년들에 *의한*, 소년들을 *위한*. 소년들이 제일 잘 안다.
그들이 직접 낙오자를 가려내도록 놓아두라.
제대로 된 학생이라면 누구나 아는 그들만의 거친 정의로.

_ 존 베처먼, 〈수업 종이 울릴 때〉

나는 존 베처먼이 노래한 영국 퍼블릭 스쿨의 진정한 잔인함을 겪기에는 너무 늦은 시절에 들어간 편이었다. 얼마나 감사한 일인지. 그렇더라도 학교생활은 힘들었다. '소년들에 의한, 소년들을 위한' 같잖은 규칙이 많았다. 재킷 단추를 몇 개 끌러도 되는지까지 엄격하게 정해져 있었고, 상급생들은 그런 규칙을 엄하게 강요했다. 특정 학년 밑으로는 팔을 구부리지 말고 쭉 편 자세로 책을 들어야 했다. 대체 왜? 이런 일이 벌어지고 있다는 사실을 선생님들도 알았겠지만, 그만두게 하려는 조치를 취하지는 않았다.

요즘은 다행히 그렇지 않다지만, 내가 다닐 때만 해도 패깅 제도가 엄연했다. (미국 독자에게 드리는 말씀: 여기에서 '패깅fagging'은 여러분이 짐작하는 뜻과는 다르다. 영국 영어에서 '패곳faggot'은 남성 동성애자가 아니라 회초리 다발, 혹은 역겨운 미트볼을 뜻한다. '패그fag'는 담배, 혹은 지겨운 작업, 혹은 이 경우처럼 하급생 심부름꾼을 뜻한다.) 아운들에 있는 여러 기숙사의 대표들은 각자 신입생을 한 명씩 골라 노예로, 즉 패그로 부렸다. 나는 기숙사 부대표에게 선택되었다. 몸을 떠는 버릇이 있어서 '지터스'라고 불리는 학생이었다. 지터스는 내게 친절했지만, 어쨌든 나는 그가 분부한 일이라면 뭐든지 해야 했다. 그의 신발을 닦았고, 교련복 놋쇠 단추에 광을 냈고, 매일 간식 시간에 그의 공부방에서 그를 위해 파라핀 압력 스토브로 토스트를 구웠다. 언제 어느 때나 그를 위해 심부름하러 달려갈 채비를 갖추고 있어야 했다.

패그들이 성적인 요구에 전혀 시달리지 않은 것은 아니었다. 내 경우, 덩치가 나보다 훨씬 크고 힘센 상급생이 밤중에 침대로 찾아온 것을 물리치는 경험을 딱 네 번 했다. 그들이 바깥세상에서 말하는 일반적인 동성애 욕구나 소아성애 욕구 때문에 그랬다고는 생각하지 않는다. 그저 학교에 여자아이가 없다는 단순한 이유 때문이었다. 사춘기에 도달하지 않은 소년은 상당히 여성스러울 수 있는데, 바로 내가 그랬다. 어떤 학생이 다른 학생에게 흡사 여자에게 끌리는 것처럼 '반했다'는 소문이 파다한 경우도 있었다. 나는 그런 헛소문의 피해자이기도 했다. 그러나 사실 진짜로 피해를 입은 쪽은 한심한 소문을 떠드느라 적잖은 시간을 날린 아이들이었다.

아운들의 이모저모는 새핀 그로브를 막 떠나온 나를 위축시켰다. 첫날 대강당에서 아침 기도를 올릴 때, 신입생은 아직 자리를 배정받지 못한 터라 요령껏 빈자리를 찾아서 앉아야 했다. 나는 빈자리를 하나 발견하고는 옆에 앉은 상급생에게 임자가 있느냐고 물었다. "내가 보기엔 없는데." 정중하지만 싸늘한 답변에 나는 콩알처럼 작아지는 기분이었다. 새핀 그로브에서 높은 목소리의 합창과 풍금 반주를 들었던 내 귀에, 우레 같은 오르간 소리를 반주로 깔고 "매일 돌아오는 새 아침은 하느님의 사랑"을 노래하는 낮고 우렁찬 목소리들은 압도적이었다. 구부정한 자세에 검은 석사 가운을 걸친 교장 거스 스테인포스는 갤로즈와는 다른 방식으로 살벌했다. 그는 콧소리가 섞인 목소리로 우리에게 셋째 주까지는 "그 학기 학업의 등줄기를 확실히 꺾어놓으라"고 권고했다. 나는 어떻게 등줄기를 꺾으라는 것인지, 하물며 공부의 등줄기를 어떻게 꺾으라는 것인지 이해할 수 없었다.

내가 속한 4B1반의 담임 '스내피' 프리스트먼은 교양 있고 상냥하고 세련된 신사였다. 아주 드물게 성미가 폭발할 때를 제외하고는. 그때조차 그가 성질을 부리는 방식은 묘하게 신사다운 데가 있었다. 한번은 수업 중에 딴짓을 하는 학생을 그가 목격했다. 당장은 아무 일도 없었지만, 그 소강상태에서 그는 자기 내면의 분노가 점증하고 있다는 사실을 우리에게 말로 알려주었다. 객관적인 관찰자인 양 자기 내면을 차분하게 묘사하는 것이었다.

아, 이런. 더는 못 참겠다. 돌아버릴 것 같다. 다들 책상 밑으로 들어가. 지금 경고하는 거야. 곧 터질 테니까. 다들 책상 밑으로 들어가.

목소리가 크레셴도로 착실히 커지는 동안, 그의 얼굴도 차츰 붉어졌다. 마침내 그는 손에 잡히는 것을 마구 집어서 — 분필, 잉크병, 책, 나무 손잡이가 달린 칠판지우개 — 더없이 난폭하게 말썽쟁이를 향해 내던졌다. 그러더니 이튿날에는 원래의 매력 덩어리로 돌아와서, 짧지만 품위 있게 소년에게 사과했다. 그는 친절한 신사였으나 인내의 한계까지 자극된 것뿐이었다. 그의 직업을 가진 사람이라면 누군들 안 그러겠는가. 그런데 그렇게 따지면, 내 직업을 가진 사람도 마찬가지 아닐까?

스내피는 우리에게 셰익스피어를 읽혔다. 스내피 덕분에 나는 그 숭고한 천재를 처음으로 음미했다. 우리는 《헨리 4세》(1, 2부)와 《헨리 5세》를 읽었다. 스내피는 죽어가는 헨리 4세를 직접 연기하며 성급하게 왕관을 가져간 핼 왕자를 꾸짖었다. "오, 아들아. 신께서 네게 왕관을 가져갈 마음을 먹게 하셨구나. 네가 그 행동을 그토록 아름답게 변명함으로써 나로 하여금 너를 더욱더 사랑하도록 만들려고 말이다." 그리고 웨일스어를 할 줄 아는 학생(윌리엄스가 할 줄 알았다)과 아일랜드어를 할 줄 아는 학생(러머리가 할 줄 알았다. "러머리, 이런 보석 같으니라고.")을 자원받아 합류시켰다. 그는 키플링도 읽어주었다. 수석 엔지니어 매캔드루의 노래를 읊을 때는 스코틀랜드 억양까지 그럴듯하게 넣으면서. 〈기나긴 여행길〉의 첫 행, 인상적이고 리듬감 있는 그 부분을 읊을 때면 내 마음에 오버 노턴의 건초 더미와 '모든 것이 안전하게 수확된' 초가을의 충만감이 애달프게 떠올랐다(키플링의 운율을 제대로 느끼려면 소리 내어 읽어보라).

한 해가 제 수확물을 모두 내고 건초 더미가 햇살을 받아

회색으로 선 들판, 저 너머에서 속삭이는 목소리가 들려온다.

목소리는 노래한다. "이제 오라, 이리 오라, 벌들은 클로버 꿀을 다 땄고, 영국의 여름은 끝이 났으니."

이윽고 과실이 익는 향기로운 냄새가 풍겨올 때, 프리스트먼 선생님은 키츠를 읽어주었다.

그해 수학을 가르쳤던 프라우트 선생님은 걸핏하면 실신했다. 한번은 그가 교실에 도착하기 전, 우리가 천장에 매달린 전구를 모두 흔들어두었다가 그가 들어선 순간 전구의 흔들림에 맞춰 다 함께 몸을 흔들었다. 이후 어떻게 되었는지는 기억나지 않는다. 어쩌면 후회가 기억을 차단했을지도 모르고, 아니면 내가 선배들이 했던 짓을 전설처럼 전해듣고는 거짓 기억이 생긴 것뿐일지도 모른다. 어느 쪽이든, 내 학창 시절 추억에서 반복되는 주제인 아이들의 개탄스러운 잔인함을 보여주는 또 다른 사례라고 해도 좋겠다.

우리가 늘 멋대로 할 수 있는 건 아니었다. 한번은 4B1 물리 선생님인 버프티가 아파서 고참 과학 선생님인 번지가 수업을 맡았다. 번지는 보일의 법칙까지 진도가 나갔다는 걸 확인한 뒤 수업을 시작했다. 이름을 익힐 여유는 없었기 때문에, 우리를 모두 번호로 불렀다. 그는 작고 구부정하고 늙었다. 게다가 그때 이전이든 이후든 내가 평생 만난 사람들 중에서 제일 심한 근시였다. 우리는 그를 놀려먹기 쉬운 상대로 판단했다. 정말로 그는 우리의 건방진 태도를 거의 알아차리지 못하는 것 같았다. 그러나 우리가 틀렸다. 그는 심한 근시에도 불구하고 우리의 행동을 죄다 알고 있었다. 수업이 끝날 무렵, 그가 조용히 선언했다. 우리 반 전원에게 오후에 학교에 남으라고. 그날 오후, 우리는 풀 죽은 채 교실로 돌아와서 그의 지시에 따라 공책의 깨끗한 페이지에 이렇게 썼다. '4B1반 보충수업. 수업 목표: 4B1반에게 예절과 보일의 법칙을 가르칠 것.' 이것은 절대로 거짓 기억이 아니라고 자신한다. 내가 보일의 법칙을 절대로 까먹지 않았다는 사실이 증거다.

유일하게 자신을 별명으로 불러도 된다고 허락했던 한 선생님은 귀여운 남자아이에게 반하는 성향이 있었다. 우리가 아는 한 그는 교실에서 아이의 어깨에 팔을 두르고 암시적인 말을 던지는 것 이상의 일은 하지 않았지만, 요즘은 그것만으로도 경찰과 마찰을 빚을 것이다. 선정적인 보도에 격앙한 사람들이 사적 제재를 가할지도 모른다.

기숙학교가 대개 그렇듯이, 아운들은 여러 기숙사로 나뉘어 있었다. 모든 아이는 11개 기숙사 중 한 곳에서 먹고 잤으며, 기숙사들 사이에서 벌어지는 모든 경쟁에서 아이는 제 기숙사에 충성을 바쳐야 했다. 내 기숙사는 론디머 하우스였다. 다른 기숙사들이 어떻게 돌아갔는지는 모른다. 남의 기숙사에 방문하는 일은 권장되지 않았기 때문이다. 어쨌든 대체로 비슷했을 것이다. 그런데 흥미롭게도 우리는 기숙사마다 독특한 '성격'이 있다고 생각했고, 그 기숙사에 사는 아이들 각각에게도 무의식중에 그 성격을 투사했다. 그 '성격'이란 워낙 모호한 무언가라서, 어느 한 기숙사에 대해서도 그 성격을 제대로 표현할 말을 찾진 못하겠다. 그것은 각자 주관적으로 받는 어떤 '느낌'이었다. 인종적 편견이나 분파적 편협성처럼 바깥세상에 만연한 현상들에 비하면 좀 더 순수해도, 이 현상은 그런 극악한 현상들의 이면에 깔린 인간 본연의 '부족적' 충동을 보여주는 사례가 아닐까 싶다. 달리 말해, 인간에게는 다른 인간을 개인으로만 보지 않고 그가 속한 집단에 따라 정체성을 파악하는 성향이 있다. 심리학 실험에 따르면, 티셔츠 색깔과 같은 임의적인 기준에 따라 무작위로 집단을 나누고 꼬리표를 붙였을 때도 이런 편향이 나타난다고 한다.

그런 효과를 특히 잘 보여준 예가 있었다. 이 경우에는 제법 바람직한 현상이었다고도 할 수 있겠다. 내가 아운들에 다닐 때 흑인 학생이 한 명 있었는데, 그 아이는 어떤 인종적 편견에도 시달리지 않았던 것 같다. 아마도 흑인 학생이 딱 한 명뿐이다 보니 학내에서 그를 특정 인종집단의 일원으로 파악할 수 없었기 때문일 것이다. 대신에 그는 그가 속한 기숙사의 일원으로 파악되었다. 우리는 그를 랙스턴 하우스의 다른 아이들과 다르지 않은 '랙스턴 무리 중 하나'로 여겼고, 그도 그들과 비슷한 성격을 지녔을 것이라고 여겼을 뿐, 흑인으로서 두드러진 존재로는 여기지 않았다. 물론 돌이켜 생각하면, 랙스턴이든 다른 하우스든 정말로 기숙사에 합리적으로 파악 가능한 어떤 성격이 있었을 것 같지는 않다. 이 이야기는 개인을 그가 속한 집단의 꼬리표를 통해서 파악하려는 인간 보편의 심리적 경향성을 지적하는 것이지, 아운들만이 독특하게 그랬다고 말하는 것이 아니다.

내가 론디머 하우스를 고른 것은 신입생 환영회 전통이 없는 몇 안 되는 기숙사 중 하나라는 소문 때문이었다. 알고 보니 잘못된 소문이었지만. 우리는 한 사람씩 탁자에 올라가서 노래를 한 곡씩 불러야 했다. 나는 가늘고 높은 목소리로 아버지가 즐겨 부르는 노래를 불렀다.

오, 태양이 빛났지, 밝게 빛났지.
이렇게 밝았던 적은, 이렇게 밝았던 적은 없는 것 같았지.
오, 태양이 너무나 밝게 빛났지,
우리가 아기를 바닷가에 버려두고 왔을 때.

그래, 우리는 아기를 바닷가에 버려두고 왔어.
우리가 그런 적은, 우리가 그런 적은 처음이었지.
엄마를 보거든, 부드럽게 알려드리렴.
우리가 아기를 바닷가에 버려두고 왔다고.

노래를 부르는 것은 고역이었지만, 막상 해보니 걱정했던 만큼 끔찍하지는 않았다.

아운들에서 특정 개인에 대한 집단괴롭힘은 많이 보지 못했다. 그러나 모든 신입생이 첫 학기나 두 번째 학기에 일주일 동안 겪는, 일종의 제도화된 괴롭힘이 있었다. 적어도 론디머에서는 그랬는데, 다른 기숙사에서도 사정은 비슷했을 것이다. 신입생은 그 끔찍한 일주일 동안 '벨보이'가 되었다. 벨보이가 된 주에는 모든 일이 그의 책임이었다. 뭐든 하나라도 잘못되면 그가 비난받았다. 그리고 대개는 뭐든 잘못되기 마련이었다. 벨보이는 불을 피워야 했고, 불이 꺼지지 않도록 보살펴야 했다. 다용도 희생양으로 통하는 고난의 주 토요일에는 공부방을 일일이 돌면서 일요일 신문을 신청받고, 신문값을 걷었다. 그랬다가 일요일 아침에 새벽같이 일어나서, 마을 반대쪽 끝까지 걸어가 신문을 샀다. 그것을 가지고 돌아와서 공부방들에 죽 나눠주었다. 가장 공개적으로 눈에 띄는 기능은 하루의 여러 일정을 알리는 벨을 정확한 시각에 울리는 일이었다. 기상 시각, 식사 시각, 취침 시각. 따라서 벨보이는 정확한 시계를 갖고 있어야 했다. 나는 벨보이 주간이 끝날 무렵에는 요령을 터득했지만, 첫날은 재앙이었다. 어떤 이유에서인지 나는 아침식사 5분 전을 알리는 경고 벨을 *정확히* 아침식사 벨 5분 전에 울려야 한다는 사실을 이해하지 못했다. 상급생들은 아침식사 벨이 울리기 정확히 5분 전에 침대에서 나오는 버릇이 있었다. 5분은 씻고 옷 입는 데 넉넉한 시간이 아니기 때문에, 타이밍이 중요했다. 벨보이 첫날, 나는 아침식사 5분 전 벨을 울리고는 곧바로 어슬렁어슬렁 걸어가서 불과 약 30초 뒤에 아침식사 벨을 쳤다. 다들 대경실색했고, 성난 비아냥이 쏟아졌다.

벨보이와 패그는 임무가 워낙 많았기에, 신입생들이 '그 학기 학업의 등줄기를 확실히 꺾어놓기'는 고사하고 공부를 눈곱만큼이라도 할 수 있었다는 사실이 기적적이었다. 요즘은 패깅이 모든 학교에서 폐지되었다고 한다. 그러나 애초에 왜 그런 관습이 허용되었는지, 왜 그렇게 오래 지속되었는지는 여전히 모르겠다. 19세기에는 그런 관행에 약간의 교육적 가치가 있다는 괴상한 믿음이 팽배했다. 관행이 오래 지속된 데는 "나도 겪었는데 너는 왜 못 해?" 심리가 관여했을지도 모른다. 여담이지만, 이런 심리는 요즘도 많은 수련의들의 삶을 불행하게 만들고 있다.

어쩌면 좀 당연하게도, 나는 아운들 생활 초반에 말 더듬는 습관이 도졌다. 특히 D, T 같은 파열음 발음에 애를 먹었다. 내 성이 그 중 하나로 시작한다는 것은, 성을 말할 일이 잦았기 때문에, 불행이었다. 수업 시간에 쪽지시험을 치면, 우리는 정답을 확인한 뒤 맞힌

개수를 헤아려 10점 만점 중 몇 점이라고 소리쳐야 했다. 그러면 선생님이 기록부에 점수를 적었다. 나는 10점 만점을 받으면 대신 "나인(9)"이라고 불렀다. "테-테-테-텐(10)"이라고 부르는 것보다 훨씬 쉬웠으니까. 한번은 교련 수업에 장군이 방문해 우리가 그 앞에 도열했다. 한 사람씩 대열에서 앞으로 걸어나가 장군 앞에서 발을 구른 뒤, 자기 이름을 외치고, 경례를 붙이고, 날쌔게 뒤로 돌아, 제자리로 돌아와야 했다. "생도 도킨스!" 나는 두려웠다. 걱정에 여러 날 잠을 이루지 못했다. 혼자 연습할 때는 괜찮았지만, 도열한 사람들 앞에서 외쳐야 한다면? "생도 도-도-도-도-도…" 결국은 "도" 앞에서 약간 길게 머뭇거리기는 했지만 무사히 해냈다.

교련은 완전히 강제는 아니었다. 보이스카우트에 들면 빠질 수 있었다. 보기 카트라이트와 함께 땅을 일구며 시간을 보내는 것도 교련을 빠지는 또 다른 방법이었다. 나는 이전에 낸 책에서 카트라이트를 '눈썹이 덥수룩한 놀라운 사내로, 늘 가래는 가래라고 말하고 실제로 가래 없는 모습은 좀처럼 보이지 않았던 사람'이라고 묘사했다('가래를 가래라고 말하다'는 '사실대로 솔직하게 말하다'라는 뜻이다 – 옮긴이). 그는 독일어를 가르치는 일로 봉급을 받았지만, 사실 그가 느릿느릿한 시골 말씨로 우리에게 가르친 것은 토양과 농업에 관한 일종의 생태적 지혜였다. 그는 늘 칠판에 '생태학'이라는 단어를 적어두었다. 그가 안 볼 때 누군가 지우면, 한 마디 말도 없이 얼른 다시 썼다. 칠판에 글을 쓰다가 독일어 문장이 '생태학'을 덮칠 것 같으면, 단어의 위나 옆으로 독일어 문장이 흘러가게끔 휘어 썼다. 한번은 한 아이가 P. G. 우드하우스를 읽는 모습을 보고는 그가 화를 내며 책을 반으로 찢어버렸다. 〈데일리미러〉가 카산드라처럼 우드하우스에 대해 줄기차게 제기했던 비방, 즉 우드하우스가 전쟁 중에 호호 경이나 (미국으로 따지면) 도쿄 로즈와 쌍벽을 이룰 만한 독일 부역자였다는 비방을 믿은 모양이었다(그리스 신화의 카산드라는 예언자지만 사람들은 아무도 그녀의 예언을 믿지 않았다 – 옮긴이). 카트라이트 선생님은 카산드라의 비방보다도 훨씬 더 왜곡된 이야기를 들려주었다. "한번은 우드하우스에게 독일 대령을 계단 밑으로 걷어찰 기회가 왔는데도 그는 그 기회를 잡지 않았지." 카트라이트 선생님은 화난 사람처럼 말했다. 사실 그는 극단적인 도발을 받지 않는 한 화를 내지 않는 사람이었는데, 괴상하게도 P. G. 우드하우스는 그 요건을 충족시키는 것 같았다(그는 '우드하우스'라고 제대로 발음하는 대신 '워우드하우스'라고 발음했다). 카트라이트 선생님은 그저 멋지고 독특한 인물일 뿐이었다. 시대를 앞선 생태적 고집과 느릿느릿한 말투를 가졌고, 말 그대로 땅에 발 붙인 사람이었다.

나는 두 탈출 경로 중 어느 쪽으로든 교련을 회피할 만큼 모험적이지 못했다. 친구들의 영향을 너무 많이 받았던 모양이다. 사실 아운들에서의 내 생활은 그 한 마디로 다 요약된다. 결국 나는 취주악대에 합류해, 군사 훈련에서 최악의 부분은 피했다. 처음에는 클라리넷을, 다음에는 색소폰을 불었다. 지휘는 악대원인 하사관이 맡았다. "좋아, 〈올드 마치〉 *맨 처음부터* 다시 간다." 악대에 들었다고 해서 매주 군화를 닦고 듀라글릿이나 브라소 같은 광택제로 벨트와 단추를 광내는 의무를 게을리할 수는 없었다. 1년에 한 번 군대 캠프에도 가야 했다. 어느 연대의 실제 병영에서 묵으며 장거리 행군을 했고, 케케묵은 리엔필드 소총에 공포탄을 채워 모의전투를 했다. 표적에 대고 실탄 사격도 했다. 한번은 우리 소대의 한 아이가 실수로 부관의 넓적다리 살집을 쐈다. 부관은 풀썩 쓰러지더니 재깍 담뱃불을 붙였다. 브렌 기관총을 들고 현장에 서서 속으로 메스꺼워하는 우리를 본체만체.

레스터 병영으로 갔을 때는 진정한 선임 하사관을 만났다. 붉은 콧수염을 두툼하게 길러 왁스까지 바른 진짜 군인 말이다. 그는 "어깨애애애 총!", "세워어어어 총!" 하고 외칠 때 첫 단어는 베이스로 길게 포효하고 뒤의 단어는 스타카토로, 그것도 얼간이처럼 새된 소프라노로 부르짖었다. 우리는 몬티 파이손의 영화 중 '비거스 디커스'가 나오는 장면에서 본디오 빌라도의 병사들이 그러는 것처럼, 터져나오려는 웃음을 겁먹은 콧방귀로 억눌러야 했다.

우리는 '자격증명 A'라는 시험에 통과해야 했다. 군대 지식을 달달 외우는 시험으로, 지능이나 진취성과 약간이라도 관계된 능력이라면 모조리 억압하려고 설계된 시험이 틀림없었다. 그런 능력은 보병대에서 귀하게 여겨지지 않았다. '우리 군대에는 나무가 몇 종류 있습니까?' 정답은 세 가지! 전나무, 포플러, 위가 삐쭉삐쭉한 나무(시인 헨리 리드는 이렇게 간파했건만, 우리 교관은 이런 풍자를 음미할 줄 몰랐을 것이다).

학생들 사이에서는 또래집단의 압력이 극심하기로 악명 높다. 나를 포함해 많은 친구가 비참한 피해자였다. 우리가 어떤 행동을 하는 동기는 주로 또래집단의 압력이었다. 우리는 친구들에게 인정받기를 바랐다. 특히 우리 중에 간간이 섞여 있는, 타고난 지도자 타입의 영향력 큰 친구들에게. 그리고 마지막 학년을 제외하고는 내 또래집단의 정서가 반反지성적이었다. 우리는 실제보다 덜 공부하는 척해야 했다. 타고난 능력은 존중받았지만, 성실한 노력은 존중받지 못했다. 스포츠도 마찬가지였다. 경우를 불문하고 늘 공부벌레보다는 운동 잘하는 학생이 인기였지만, 그 운동 실력도 연습 없이 습득한 것이면 더더욱 좋았다. 대체 왜 타고난 능력을 근면한 노력보다 더 높이 살까? 거꾸로여야 하지 않나? 진화심리학자들은 이 문제에 대해서 흥미로운 가설을 낼 수 있을지도 모르겠다.

좌우간, 그 때문에 내가 놓친 기회가 얼마나 많았던가! 학교에는 가지각색의 재미난 클럽과 모임이 많았다. 어디든 가입하면 득이 되었을 것이다. 망원경이 갖춰진 천문대도 있었는데—졸업생의 선물이었으리라—나는 근처에도 가보지 않았다. 대체 왜? 지금이라면 스스로 설치하지 않아도 진짜 망원경을 학식 있는 천문학자의 지도에 따라 구경할 수 있다는 사실에 감격해 마지않을 텐데. 학창 시절은 십대들에게 허비하기에는 너무 아까운 게 아닐까 하는 생각마저 든다. 헌신적인 교사들은 돼지 목에 진주를 걸려고 애쓰는 대신 그 귀중함을 음미할 줄 아는 나이 든 학생들을 가르쳐야 하는 게 아닐까.

아운들에서 놓친 가장 아까운 기회는 공작실에 있었다. 애초에 아버지가 나를 그 학교로 보낸 이유였던 공작실 말이다. 그러나 전적으로 내 잘못만은 아니었다. 한 학기에 일주일씩 공작실에서 배우도록 규정한 샌더슨의 독특한 혁신은 여전히 준수되고 있었고, 공작실은 대단히 잘 갖춰져 있었으며, 우리는 바깥에서는 접하기 힘든 선반, 밀링머신, 기타 고급 공작 기구들을 다루는 법을 배웠다. 그러나 아버지가 능숙한 대목, 그러니까 즉석에서 처리하고, 설계하고, 변통하고, 있는 것으로 대충 때우는—아버지의 경우에는 주로 붉은 노끈과 지저분한 고철로—방법은 배우지 못했다.

아운들 공작실에서 맨 처음 만든 것은 '계시기'였다. 우리는 계시기가 뭔지 설명도 못 들었다. 강사가 하라는 대로 정확하게 따라 할 뿐이었다. 먼저, 우리가 만들려는 금속 물체의 모양을 본떠 나무로 깎았다. 그것을 주조소로 가져간 뒤, 겉에 끈끈한 모래를 다져 붙여서 나무 모형에 대한 틀을 만들었다. 그 뒤에 보안경을 쓰고, 이글이글 끓는 도가니 속의 녹은 알루미늄을 틀에 붓는 작업을 거들었다. 금속이 다 식으면 모래에서 파낸 뒤, 그것을 금속세공실로 가져가서 줄질하고, 드릴로 깎고, 마무리 손질을 했다. 그러고는 완성된 계시기를 가지고 돌아왔다. 계시기가 뭔지 여전히 모른 채로. 어떤 종류의 진취성이나 창의성도 발휘하지 않은 채로. 우리는 대량생산 공장의 작업자나 다름없었다.

문제의 일부는 정말로 그 때문이었을지도 모른다. 교사가 아니라—내 추측이지만—실제 작업장의 감독들을 강사로 데려온 것 말이다. 그들은 일반적인 기술을 익히는 방법이 아니라 특수한 작업을 처리하는 방법을 가르쳤다. 나는 훗날 밴베리에서 전문가에게 운전 실습을 받을 때도 똑같은 문제를 겪었다. 밴베리의 어느 길모퉁이에서 후진으로 꺾는 법을 배웠는데, 마침 그 시험관이 그 기술을 평가할 때 즐겨 찾는 장소였다. 시험관은 이렇게 가르쳐주었다. "저 가로등이 뒷유리하고 나란히 놓일 때까지 갔다가 그 지점에서 확 꺾으세요."

아운들 공작실의 유일한 예외로서 샌더슨의 전통을 조금이나마 고수하다가 내게 전달한 사람은 금속세공실 한켠에서 작은 대장간을 꾸리고 있던 은퇴한 대장장이 노인이었다. 나는 '작업 현장'에서 슬쩍 빠져나와, 안경을 쓴 그 친절한 노인의 수습으로 내멋대로 들어갔다. 노인은 내게 전통적인 대장장이 기술과 아세틸렌 용접을 가르쳐주었다. 그때 만든 부지깽이는 소용돌이 모양의 받침대에 세워진 채 아직 어머니 집에 있다. 그러나 나는 늙은 대장장이에게 배울 때도 창의성과 기지를 맘껏 발휘하기보다는 거의 노인이 하라는 대로 했다.

나쁜 목수가 연장을 나무라고 선생을 탓하는 법. 확실히 내 잘못인 부분도 있었다. 정해진 일주일 외에는 공작실 근처에도 가지 않았다는 점이다. 나는 저녁에 들러서 나만의 설계로 이것저것 만들어볼 기회를 활용하지 않았다. 별을 보러 천문대에 가지 않은 것과 마찬가지였다. 여유 시간은 다른 친구들과 같은 방식으로 허비했다. 빈둥거리고, 프라이머스 스토브로 토스트를 굽고, 엘비스 프레슬리를 들으면서. 내 경우에는 진짜 음악을 연주하는 것이 아니라 일없이 악기를 만지작거리는 일도 추가되었다. 비싸게 구입한 일류의 기회들을 그렇게 낭비하다니, 비극이라 불러도 무방하다. 다시 말하건대, 학교는 십대들에게는 과분한 곳일까?

내가 든 클럽이 있기는 했다. 학생을 고무할 줄 알았던 젊은 동물학 선생님, 요안 토머스가 운영하는 양봉 클럽이었다. 아직도 밀랍과 연기 냄새는 그때의 행복했던 기억을 떠올리게 한다. 나는 꽤 자주 쏘이는 편이었는데도 행복했다. 한번은 (약간 자랑스러운 심정으로 말하건대) 벌을 손등에서 쫓아내지 않고, 녀석이 느릿느릿 왈츠를 추며 내 손을 맴돌다가 침을 꽂고는 잠시 후에 살갗에서 침을 '돌려 뽑을' 때까지 가만히 관찰했다. 꿀벌의 침은 말벌과는 달리 가시가 나 있다. 그래서 꿀벌이 포유류를 쏘면 가시 때문에 침이 피부에 콱 박히고, 그때 벌을 쫓으면 벌의 중요한 장기가 일부 찢어지면서 침이 그 자리에 남는다. 진화적 관점에서 그 일벌은 벌통 전체의 이득을 위해서(엄밀하게 말하면 일벌에게 그런 행동을 하도록 지시한 유전자를 위해서, 더 정확하게 말하면 여왕벌과 수벌들이 갖고 있는 그 유전자의 복사본을 위해서) 가미카제 조종사처럼 이타적으로 제 목숨을 희생한 셈이다. 벌은 날아가서 죽지만, 침은 쏘인 피해자에게 남아서 독을 계속 흘려넣음으로써 장차 피해자가 벌통을 약탈하지 못하도록 막는 억제 장치로 기능한다. 일벌의 행동은 진화적으로 완벽하게 합리적인 행위인데, 이 주제는 《이기적 유전자》를 다룬 장에서 다시 이야기하겠다. 일벌은 생식 능력이 없기 때문에, 제 유전자의 복사본을 직접 후손에게 물려줄 수 없다. 그래서 그 대신 여왕벌을 비롯해 생식 능력이 있는 다른 벌들을 통해서 제 유전자의 복사본을 물려줄 수 있도록 열심히 일한다. 일벌이 손등에서 살살 침을 뽑아나가도록 놔두었을 때 나도 그 벌에게 이타적으로 행동한 셈이었으나, 내 동기는 주로 호기심이었다. 나는 토머스 선생님이 알려준 과정을 직접 관찰하고 싶었던 것이다.

나는 이전에 쓴 여러 글에서 요안 토머스를 언급했다. 열네 살에 그에게 들은 첫 수업은 나를 한껏 고취시켰다. 세세한 내용은 기억나지 않지만, 훗날 내가 《무지개를 풀며》에서 표현하려고 애쓴 느낌, 즉 내가 요즘 '과학은 현실의 시詩'라는 표현으로 묘사하는 느낌을 학생들에게 안기는 수업이었다. 토머스 선생님은 아주 젊은 나이에 아운들로 왔다. 샌더슨을 존경했기 때문인데, 너무 젊었기 때문에 옛 교장을 직접 만날 기회는 없었다. 그래도 샌더슨의 후임인 케네스 피셔는 만났고, 그때까지만 해도 샌더슨의 기상이랄까 하는 것이 살아 있었음을 보여주는 일화를 우리에게 들려주었다. 나는

2002년에 시작된 '아운들 강연'에서 그 이야기를 다시 인용한 바 있다.

케네스 피셔가 교직원 모임을 주최하고 있을 때, 문에서 소심한 노크 소리가 들리고는 작은 남자아이가 들어왔습니다. "죄송한데요, 선생님, 강가에 제비갈매기가 있어요." "이건 나중에 해도 됩니다." 피셔는 좌중에게 단호하게 말했습니다. 그러고는 자리에서 일어나, 문에 걸린 쌍안경을 움켜쥐고, 꼬마 조류학자와 함께 자전거를 타고 쌩 가버렸습니다. 절로 드는 상상인데, 그들이 떠난 자리에서 불그레한 얼굴에 상냥하게 미소 짓는 샌더슨의 유령이 어른거리지 않았을까요. 바로 이런 게 교육입니다. 성적 통계, 사실만 꽉꽉 채운 교과과정, 끝도 없는 시험 일정 따위는 개한테나 줘버리라고 하세요….
샌더슨이 죽은 지 35년쯤 지난 뒤, 나는 히드라에 대한 수업을 들었습니다. 히드라는 고인 민물에 사는 작은 생물이지요. 토머스 선생님은 한 학생에게 물었습니다. "어떤 동물이 히드라를 먹지?" 소년은 나름대로 추측해서 대답했습니다. 토머스 선생님은 애매한 태도로 그 옆의 학생에게 몸을 돌려, 같은 질문을 던졌습니다. 그렇게 반 전체에게 돌아가면서, 점점 더 흥분한 말투로 학생 하나하나의 이름을 부르면서 물었습니다. "어떤 동물이 히드라를 먹지? 어떤 동물이 히드라를 먹지?" 우리는 각자 추측해서 대답했습니다. 마지막 학생에게 물을 무렵에는 모두들 정답을 알고 싶어 못 견딜 지경이었습니다. "선생님, 선생님, 어떤 동물이 히드라를 먹는데요?" 토머스 선생님은 잠시 입을 닫았습니다. 교실은 핀 떨어지는 소리도

> 들릴 만큼 괴괴해졌습니다. 그가 천천히, 한 마디 한 마디 또박또박, 이렇게 말했습니다.
>
> "나도 몰라요…." (크레셴도) "나도 몰라요…." (몰토 크레셴도) "그리고 콜슨 선생님도 모를 거라고 생각해요." (포르티시모) "콜슨 선생님! 콜슨 선생님!"
>
> 토머스 선생님은 옆반 문을 벌컥 열었습니다. 선배 교사의 수업을 무턱대고 중단시키고는 그를 우리 반으로 데려왔습니다. "콜슨 선생님, 어떤 동물이 히드라를 먹는지 아십니까?" 둘 사이에 윙크가 오갔는지 어땠는지는 모르겠지만, 콜슨 선생님은 제 역할을 충실히 했습니다. 모른다고 대답한 거지요. 이번에도 아마 아버지 같은 샌더슨의 그림자가 구석에서 킬킬거렸을 테고, 우리는 모두들 그 수업을 잊지 못할 것이었습니다. 중요한 것은 사실이 아닙니다. 어떻게 사실을 발견하고 그것에 대해서 생각할 것인가 하는 점입니다. 그것이야말로 평가에 미친 오늘날의 시험 문화와는 전혀 다른, 진정한 의미의 교육입니다.

오래전에 죽은 교장의 유령을 환상으로 불러낸 위의 두 이야기를 가리키며, 혹자는 그러니까 내가 어떤 의미에서는 초자연주의자라고 주장했다. 그러나 당연히 위의 이야기는 전혀 그런 증거가 아니다. 이것은 시적인 이미지라고 보아야 한다. 이런 표현은 문자 그대로 받아들이지 않는 한 괜찮다. 내가 두 이야기의 맥락을 확실히 밝혔으니, 오해가 미연에 방지되기를 바란다. 문제는 (특히) 신학자들이 비유적 언어를 쓰면서 자신이 비유를 쓴다는 것도 모를 때, 심지어 비유와 현실이 다르다는 사실조차 모를 때 발생한다. 그들은 이렇게 말한다. "예수가 실제로 5천 명을 먹였느냐 아니냐는 중요하지 않습니다. 중요한 것은 그 이야기의 *사상*이 우리에게 어떤 *의미*인가 하는 점입니다." 그러나 아니다. 진실이 중요하다. 세상에는 성경을 문자 그대로 믿는 독실한 신자가 수백만 명이나 있기 때문이다. 나는 토머스 선생님의 교실 구석에 진짜로 샌더슨의 유령이 서 있었다고 생각하는 것이 아니다. 어떤 독자도 다른 뜻으로 착각하지 않기를 바라고, 그러리라고 믿는다.

히드라에 대해 배운 수업은 사실 살짝 창피한 일화인데, 뭔가 교훈이 있을지도 모르니 털어놓겠다. 토머스 선생님은 우리 중에 히드라를 본 사람이 있느냐고 물었다. 손을 든 학생은 나뿐이었던 것 같다. 아버지는 낡은 놋쇠 현미경을 갖고 있어서, 몇 년 전에 그것으로 연못 속 생물들을 커다랗게 확대해서 구경하며 즐거운 하루를 보낸 적이 있었다. 주로 키클롭스, 다프니아, 키프리스 같은 갑각류였지만, 히드라도 있었다. 긴 다리를 활발하게 차대는 갑각류와는 달리 식물로 보일 만큼 느릿느릿 흔들리는 히드라는 좀 지루했다. 잊을 수 없는 그날의 기억에서 제일 시시했던 녀석이 히드라였기에. 나는 토머스 선생님이 수업에서 히드라에게 관심을 쏟는 것을 속물처럼 얕잡아보던 참이었다. 그래서 그가 내게 히드라를 본 경험을 자세하게 들려달라고 했을 때, 나는 "똑같은 종류의 동물들을 전부 다 봤어요"라고 말했다. 물론 토머스 선생님에게는 키클롭스, 다프니아, 키프리스가 히드라와 똑같은 종류가 아니었지만, 나는 아버지와 함께 하루에 그 녀석들을 다 보았기 때문에 뭉뚱그려 한 종류라고 생각했던 것이다. 토머스 선생님은 내가 사실은 히드라를 본 적이 없는 게 아닐까 의심한 모양인지, 더 자세히 캐물었다. 유감스럽게도 그의 반응은 의도와는 정확히 반대되는 영향을 미쳤다. 나는 그의 심문을 아버지에 대한 일종의 모욕으로 여겼다. 내게 '똑같은 종류의 동물들을 전부 다' 보여주고 라틴어 학명까지 알려준 아버지인데. 나는 단호하게 주장을 고집했다. 그런데 정말로 히드라를 봤다고 또렷하고 확실하게 (사실을) 말하는 대신, 히드라를 '똑같은 종류의 동물들'과 구별하기를 거부했다. 다시 떠올려도 창피한 일이다. 이 이야기에 교훈이 있을까? 어쩌면 있겠지만, 뭔지는 나도 모르겠다. 부모님과 연관된 것이라면 그것이 퍼거슨 트랙터든("어휴, 꾀죄죄한 포드슨!") 저지 젖소든("프리지언은 우유가 아니라 물을 낸다구!") 무조건 내가 뜨거운 충성심을 느꼈던 사실과 관계있을지도 모른다.

토머스 선생님에게 양봉을 배웠으므로, 아버지의 괴짜 동창생 휴 콜리가 선물한 벌통으로 방학에도 취미 생활을 할 수 있었다. 그 벌들은 놀랍도록 유순해서 전혀 쏘지 않았다. 나는 그물이나 장갑도 없이 다뤘다. 그러나 그 벌들은 이웃집 밭에서 날아온 살충제 때문에 안타깝게도 몽땅 죽었다. 열성적인 유기농법 농부이자 선각자적 생태 전사였던 콜리 씨는 화를 내면서 다른 벌통을 주었는데, 불행히도 이 벌들은 정반대라서 — 틀림없이 유전적 변이가 있었던 모양이다 — 움직이는 물체라면 뭐든 쏘았다. 당시에는 내가 벌에 쏘여도 그다지 심각한 반응을 보이지 않았다. 하지만 소년 시절에 많이 쏘인 탓에 훗날 벌침에 민감하게 된 것은 아닌지 좀 궁금하다. 어른이 돼서는 딱 두 번 쏘였다. 한 번은 사십대, 또 한 번은 오십대였다. 그때마다 내 몸은 옛날에 양봉가로 활약할 때는 드러나지 않았던 이상한 방식으로 반응했다. 한쪽 눈 주변이 앞을 볼 수 없을 지경으로 어마어마하게 부어올랐다. 왜 눈이었을까? 쏘인 곳은 각각 손과 발이었는데? 그리고 왜 한쪽 눈만이었을까?

토머스 선생님의 양봉 클럽을 제외할 때, 아운들에서 그나마 생산적으로 시간을 보낸 취미는 음악 연주였다. 나는 음악실에서 많은 시간을 보냈다. 그러나 고백하건대, 그곳에서도 엄청난 기회를 낭비했다. 어렸을 때부터 악기는 종류를 불문하고 자석처럼 나를 끌어당겼다. 바이올린이나 트럼펫이나 오보에가 진열된 가게를 만날라치면 부모님은 그 앞에 붙박인 나를 질질 끌고 가야 했다. 요즘도 야외 파티나 결혼식에서 현악사중주단이나 재즈밴드가 연주하면, 나는 사회적 의무를 도외시하고 음악가들에게 건너간다. 그들의 손가락을 구경하고, 그들이 쉬는 시간에 악기에 대해 이야기를 나눈다. 내게는 첫 아내 메리언과 같은 절대음감은 없다. 어떤 멜로디든 즉석에서 어울리는 화음을 넣을 줄 아는 지금의 아내 랄라처럼 화성 감각을 타고난 것도 아니다. 그러나 내게는 타고난 멜로디 감각이 있다. 어떤 곡조든 목소리나 휘파람으로 쉽게 따라 부른다는 뜻이다. 말하기 부끄럽지만, 내가 음악실에서 소일 삼아 했던 놀이는 남의 악기를 슬쩍 꺼내서 혼자 곡조를 연습하는 일이었다. 한번은 상급생의 꽤 비싼 트롬본으로 〈성인들이 행진할 때〉를 불어젖히다가 딱 걸렸는데, 나중에 트롬본이 망가졌다고 해서 곤욕을 치렀다. 내가 망가뜨린 게 아니라고 지금도 굳게 믿고 있지만, 그야 어쨌든 비난을 받았다(트롬본 주인이 탓한 것은 아니었다. 그 소년은 오히려 너그러웠다).

멜로디를 수월하게 따라 하는 능력은 적어도 나처럼 게으른 아이에게는 축복이 아니라 저주였다. 귀로 듣고 연주하는 것이 쉬웠기 때문에, 악보 읽기나 창조적인 즉흥 연주와 같은 다른 중요한 기술을 등한시했다. 그 점이 게으름보다 더 나빴다. 심지어 나는 한동안 거만하게도 악보를 읽어야 '하는' 음악가를 얕잡아봤고, 즉흥 연주가 더 우월한 기술이라고 생각했다. 하지만 알고 보니 나는 즉흥 연주에도 소질이 없었다. 학교 재즈밴드에 초대되어 연주했을 때, 나는 어떤 곡조든 틀리지 않고 따라 할 수는 있어도 그것을 바탕으로 즉흥 연주하는 능력은 전무하다는 사실을 대번에 깨달았다. 나는 음계 연습도 허술하게 해치웠다. 쩨쩨하나마 부분적인 변명거리는 있는데, 음계가 어디에 쓰는 것인지를 아무도 내게 설명해주지 않았다는 점이다. 과학자가 된 지금은 음계가 중요한 이유를 짐작할 수 있을 듯하다. 음계 연습은 어떤 음계든 편하게 느끼기 위해서 하는 것이 아닐까. 악보 첫머리 조표를 읽으면 손가락이 저절로 수월하게 그 음계를 탈 수 있도록 말이다.

음악실에서 보낸 시간은 연주라기보다 집적거리기라고 표현해야 옳을 것이다. 클라리넷과 색소폰은 결국 악보를 제대로 읽게 되었지만, 한 번에 한 음 이상 짚어야 하는 피아노는 참기 힘들 만큼 발전이 느렸다. 문장 전체를 단숨에 유창하게 읽는 게 아니라 글자 하나하나를 힘들게 발음하면서 읽기를 배우는 아이 같았다. 상냥한 피아노 교사 데이비슨은 내 멜로디 감각을 알아차려, 왼손으로 화음을 넣어 반주하는 기본적인 규칙을 알려주었다. 그 요령은 금세 배웠지만, C장조와 A단조로만 할 수 있었다(검은 건반을 최소로 사용하는 음계들이다). 게다가 왼손으로 화음을 쿵쾅대는 연주는 상당히 단조로웠다. 모르는 사람은 어떤 곡이든 신청을 받아서 그 자리에서 쳐내는 내 능력에 감탄하기도 했지만 말이다.

나는 보이소프라노로서 성량이 크지는 않지만 정확하고 맑은 목소리를 갖고 있었다. 덕분에 규모는 좀 작지만 잘 선별된 아운들 성가대에 일찌감치 뽑혔다. 합창은 아주 즐거웠다. 음악 감독 밀러 선생님이 정기적으로 진행하는 리허설은 일주일 중 가장 즐거운 순간이었다. 우리 성가대는 전형적인 영국 교회 성가대와 비교해도 될 만큼 썩 괜찮았던 것 같다. 그리고 주책맞게 꼭 덧붙이고 싶은 말은, 우리가 r을 반만 굴려서 d에 가깝게 발음하는 허식을 부리지 않았다는 점이다. 적어도 내 편협한 귀에는 그런 관행이 많은 연주를 망치는 것처럼 들린다. "메디는 온화한 어머니 / 예수 그디스도는 성모의 아들('메리Mary'를 '메디Mady'처럼, '크라이스트Christ'를 '크다이스트Ccist'처럼 발음한 것 – 옮긴이)." 이왕 불평을 꺼냈으니 말인데, 존 매코맥 시대의 테너들이 r을 이탈리아어처럼 굴리는 것은 더 못 들어주겠다. "어느 날 오리건에 앉아서…('오르간organ'의 r을 너무 굴려서 '오ㄹ건Oregon'처럼 들린다는 뜻 – 옮긴이)."

우리 성가대는 일요일마다 성가를 불렀다. 스탠퍼드, 브람스, 모차르트, 패리, 존 아일랜드, 아니면 탤리스나 버드나 보이스 같은 더 옛날 작곡가도. 지휘자는 없었지만, 맨 뒷줄 양끝에서 마주 보고 선 두 베이스가 말없이 고갯짓으로 그 역할을 수행했다. 그중 한 명이었던 C. E. S. 패트릭의 목소리는 빠져들 만큼 아름다웠다. 훈련받지 않은 목소리라 더 훌륭했던 것 같다. 나는 그와 한 마디도 나눠보지 못했지만(다른 기숙사 상급생을 만날 일은 좀처럼 없었다), 그를 아운들 남성합창단의 스타로서 숭배했다. 남성합창단이란 또 다른 재능 있는 음악 교사 도널드 페인의 지도하에 학내 콘서트에서 공연하는 중창단이었다. 안타깝게도 나는 남성합창단에는 초대받지 못했다.

변성기가 되자 목소리가 낮아졌을 뿐 아니라 음성도 나빠졌기 때문이다.

아운들에는 매년 전교생이 오라토리오를 공연하는 전통이 있었다. 역시 샌더슨이 세운 전통이었다. 곡목은 모든 학생이 재학하는 5년 동안 헨델의 〈메시아〉와 바흐의 〈B단조 미사〉를 한 번은 경험할 수 있도록 번갈아가면서 정했고, 그 사이사이에는 다양한 작품을 선택했다. 내 첫 학기에는 바흐의 〈잠든 자여 깨어라〉 칸타타와 하이든의 〈넬슨 미사〉를 공연했다. 나는 두 곡에 홀딱 *반했다*. 특히 바흐는 느리게 진행되는 합창이 오케스트라의 약동하는 멜로디에 대위법적으로 교묘하게 대비되는 것이 무척 좋았다. 그것은 난생처음 느끼는 마법 같은 경험이었다. 매일 아침 기도 후 5분 동안, 크고 호리호리한 밀러 선생님이 씩씩하게 앞으로 걸어나와서 하루에 악보 몇 쪽씩 전교생을 상대로 리허설을 했다. 결전의 공연일에는 런던에서 프로 독창자들이 내려왔다. 긴 드레스를 입은 화려한 소프라노와 콘트랄토, 먼지 한 점 안 묻은 연미복을 입은 테너와 베이스. 밀러 선생님은 그들을 한껏 받들어모셨다. 그들은 우리 '비합창단'의 멱따는 고함 소리를 어떻게 생각했을까? 누가 알겠는가. 그러나 내 치기 어린 아마추어적 소견으로는 어떤 독창자도 아운들 남성합창단의 C. E. S. 패트릭과는 비교가 되지 않았다.

영국의 퍼블릭 스쿨이 내가 다니던 시절에 어떤 분위기였는지를 전달하기는 쉽지 않다. 린지 앤더슨의 영화 〈만약〉은 제법 훌륭하게 그 분위기를 그려낸 편이다. 영화 말미의 대학살을 말하는 것은 당연히 아니다. 구타도 약간 과장된 편이다. 나보다 앞선 더 잔인했던 시절에는 단장을 차고 수놓은 조끼를 입은 반장들이 후배들을 마구 팼는지도 모르지만, 내 시절에는 결코 그런 일은 없었다. 나는 아운들에 있을 때 몽둥이로 맞았다는 사람을 본 적이 없고, 최근에서야 피해자로부터 실제 그런 일이 있었다고 전해들었을 뿐이다.

〈만약〉은 여학생이 없는 학교에서 예쁘장한 소년을 둘러싸고 성욕이 만개하는 분위기도 아름답게 그려냈다. 영화에서 풀 먹인 거대한 모자를 쓰고 손전등으로 아이들의 사타구니를 검사하는 여사감의 모습은 아주 조금 과장된 편이다. 실제 우리는 학교 의사에게 검사받았는데, 그가 영화의 여사감처럼 음탕하게 쳐다보지는 않았다. 우리의 온순한 의사는 영화의 여사감처럼 럭비 경기장 터치라인으로 살금살금 다가와 "이겨라! 이겨라! 이겨라!"를 외치지도 않았다. 그러나 린지 앤더슨이 완벽하게 포착한 측면이 있기는 하다. 우리가 자고, 공부하고, 토스트를 태우고, 재즈와 엘비스를 듣고, 시시덕거렸던 공부방의 지저분하고 훈훈한 분위기. 영화는 레슬링하는 강아지들마냥 십대 친구들을 하나로 묶어주었던 히스테릭한 웃음을 잘 잡아냈다. 그것은 물리적 레슬링이 아니라 언어적 레슬링이었다. 우리는 괴상하고 비밀스러운 언어와 해괴한 별명을 공유했고, 그런 언어는 학기가 지날수록 점점 더 많아지고 진화했다.

별명이 얼마나 해괴하게 진화하는지 보여주는 예로(일반적인 밈 돌연변이 현상의 사례일 수도 있다), 내 친구 하나는 군인 같은 성격은 전혀 없었는데도 '대령'이라고 불렸다. "대령 어디 있는지 알아?" 진화의 역사는 이랬다. 몇 년 전, 지금은 학교를 졸업한 상급생이 그 친구에게 반했다는 소문이 돌았다. 그 상급생의 별명은 '슈킨'이었다('스킨'이 변형된 것인데, 그건 또 어디에서 왔는지 알게 뭔가. 어쩌면 포피(포스킨)와 상관있을지도 모르지만 아마도 내가 입학하기 전에 진화했을 것이다). 내 친구는 옛 찬미자로부터 슈킨이라는 별명을 물려받았다. 한편 슈킨은 '틴'과 운이 맞는다. 이 대목에서, 런던 사투리의 각운 맞추기와도 비슷한 조작이 끼어들었다. BBC 라디오의 〈군 쇼〉에 '그릿피프 틴'이라는 인물이 나왔다. 그래서 친구는 '그릿피프 슈킨' 대령이 되었고, 그것이 나중에 '대령'으로 준 것이다. 우리는 〈군 쇼〉를 사랑했고, 등장인물들의 목소리를 경쟁적으로 흉내냈다. 블루보틀, 에클스, 데니스 블러드녹 소령, 헨리 크룬, 짐 모리아티 백작…. 그리고 서로에게 '대령'이니 '백작'이니 하는 〈군 쇼〉 별명을 붙였다.

당시 우리의 지저분함은 오늘날의 청결 검사를 결단코 통과하지 못할 것이다. 럭비 시합이 끝나면 우리는 '샤워'를 했다. 짐작하기로 옛날 언젠가는 실제로 샤워 시설이 있었을 것이다. 어쩌면 다른 기숙사에는 그때도 제대로 된 샤워기가 있었을지도 모른다. 그러나 론디머 하우스의 샤워실에 남은 것이라고는 세라믹으로 된 직사각형 바닥 부분뿐이었다. 우리는 거기에 더운 물을 채웠다. 사내아이 둘이 무릎을 끌어안은 채 얼굴을 맞대고 앉아 있기에 겨우 알맞은 크기였다. 우리는 줄지어 '샤워'를 했고, 럭비 선수 열다섯 명이 다 들어갔다 나온 '물'은 물이라기보다 희석한 진흙탕이었다. 이상하게도 우리는 맨 마지막 쌍으로 들어가기를 꺼리지 않았다. 오히려 기다리는 사람들을 위해서 후딱 나올 필요 없이 따뜻한 물속에서 뭉그적거릴 수 있어 좋았다. 나는 다른 사람 열네 명이 몸을 담근 진흙물에 들어가는 것을 꺼리지 않았고, 다른 남자와 함께 나체로 그 작은 욕조에 들어가는 것도 꺼리지 않았다. 둘 다 지금은 진저리 치게 싫어하는 일인데도 말이다. 우리가 과거의 자신과 같은 인간이 아님을 보여주는 또 하나의 증거가 아닐까.

아운들은 부모님의 기대에 미치지 못했다. 자랑거리였던 공작실은 실패였다. 적어도 내 경우에는. 학교는 럭비팀을 지나치게 치켜세웠고, 지성이나 학문적 소양이나 그밖에도 샌더슨이 육성했던 거의 모든 자질을 지나치게 폄하했다. 그래도 내 마지막 학년 때만큼은 주위 친구들이 드디어 정신의 가치를 깨닫기 시작했다. 젊고 총명한 역사 선생님이 우리 6학년을 대상으로 '컬로퀴엄'이라 불린 지적인 토론 모임을 결성했다. 모임에서 정확히 뭘 했는지는 기억나지 않는다. 열성적인 대학생들처럼 논문을 읽기도 했던 것 같다. 그 못지않게 열성적으로, 모임 밖에서도 우리는 서로의 지성을 평가했다. 짐짓 고상한 척하는 속물적인 분위기는 존 베처먼이 다음 시구에서 포착한 분위기와 크게 다르지 않았다.

> 객관적으로 우리 휴게실은 작은 아테네 도시국가와도 같았지…
> 루이스를 빼고는. 걔도 괜찮긴 하지만, 정말 걔가 일류라고 생각해?

나, 그리고 같은 기숙사에 살았던 다른 두 친구는 열일곱 살이었던 마지막 학년에 전투적인 반종교주의자가 되었다. 우리는 예배당에서 무릎 꿇기를 거부했다. 팔짱을 끼고 입을 다문 채, 고개를 숙이고 웅얼거리는 정수리들의 바다에서 자랑스럽게 솟아난 화산섬처럼, 반항적으로 우뚝 서 있었다. 영국국교회가 으레 그렇듯이, 학교는 점잖았고 전혀 불평하지 않았다. 우리가 예배를 아예 빼먹어도. 좌우간 이 대목에서 그때로 돌아가, 내가 신앙을 잃은 과정을 복기해볼 필요가 있겠다.

나는 영국국교회의 견진성사를 받은 상태로 아운들에 입학했다.

첫해에는 심지어 성찬식에도 몇 번 참석했다. 아침 일찍 일어나서 검은새와 개똥지빠귀가 지저귀는 소리를 들으며 햇살 환한 예배당 앞마당을 걸어가는 것이 좋았다. 성찬식 후 먹을 아침을 기대하며 떳떳한 허기를 느끼는 것도 좋았다. 시인 앨프리드 노이스(1880~1958)는 이렇게 쓴 적이 있다. '가끔 종교의 근본적인 실체에 의구심이 들어도, 단 하나의 기억으로 의심을 몰아낼 수 있다. 아침 일찍 성찬식에 다녀온 아버지의 얼굴을 환하게 밝히던 빛의 기억으로.' 어른이 믿기에는 황당하리만치 한심한 논증이지만, 열네 살의 내 상태는 딱 그렇게 요약할 수 있었다.

다행히, 오래지 않아 나는 더 예전에 품었던 의심으로 돌아갔다. 내가 처음 의심을 품은 것은 아홉 살쯤이었다. 어머니가 기독교는 여러 종교 중 하나고 그 종교들은 서로 모순된다는 사실을 말해주었던 것이다. 여러 종교가 전부 옳을 순 없을 텐데, 그렇다면 왜 순전히 출생의 우연에 따라 내가 몸담고 자란 이 종교만을 믿어야 하나? 아운들에서 성찬식에 참가한 기간은 짧았고, 이후에 나는 기독교 교리를 전혀 믿지 않게 되었다. 나아가 모든 구체적인 종교를 경멸하게 되었다. 특히 '총고해' 성사의 위선에 치가 떨렸다. 그 성사에서 우리는 다 함께 입을 모아 자신이 '가련한 죄인'이라고 중얼거려야 했다. 그런데 다음 주에도, 그다음 주에도, 심지어 평생 할 말이 똑같이 적혀 있다는 사실은(더구나 1662년부터 반복된 내용이다) 우리가 앞으로도 가련한 죄인에서 벗어날 의향이 없음을 알리는 신호나 마찬가지 아닌가. '죄'에 대한 집착과 모든 인간이 아담으로부터 물려받은 원죄 속에 태어났다는 바오로적 믿음은(성 바오로는 아담이란 인물은 실존하지 않았다는 난처한 사실을 알지 못했다) 기독교의 가장 고약한 특징 중 하나다.

그러나 나는 구체적이지 않은 모종의 창조자에 대한 믿음만큼은 굳게 지켰다. 이유는 거의 전적으로 생명계의 아름다움과 설계된 듯한 구조에 깊은 인상을 받은 탓이었다. 많은 사람처럼 나 또한 설계된 것처럼 보이는 무언가가 존재한다면 마땅히 그 설계자도 존재해야 한다는 잘못된 논증에 넘어갔다. 이 논증의 초보적인 오류를 그때까지 깨닫지 못했다고 털어놓자니 부끄러울 따름이다. 그 오류란, 우주를 설계할 수 있는 신이 있다면 그가 자기 자신을 설계할 방법도 있어야 한다는 점이다. 그렇지 않고 아무것도 없는 상태에서 설계자가 나타날 수 있다고 가정한다면, 애초에 그가 설계했다는 다른 존재들에게도 똑같은 아량을 적용해서 이른바 매개자를 없애버리면 되지 않겠는가? 사실 어느 쪽이든 상관없다. 다윈이 이미 생물학적 설계에 대해 멋지고 강력한 대안을 제공했고, 이제 우리는 다윈이 옳다는 사실을 알기 때문이다. 다윈의 설명은 원시적 단순함에서 시작해 점진적으로 수준을 높임으로써 끝내 생물체가 보여주는 놀라운 복잡성까지 나아갈 수 있다는 점에서 훨씬 더 우월하다.

그러나 당시에는 '세상이 이토록 아름다우니 설계자가 있는 게 분명해' 논증이 나를 휘어잡았는데, 그 신념을 강화한 사람은 다른 누구도 아닌 엘비스 프레슬리였다. 대부분의 친구들처럼 나 또한 정신이 나갈 정도로 열렬한 엘비스 팬이었다. 그의 음반은 나오자마자 샀다. 〈하트브레이크 호텔〉, 〈하운드 독〉, 〈블루 문〉, 〈올 슉 업〉, 〈돈 비 크루얼〉, 〈베이비 아이 돈 케어〉… 내 마음속에서 엘비스의 노래는 많은 친구가 사춘기의 여드름과 씨름하면서 바르던 연고의 희미한 황 냄새와 뗄 수 없이 이어져 있다. 지금 생각하니 참 적절한 연상이다. 한번은 내가 집에서 〈블루 스웨이드 슈즈〉를 크게 불러젖히다가 톡톡히 망신을 당했다. 혼자 있다고 생각했는데, 아버지가 내 목소리가 들리는 곳에 있었던 것이다. "나를 넘어뜨려도 좋아 / 내 얼굴을 짓밟아 / 내 이름을 더럽혀 / 온 사방에." 이 노래에서 엘비스 프레슬리를 흉내내려면, 현대의 랩가수가 그러는 것처럼 독기를 품은 듯 거칠게 발음해야 한다. 나는 아버지에게 내가 모종의 발작을 일으킨 것도 아니고 투렛증후군이 있는 것도 아님을 확인시키느라 후회막급한 심정으로 진땀을 뺐다.

요컨대 나는 엘비스를 숭배했고, 특정 종교와는 무관한 창조자로서의 신을 믿었다. 그러던 어느 날, 우리집이 있는 치핑 노턴 마을에서 가게 앞을 지나다가 〈나는 믿습니다〉라는 노래가 수록된 앨범 〈계곡의 평화〉가 나온 것을 보았다. 그 순간, 모든 것이 하나로 합쳐졌다. 나는 그 자리에 얼어붙었다. 엘비스가 신을 믿다니! 나는 정신 나간 사람처럼 흥분해, 가게로 뛰어들어가 음반을 샀다. 서둘러 집으로 가 재킷에서 음반을 꺼내고 턴테이블에 걸었다. 그리고 기쁜 마음으로 들었다. 왜 아니겠는가. 내 영웅이 자연의 경이로움을 볼 때마다 믿음이 깊어지는 것을 느낀다는데. 내 정서도 정확히 그렇지 않은가! 그것은 하늘이 보낸 신호였다. 엘비스가 신을 믿는다는 사실이 왜 놀랍게 느껴졌는지 지금은 이해가 안 된다. 엘비스는 변변히 교육받지 못한 미국 남부 노동자 집안 출신이었다. 그가 어떻게 신을 *믿지 않*을 수 있었겠는가? 그런데도 나는 놀랐다. 그리고 엘비스가 뜻밖의 이 음반으로 내게 개인적으로 말을 건 것이라고 반쯤 믿어버렸다. 엘비스는 내게 창조자 신의 존재를 사람들에게 알리는 일에 평생을 바치라고 말하고 있었다. 내가 아버지처럼 생물학자가 된다면, 그 일에 특별히 적합할 것이었다. 그러니 그것이 내 천직 같았다. 게다가 다른 사람도 아니고 신이나 다름없는 엘비스가 소명을 전달하지 않았는가.

그 시기의 광적인 믿음이 자랑스럽지는 않다. 그 기간이 길지 않았다고 말할 수 있어서 기쁠 뿐이다. 나는 생명의 아름다움과 설계된 듯한 구조에 대한 설명으로서 창조자 신보다는 다윈의 진화 이론이 더 강력한 대안이라는 사실을 차츰 깨달았다. 다윈의 이론을 처음 알려준 사람은 아버지였는데, 처음에 나는 원리는 이해했어도 그 이론이 그렇게 큰 일을 해낼 만큼 대단하다고는 생각하지 않았다. 나는 학교 도서관에서 읽은 버나드 쇼의 《므두셀라로 돌아가라》 서문 때문에 다윈 이론에 대한 선입견을 갖고 있었다. 쇼는 특유의 유창하면서도 혼란스러운 논리로 (좀 더 목적론적인) 라마르크적 진화를 옹호했고, (좀 더 기계론적인) 다윈주의적 진화를 비난했다. 나는 쇼의 유창함에 휘둘려 혼란에 빠졌고, 자연선택에 그런 일을 해낼 힘이 있을까 의심하는 시기를 거쳤다. 그러나 결국에는 친구의 설득에 이끌려—나중에 함께 예배당에서 무릎 꿇기를 거부한 두 친구 중 하나로, 둘 다 생물학자는 아니다—다윈의 눈부신 이론이 얼마나 강력한지를 깨달았고, 열여섯 살 무렵에는 고지식한 유신론적 믿음의 마지막 허물까지 벗어냈다. 얼마 지나지 않아서는 굳세고 전투적인 무신론자가 되었다.

앞에서 학교 당국은 내가 예배당에서 무릎 꿇지 않는 것을 국교회답게 점잖게 받아들이고 못 본 척했다고 말했다. 그 말은 완벽한 사실은 아니다. 그렇지 않은 사람이 최소한 두 명 있었다. 첫 번째는 당시 내게 영어를 가르치던 플로시 페인 선생님으로, 허리를 꼿꼿하게 세우고 우산을 받친 채 자전거를 타는 모습으로 학생들에게 익숙한 사람이었다. 선생님은 수업 시간에 공개적으로 나를 불러세워, 왜 예배당에서 무릎 꿇지 않는 반항을 주동하는지 설명해보라고 했다. 유감스럽게도 나는 내 의향을 제대로 설명하지 못했다. 그 기회에 친구들을 내 쪽으로 끌어들이는 대신, 영어 수업 시간은 그런 토론에 적합한 자리가 아니라는 식으로 초라하게 더듬거리면서 움츠러들었다.

두 번째는 최근에야 전해들은 이야기인데, 내 기숙사 사감이었던 피터 링이 (좀 순응적이고 보수적이기는 해도 좋은 사람이었다) 동물학 선생님 요안 토머스에게 전화를 걸어 나에 대한 걱정을 표현했다고 한다. 최근에 토머스 선생님이 내게 보낸 편지에 따르면, 그때 그는 링 선생님에게 나 같은 '학생에게 일요일에 두 번씩 예배를 보라고 하면 나쁜 영향만 끼칠 것'이라고 대답했다. 그러자 '말없이 전화가 끊어졌다'.

링 선생님은 우리 부모님도 만났다. 함께 차라도 마시면서 예배당에서의 내 반항적인 행동에 대해 허심탄회하게 의논해보려고 불렀던 것이다. 당시에 나는 그런 일이 있는 줄 까맣게 몰랐다가, 얼마 전에야 어머니에게 들었다. 링 선생님은 부모님에게 나를 설득해서 태도를 바꿔달라고 부탁했다. 아버지는 (어머니의 회상에 따르면 대충) 이렇게 대답했다. "아이를 그런 식으로 통제하는 것은 우리 소관이 아닙니다. 그건 학교가 처리할 문제죠. 죄송하지만 선생님의 부탁은 거절하겠습니다." 그 일에 대한 부모님의 태도는 그깟것이 뭐가 중요하냐는 투였다.

앞에서 말했듯이, 링 선생님은 나름대로 좋은 사람이었다. 내 동기이자 같은 기숙사에서 산 친구가 최근에 이런 재밌는 이야기를 들려주었다. 친구가 어느 날 교칙을 어기고 대낮에 기숙사로 올라가서 어느 하녀와 한창 입을 맞추고 있었다. 그때 쿵쿵 계단을 올라오는 발소리가 들렸다. 두 사람은 당황했고, 친구는 황급히 젊은 여인을 치켜들어 창틀에 세우고는 커튼으로 여자의 몸을 가렸다. 방으로 들어온 사람은 링 선생님이었다. 그는 창문 셋 중 하나에만 커튼이 쳐진 사실을 틀림없이 눈치챘을 것이다. 설상가상, 친구가 경악하며 목도한바, 커튼 밑에 여자의 발이 뻔히 보이게 튀어나와 있었다. 친구는 링 선생님이 사태를 다 알아차리고도 아마 '사내들이 그렇지 뭐' 하는 이유에서 눈감아주었다고 믿는다. "이 시간에 왜 기숙사에 있지?" "양말 갈아신으러 왔습니다." "아, 그래. 어서 내려가라." 링 선생님에게는 얼마나 현명한 판단이었는지! 그 친구는 나중에 우리 세대 졸업생 중에서 제일 성공한 사람이 되었다. 세계 최대 다국적기업 중 한 곳에서 최고경영자가 되었고, 작위까지 받았다. 그리고 모교의 너그러운 후원자가 되어, 다른 일도 많이 했지만 무엇보다도 '피터 링 장학금'을 만들었다.

큰 학교의 교장은 학생들과는 거리가 있고 무서운 존재다. 구부정한 거스 스테인포스는 한 학기만 나를 가르쳤다. 신학이었다. 다들 그를 두려워했다. 우리는 《천로역정》을 읽었고, 별반 유쾌하지 않은 그 책을 각자 예술적으로 해석한 그림을 그려내야 했다. 그는 아운들의 임기가 절반쯤 지났을 때 자신의 모교인 웰링턴의 교장이 되어 돌아갔다. 뒤를 이은 사람은 딕 나이트였다. 우람하고 운동선수 같았던 그는 땅에서 멋지게 공을 쳐내는 능력으로(윌트셔에서 크리켓 선수로 활약했다고 한다), 또한 연례 오라토리오 공연에서 '비합창단'과 함께 멋지게 노래하는 태도로 우리의 존경을 샀다. 그는 대형 롤스로이스를 몰았는데, 높고 당당하게 솟은 차체로 추측하건대 1920년대 골동품이었지 싶다. 날렵하게 그르렁거리는 후대 모델들과는 달랐다. 내가 다른 학생 하나와 함께 옥스퍼드 입학시험을 치르고 각자 선택한 칼리지에서 면접을 보던 날, 마침 그가 업무차 옥스퍼드를 방문했다. 우리가 가 있다는 사실을 안 나이트 부부는 친절하게도 골동품 롤스로이스에 우리를 태워 아운들까지 데려왔다. 도중에 그는 기독교에 대한 내 반항적 행위를 조심스럽게 대화 소재로 꺼냈다. 나이트처럼 점잖고 인간적이고 지적인 기독교인, 그야말로 영국국교회의 관용적 태도를 체현한 듯한 사람과 대화하는 것은 신선한 경험이었다. 그는 내 동기가 진심으로 궁금한 듯했고, 비난하려는 의도는 전혀 없었다. 오랜 시간이 흐른 뒤, 젊은 시절 뛰어난 고전학자이자 탁월한 운동선수였던 그가 은퇴 후 오픈 유니버시티에서 수학 학위를 땄다는 사실을 그의 부고에서 읽었다. 조금도 놀랍지 않았다. 아마 샌더슨도 그를 사랑했을 것이다.

아버지와 할아버지는 내가 아운들을 졸업한 뒤 옥스퍼드 베일리얼 칼리지가 아닌 다른 곳에 진학한다는 생각은 꿈에도 하지 않았다. 당시 베일리얼은 옥스퍼드 최고의 칼리지로서 명성을 유지하고 있었다. 입학시험 등급표에서 상위를 차지했고, 전 세계 작가, 학자, 정치가, 총리, 대통령 등 눈부신 졸업생들의 자랑스러운 모교였다. 부모님은 요안 토머스를 찾아가서 내 전망을 물었고, 토머스 선생님은 현실적으로 솔직하게 대답했다. "글쎄요, 옥스퍼드에 간신히 들어갈 순 있겠지만, 베일리얼은 너무 높은 목표가 아닐까 싶습니다."

트머스 선생님은 내가 베일리얼에 들어갈 실력이 못 된다고 판단했을지도 모른다. 그러나 그는 훌륭한 교사였기에, 아무튼 내가 최선을 다해봐야 한다고 믿었다. 그는 정기적으로 저녁에 나를 자기 집으로 불러 과외를 해주었다(물론 돈은 받지 않았다. 그는 그런 선생님이었다). 기적적으로, 나는 베일리얼에 합격했다. 그보다 더 중요한 사실은 내가 옥스퍼드에 들어가게 되었다는 점이었다. 인생에서 나를 만든 것이 있다고 한다면, 그것은 바로 옥스퍼드였다.

RICHARD DAWKINS

9

꿈꾸는 뾰족탑

The Making of a Scientist

"도킨스 씨? 여기 사인 부탁합니다. 세 형님분을 기억하는데요. 한 분은 아주 훌륭한 윙어였죠. 선생님은 럭비를 안 하실 것 같은데요?"

"네, 저는 안 합니다. 그리고, 어, 사실 저는 형이 없어요. 제 아버지하고 두 삼촌을 말씀하시는 것 같아요."

"맞습니다, 선생님. 아주 훌륭한 젊은 신사들이셨죠. 여기 사인 부탁합니다. 선생님은 11번 계단 3번 방이고, 존스 씨와 함께 쓰십니다. 다음 분?"

대화는 대충 이랬다. 당시 적어두지는 않았다. 베일리얼 칼리지의 수위는 볼러햇을 쓴 직업에 걸맞게 세월을 잊은 시선을 갖고 있었다. 젊은 신사들은 왔다 가도 칼리지는 영원한 법. 베일리얼 칼리지는 내가 재학하는 동안 개교 700주년을 맞았다. 충성스럽고 오래된 볼러햇 직업 이야기를 꺼냈으니 말인데, 현재 내가 재직하는 뉴 칼리지(1379년에는 분명 '뉴(새로운)' 칼리지였겠지)의 수석 수위에게 최근에 들은 이야기를 하고 싶어 못 견디겠다. 경력이 없는 신참 수위가 있었다고 한다. 그는 수위들이 작성하는 기록부가 정확히 어떤 것인지를 아직 파악하지 못했다. 처음 야간근무를 선 날, 그가 한 시간 간격으로 기록부에 쓴 내용은 다음과 같았다(대충 이랬다는 말이고, 상세한 내용은 달랐을 것이다).

> 오후 8시. 비가 내림.
> 오후 9시. 계속 비.
> 오후 10시. 비가 더 세게 내림.
> 오후 11시. 비가 아까보다 더 세게 내림. 순찰 돌 때 모자에 후두둑 부딪치는 소리가 들렸음.

설명이 필요할 것 같은데, 옥스퍼드는 연합 대학이다. 서른 개 남짓한 칼리지들의 연합체라는 뜻이다. 베일리얼 칼리지는 그중에서도 가장 오래된 세 칼리지 중 하나로 자처한다. 후대에 지어진 칼리지들을 제외한 대부분의 칼리지는 쿼드랭글이라는 사각형 안뜰을 둘러싼 건물들로 이뤄져 있다. 아름답고 오래된 건물들은 호텔이나 여느 기숙사처럼 가로로 복도가 나 있고 복도를 따라 양옆으로 방이 늘어선 구조가 아니다. 쿼드랭글로 난 많은 출입문은 곧장 계단으로 이어지고, 각 계단이 서너 층쯤 올라가면서 여러 방으로 이어진다. 각 방은 계단 번호와 그 계단 안에서 매겨진 방 번호로 식별된다. 따라서, 가까운 이웃 방을 방문하려면 일단 쿼드랭글로 나갔다가 다른 계단 출입구로 들어가야 할 수도 있다. 내가 다니던 시절에는 계단마다 하나씩 화장실이 있었기 때문에, 예전처럼 가운을 걸치고 한데로 나갈 필요가 없었다. 요즘은 아예 방마다 화장실이 설치된 경우가 많다. 우리 아버지라면 '한심한 응석받이' 짓이라고 말씀하셨으리라. 내가 짐작하기로 방마다 화장실을 설치한 주된 동기는 수익성 좋은 사업을 조달하기 위해서였을 것이다. 옥스퍼드와 케임브리지의 모든 칼리지는 부지런히 그런 장사를 하고 다닌다.

옥스퍼드와 케임브리지의 칼리지들은 재정적으로 독립된 자치 기관이다. 옥스퍼드 세인트존 칼리지나 케임브리지 트리니티 칼리지 같은 몇몇 곳은 대단히 부유하다. 말이 나왔으니 말인데, 트리니티는 돈뿐만 아니라 업적도 대단히 풍성하다. 그 칼리지 하나가 배출한 노벨상 수상자 수가 미국, 독일, 프랑스, (당연히) 영국을 제외하고는 다른 어떤 국가의 수상자 수보다 많으니까 뻐길 만하지 않은가. 옥스퍼드도 대학 전체로는 똑같이 뻐길 수 있지만, 옥스퍼드의 어느 한 칼리지가 트리니티에 필적하지는 못한다. 베일리얼은 옥스퍼드 칼리지들 중에서는 노벨상 수상자 수가 일등이지만 트리니티에는 못 댄다. 방금 알아차린 사실인데, 내 아버지는 옥스퍼드 베일리얼에서도 공부하고 케임브리지 트리니티에서도 공부한 몇 안 되는 사람 중 한 명이다.

옥스퍼드든 케임브리지든, 칼리지들과 대학의 관계는 미국 주정부들과 연방정부처럼 사뭇 불편한 긴장관계다. 과학의 발흥은 '연방정부'(대학)의 힘과 중요성을 증대시키는 결과를 낳았다. 과학 연구는 칼리지들이 제각각 수행하기에는 너무나 큰 사업이기 때문이다(한두 곳은 19세기까지도 독자적으로 해보려고 노력했지만 말이다). 과학 학부들은 대학 소속이다. 내 옥스퍼드 생활을 지배한 것도 칼리지가 아니라 대학 동물학부였다.

앞에서 말한 수위는 나를 "도킨스 씨"라고 부른—그러니까 어른으로 대한—최초의 사람이었을 것이다("선생님"은 말할 것도 없다). 나는 그런 취급에 익숙하지 않았다. 내 세대 대학생들은 실제보다 더 어른스러워 보이려고 사뭇 의식적으로 노력했던 것 같다. 나중 세대는 오히려 반대로 기울어, 티셔츠에 달린 후드나 야구모자를 아무렇게나 덮어쓰고 륙색을 헐겁게 늘어뜨리고 가끔은 청바지를 그보다 더 헐겁게 늘어뜨렸다. 그러나 우리 세대는 팔꿈치에 가죽 패치가 붙은 트위드 재킷, 말쑥한 조끼, 코듀로이 바지, 챙이 좁은 중절모, 콧수염, 넥타이, 심지어 보타이를 선호했다. 몇몇은 화룡점정 격으로 파이프 담배까지 물었다(아버지의 선례가 있음에도 불구하고 나는 아니었다). 이런 가식은 동료 신입생들 중 많은 수가 우리보다 두 살 연상이었던 데서 비롯됐을 것이다. 내 동년배는 징집을 겪지 않은 거의 첫 전후 세대였고, 1959년에 퍼블릭 스쿨에서 대학으로 바로 진학한 우리는 아이나 마찬가지였다. 그런 우리가 군사 훈련을 받은 진짜 *남자*들과 함께 강의실, 쿼드랭글, 식당을 이용했으니, 얼른 자라서 성인으로 진지하게 대접받고픈 마음이 들었을 만도 하다. 우리는 엘비스를 버리고 바흐나 모던 재즈 쿼텟을 들었다. 키츠와 오든과 마벌을 엄숙하게 서로 읊어주었다. 치앙 이는 《옥스퍼드의 조용한 여행자》라는[14] 매력적인 책에서 나보다 약간 앞선 시기의 학교 분위기를 잘 그려냈는데, 우아한 중국 문체로 신입생 한 쌍을 묘사한 대목이 있다. 두 신입생은 칼리지 기숙사 계단을 두 단씩 껑충껑충 올라가고 있었다. 치앙 이가 예민하게 포착해 기분 좋게 묘사한 광경은 다음과 같다. '그들이 신입생이라는 사실은 한 학생

이 다른 학생에게 이렇게 말하는 것으로 알 수 있었다. "셸리 많이 읽어봤어?"'

군대가 소년을 남자로 만든다는 주장은 워덤 칼리지의 전설적인 학장 모리스 바우러의 귀여운 일화에 깔린 배경이다(바우러에 관한 일화는 워낙 많아서 얘기하지 않는 편이 좋겠으나, 이 일화는 그중에서도 유독 귀엽다). 전쟁 직후, 바우러는 칼리지에 입학 지원한 어느 청년을 면접했다.

"선생님, 솔직히 말씀드리면, 제가 전쟁에 나가 있었기 때문에 라틴어를 몽땅 잊었습니다. 입학 자격 시험에서 라틴어 시험을 통과하지 못할 겁니다."

"아, 자네, 그건 걱정하지 말게. 전쟁은 라틴어로 쳐줘. 전쟁은 라틴어로 쳐준다고."

1959년에 의무 병역을 마치고 입학한 연상의 동급생들은 바우러의 지원자만큼 '전투로 다져진' 사람들은 아니었다. 그래도 그들에게서는 세상을 아는 어른 같은 분위기가 풍겼다. 나와는 달랐다. 앞에서 말했듯이, 우리 동기 중에서 파이프 담배, 보타이, 깔끔하게 다듬은 콧수염으로 어른을 가장했던 친구들은 제대 군인들과 보조를 맞추려고 애쓴 것이었는지도 모른다. 요즘 대학생들은 정반대로 더 어려 보이고 싶어 한다는 내 추측이 옳을까? 요즘 새 학년이 시작되면, 대학 게시판에 이런 공지들이 나붙는다. '신입생들! 외롭나요? 뭐가 뭔지 모르겠나요? 엄마가 보고 싶나요? 우리한테 와서 커피라도 마시면서 수다 떨어요. 우리는 여러분을 사랑합니다.' 이렇듯 애정 어린 초대는 내 대학 첫 학기의 게시판에서는 상상할 수 없었다. 그때는 우리에게 이곳은 어른들의 세계라는 느낌을 주려고 의도한 공지들이 붙어 있었다. "내 우산을 '빌려간 신사'께서는…."

나는 생화학 전공을 신청했다. 나를 면접한 튜터는 나중에 트리니티 학장이 되는 친절한 샌디 오그스턴이었다. 그는—천만다행으로—나를 생화학자로 받아주기를 거절했지만(자신이 생화학자로서 직접 나를 가르쳐야 했기 때문이리라), 대신 동물학 전공이 어떠냐고 제안했다. 나는 고맙게 받아들였다. 알고 보니 동물학이야말로 내게 완벽한 전공이었다. 생화학은 동물학만큼 열정적인 흥미를 일으키진 못했을 것이다. 오그스턴 박사는 근사한 회색 턱수염이 암시하듯이 현명한 사람이었다.

베일리얼에는 동물학 담당 튜터가 없었다. 나는 칼리지를 벗어나, 서글서글한 피터 브루넷이 소속된 동물학부로 보내졌다. 브루넷이 직접 튜터로서 나를 지도하거나 다른 튜터들과의 개인 교습을 주선할 것이었다. 브루넷 박사에게 처음 개인 지도를 받을 때 겪은 사건은 내가 퍼블릭 스쿨 학생의 자세를 벗고 대학생의 자세를 배운 계기였다. 어느 날 내가 브루넷 박사에게 발생학에 관한 질문을 던졌다. 그는 "모르겠는데"라고 대답하더니, 파이프를 빨면서 곰곰이 생각했다. "흥미로운 질문이야. 피슈베르크한테 물어서 알려주지." 피슈베르크 박사는 동물학부의 고참 발생학자였으니, 브루넷은 합리적으로 반응한 것뿐이었다. 그러나 당시에 나는 그 태도에 어찌나 감명을 받았던지, 부모님에게 보내는 편지에도 썼다. 튜터가 내 질문의 답을 몰라서 전문가 동료에게 물어 알려주겠다고 하다니! 어른들의 게임에 낀 기분이었다.

스위스 출신인 미하엘 피슈베르크는 스위스 독일어 억양이 강했다. 강의에서 그가 '통크 바tonk bar'라는 걸 자주 언급했던 기억이 나는데, 학생들 대부분은 아마 공책에 계속 '통크 바'라고 받아쓰다가 그가 그 단어를 칠판에 적는 걸 보고서야 '텅 바tongue bar'임을 알아차렸을 것이다. 그것은 배아가 발생의 특정 단계에서 드러내는 어떤 속성을 가리키는 용어였다. 재미나게도 피슈베르크 박사는 옥스퍼드에 있는 동안 영국의 국기國技에 열광하게 되어, 동물학부 크리켓팀을 창설하고 주장을 맡았다. 그는 정말 특이한 방식으로 공을 던졌다. 야구와는 달리 크리켓에서는 투수가 팔을 편 채 던져야 한다. 내던지는 행동은 엄격히 금지된다. 팔을 굽혀선 안 되는 것이다. 그런 제약이 있으므로, 공에 조금이라도 속도를 붙이려면 투수가 멀리서 달려오면서 공을 던져야 한다. 오스트레일리아의 막강한 제프 톰슨('토모')처럼 세계에서 제일 빠른 투수들은 공 속도가 시속 160킬로미터까지 나는데(팔을 굽히고 던지는 야구 선수에 맞먹는다), 그들은 빠르게 달려오면서 발걸음과 우아하게 리듬을 맞추는 동작으로 팔을 위로 뻗은 뒤 공을 내놓는다. 피슈베르크 박사는 그렇지 않았다. 그는 배트맨을 마주 보고 꼿꼿하게 서서 집중하고는, 뻗은 팔을 수평으로 들어 세심하게 위킷을 겨냥한 뒤, 단번에 팔을 올려 원을 그리다가 꼭대기에 다다랐을 때 공을 내놓았다.

내 크리켓 실력은 형편없었다. 그러나 동물학부가 나보다 나은 사람을 찾지 못해서 정말로 다급할 때면 꼬임에 넘어가 선수로 뛰었다. 그래도 크리켓 경기 관람은 꽤 좋아한다. 주장이 배트맨 주변에 수비수를 배치하는 전략이 흥미롭게 느껴진다. 꼭 체스 선수가 자기 말을 잘 배치해 상대의 킹을 포위하는 것 같다. 옥스퍼드대학 공원에서 경기하는 모습을 직접 본 선수들 중 제일 뛰어났던 사람은 옥스퍼드대학팀 주장이자 베일리얼 칼리지에서 나와 같은 학년이었던 파타우디의 나와브('타이거')였다(나와브는 인도의 옛 지방군주를 뜻하는 직함으로, 토후국 파타우디의 나와브를 지낸 만수르 알리 칸을 말한다 – 옮긴이). 그가 배트맨일 때 공을 능수능란하게 조종해 수비수를 따돌리는 모습은 숭고할 지경이었다. 그러나 나는 그가 수비수일 때의 모습이 더 인상적이었다. 한번은 배트맨이 공을 친 뒤 파트너에게 쉬운 공이라고 신호한 것 같았는데, 공을 향해 돌진하는 수비수가 타이거 파타우디인 것을 보더니 파트너에게 크리스로 돌아가라고 미친 듯이 소리 질렀다. 슬프게도 타이거는 나중에 교통사고로 한쪽 눈을 잃었다. 그래서 외눈으로 공을 칠 수 있게 자세를 바꿔야 했지만, 그래도 인도 대표팀 주장을 맡을 만큼 실력이 여전히 좋았다.

나는 옥스퍼드가 나를 만들었다고 말했는데, 정확하게는 옥스퍼드와 케임브리지만의 특징인 튜터(개인 지도) 제도라고 해야 한다. 옥스퍼드의 동물학 전공 과정도 당연히 강의와 실습을 제공했지만, 다른 대학에 비해 딱히 더 낫지는 않았다. 좋은 강의도 있고 나쁜 강의도 있었다. 어차피 내게는 상관없었다. 아직 강의를 듣는 목적을 깨닫지 못한 상태였기 때문이다. 강의는 정보를 흡수하는 자리가 아니다. 따라서 내가 했던 행동(거의 모든 대학생이 하는 행동), 즉 생각할 겨를이 없을 정도로 노예처럼 공책에 받아적기 바쁜 행동은 아무 의미가 없었다. 내가 그 습관에서 벗어난 적이 딱 한 번 있었다. 깜박 잊고 펜을 챙기지 않은 날이었다. 나는 너무 수줍어서 옆에 앉은 여학생에게 펜을 빌릴 수가 없었다(남학교를 다닌 데다가 수줍기까지 했으니, 당시에 나는 마치 소년처럼 모든 여학생을 경외했다. 상상해보라. 펜을 못 빌릴 만큼 소심했다면 그보다 더 흥미로운 접촉을 시도할 용기는

22

23

22, 23_ 친할머니 이니드가 수전이라는 개와 함께 호펫 저택의 마당에 앉아 있다. 부모님은 이곳에서 만났고, 전쟁이 터지기 전날 워터 홀에서 결혼했다.

24_ 마당에 나온 다이애나 이모 뒤로 보이는 집이 워터 홀이다.

24

25

26

25, 26, 27_ 1940년 5월 아프리카에 도착하자마자 아버지가 군대에 소집되어, 어머니는 (불법으로) 아버지를 따라 나섰다. 부모님이 탔던 스테이션왜건 '루시 라킷'이 급조된 다리를 건너는 동안 어머니가 강물로 세수하는 모습. 늘 그랬듯이 야영을 하면서 아침을 먹는 모습이 보인다.

27

28_ 아버지의 훈련지가 마침 베이든파월 경의 장례식 장소와 겹쳐, 스카우트 출신으로서 아버지가 운구인으로 차출되었다. 왕립 아프리카 소총대 제복을 입은 모습이 씩씩해 보인다. 옆에서 (발을 엇갈려) 행진하는 사람은 곧 비극적으로 살해될 에롤 경이다.

29_ 전시 케냐의 주부였던 어머니도 나름대로 놀라운 일들을 겪었다. 58쪽에서 이야기했던 암사자 사건을 어머니가 그림으로 그렸다.

30_ 가족 역사에서 중요한 순간들을 기록하기 위해, 어머니는 간간이 여러 장면과 사건을 묘사한 커다란 그림을 그렸다. 이 그림은 어머니가 1989년 금혼식을 맞아 그린 '우리가 다녔던 길'의 일부이다. 아프리카의 풍광을 배경으로 아버지가 소말릴란드에서 탔던 장갑차, 어머니와 내가 씩씩하게 걸어가는 모습, 니아사 호수의 모래사장, 내가 길렀던 카멜레온 '후카리아', 역시 우리가 길렀던 갈라고원숭이 '퍼시', 마콰팔라의 집에서 내가 장난감 화물차에 탄 여동생 세라를 닥스훈트 '투이' 쪽으로 미는 모습이 그려져 있다.

NCHEMA
CHENA
galki
LILONGWE
CHITALA
TIWI
NCHISI
NCHEU

31, 32, 33_ 사진만 봐도 알 수 있듯이, 나는 아기 때부터 아버지를 우러렀다. 아버지를 따라 킬리만자로의 낮은 지대를 오르기도 했다. 아래 사진에서는 직접 내 유모차를 밀겠다고 우기는 나를 바라자가 친절하게 참아주고 있다.

34_ 우리는 나중에 니아살랜드의 마콰팔라로 이사했다. 어머니가 마당에서 바느질 강습을 하는 동안 나는 좀 지루해진 모양이다.

35_ 1946년, 우리는 잠시 휴가를 내어 영국으로 가서 조부모들과 함께 지냈다. 이때 빌 삼촌과 다이애나 이모가 멀리언에서 결혼했고(가운데 줄, 우리 부모님 왼쪽에 있는 두 사람), 온 가족이 키넌스 코브로 소풍을 갔다.

34

35

36

37

38

39

36, 37_ 니아살랜드로 돌아간 뒤, 우리는 릴롱궤에 살았다. 그곳에서 우리의 첫 새 차인 '크리핑 제니'를 구입했다.

38_ 나는 남로디지아의 기숙학교인 이글 스쿨에 들어갔다. 가운데 앉은 사람이 탱크(교장)이고, 그 오른쪽에 앉은 사람이 코퍼스(여사감)와 딕(다른 교사)이다. 나는 같은 줄 왼쪽에서 세 번째에 앉은 아주 작은 꼬마이고, 역시 아주 작았던 데이비드 글린은 오른쪽에서 나와 대칭을 이룬 위치에 앉아 있다. 그 왼쪽이 워티, 그 왼쪽이 폴 선생님이다.

39_ 데이비드와 나는 아름다운 호랑나비를 수집했는데, 어째서인지 데이비드는 이 나비를 '크리스마스 아저씨'라고 불렀다.

얼마나 낼 수 있었겠는가). 그래서 그 강의만큼은 받아쓰지 않고 듣기만 했다. 또한 생각을 했다. 딱히 훌륭한 강의는 아니었지만, 그보다 더 훌륭했던 다른 강의들보다 그 강의에서 더 많이 배웠다. 펜이 없어서 자유롭게 듣고 생각할 수 있었기 때문이다. 그러나 그때 깨달은 교훈으로 이후에도 필기를 하지 않을 만큼 센스가 있지는 않았다.

이론적으로는 복습할 때 필기를 참고하겠다는 생각이었지만, 실제로는 공책을 다시 열어본 일이 없었다. 다른 학생들도 대부분 그랬을 것이다. 강의의 목적은 정보 전달이어서는 안 된다. 그 목적이라면 책도 있고, 도서관도 있고, 요즘은 인터넷도 있다. 강의는 생각을 고취시키고 자극해야 한다. 훌륭한 강사가 내 눈앞에서 혼잣말처럼 중얼거리고, 어떤 생각에 도달하려고 애쓰고, 가끔은 난데없이 나타난 멋진 생각을 잡아내는 광경을 구경하는 것이다. 저명한 역사학자 A. J. P. 테일러가 자주 그랬다. 훌륭한 강사가 말로 생각을 펼치고, 반추하고, 숙고하고, 다른 표현으로 더 명료하게 만들고, 주저하고, 그러다가 덥석 붙잡고, 빨라졌다 느려졌다 하고, 말을 멈추고 잠시 생각에 빠지는 모습. 우리는 이런 모습을 모델로 삼아서 어떤 주제에 대해 생각하는 법과 그 주제에 대한 열정을 남에게 전달하는 법을 배운다. 강사가 책 읽는 것처럼 웅얼웅얼 정보를 읊기만 한다면, 청중은 차라리 직접 읽는 게 나을 것이다. 강사가 쓴 책이 있다면 그 책을 읽으면 되겠다.

절대로 필기하지 말라는 조언은 사실 약간 과장이다. 강사가 독창적인 생각을 꺼냈는데 그 생각이 당신에게 놀랍게 느껴져서 곰곰이 생각해보게 된다면, 어떤 방법으로든 메모해두라. 그래야 나중에 다시 숙고하거나 필요한 부분을 찾아볼 수 있으니까. 하지만 강사가 뱉는 말을 한 문장 한 문장 기록하려고 애쓰는 것은 — 내가 그랬다 — 학생에게는 무의미한 짓이고 강사에게는 힘 빠지는 일이다. 요즘 내가 학생들에게 강의하면, 눈앞에 보이는 것이라고는 공책을 향해 숙인 정수리들뿐이다. 나는 그보다 일반 청중, 도서전, 기념 강연, 대학의 초청 강연이 더 좋다. 그런 곳에 오는 학생들은 교과과정에 있어서 오는 게 아니라 오고 싶어서 오는 것이니까. 대중 강연에서 강사는 푹 숙인 머리와 갈겨쓰는 손이 아니라 초롱초롱한 미소로 이해했음을 알리는 얼굴들을 만난다. 물론 이해하지 못한 표정들일 때도 있지만. 내가 미국에서 강연할 때 담당 교수가 학생들에게 강연에 참석해야 학점을 주겠다고 의무로 고지했다는 사실을 알면, 상당히 언짢아진다. 학점 제도 자체가 애당초 썩 마음에 들지 않는 데다가, 학생들이 내 말을 들어야만 학점을 받을 수 있다는 것은 확실히 싫다.

훗날 내 조언자가 된 니코 틴베르헌은 연체동물 강사로 내 인생에 발을 들였다. 그는 자신이 굴을 좋아한다는 점 말고는 그 동물집단에게 특별한 애정이 없다고 선언했지만, 강사들에게 거의 무작위로 분류군의 문門을 하나씩 나눠주는 동물학부 전통을 묵묵히 따랐다. 강의에서 기억에 남은 것은 니코가 칠판에 재빠르게 그림을 그렸던 것, 굵은 목소리(자그마한 몸집치고는 놀랍도록 굵었다), 억양이 느껴지지만 네덜란드 출신이라고 콕 짚어 알기는 어려운 말투, 다정한 미소(당시 그는 지금의 나보다 훨씬 어렸지만, 그때 내게는 꼭 친척 아저씨처럼 느껴졌다) 등이다. 그는 이듬해에도 우리를 가르쳤다. 이번에는 동물 행동 수업이었다. 자기 전문 주제에 대한 열정 때문에, 아저씨 같은 미소는 더더욱 커졌다. 당시 그의 연구진은 컴벌랜드의 레이븐글래스에서 갈매기 군집을 연구하며 전성기를 맞고 있었다. 나는 그가 틀어준 영상에서 검은 머리 갈매기들이 알 껍질을 둥지에서 치우는 모습을 보고 매혹되었다. 특히 그가 그래프의 축을 설정하는 방식이 마음에 들었다. 그는 천막 기둥을 모래에 눕혀 축으로 사용했다. 그 속에 놓인 알 껍질들이 데이터 점이 되는 것이었다. 얼마나 니코다운지. 얼마나 비非 파워포인트적인지.

수업이 끝나면 매번 실험실에서 실습이 있었다. 나는 실습에 소질이 없었다. 게다가 참으로 어리고 미성숙했던 터라, 실험실에서는 강의실에서보다 더 여학생들에게 마음이 쏠려 산란했다. 나를 가르친 것은 정말이지 튜터 제도뿐이었고, 그 독특한 선물에 대해서는 옥스퍼드에 언제까지나 감사할 것이다. 옥스퍼드의 튜터 제도는 정말로 독특했다. 적어도 과학 분야에서는 케임브리지조차 그 수준에 못 미쳤다. 케임브리지 학생들이 첫 2년 동안 듣는 이른바 '자연과학 트라이포스 1부' 과정은 기특하리만치 광범위하다. 그러나 그렇다 보니 케임브리지 학생들은 옥스퍼드 학생들처럼 (아주 협소하나마) 몇 가지 주제에서 세계적 권위자가 되어보는 — 정말로 세계적 권위자에 아주 약간 못 미치는 정도라고 생각한다 — 짜릿한 경험을 하지 못한다. 나는 이전에 다른 글에서 이 이야기를 한 적이 있다. 그 글은 여러 지면에 발표되었고, 나중에 《옥스퍼드 튜터 제도: "생각하는 방법을 가르쳐주어서 고맙습니다"》라는 책에 실렸다.[15] 내가 지금부터 하는 이야기는 그 글에서 일부 가져왔다.

그 글에서 나는 내가 경험한 옥스퍼드 교육 과정은 '강의 위주'가 아니었다고 지적했다. 많은 학생은 차라리 '강의 위주' 방식이기를 바란다. 수업에서 직접 다룬 주제들을 중심으로, 나아가 오로지 그런 주제들에 대해서만 시험을 치러야 한다고 생각하기 때문이다. 내가 학생일 때는 정반대였다. 시험관의 출제 대상은 동물학의 전 분야였다. 유일한 구속은 어느 해든 예년의 일반적인 선례에서 부당하리만치 멀어져서는 안 된다는 암묵적 관례뿐이었다. 튜터의 개인 지도도 '강의 위주'가 아니었다(요즘은 그런 것 같아 걱정이다). 어디까지나 동물학 위주였다.

마지막에서 두 번째 학기에, 피터 브루넷은 니코 틴베르헌에게 직접 지도받는 귀한 특권을 마련해주었다. 틴베르헌 박사는 동물행동 강의를 온전히 책임지고 있었으니, '강의 위주'로 지도하기에 딱 좋은 입장이었을 것이다. 말할 나위 없는 일이지만, 그는 그러지 않았다. 그가 매주 내준 숙제는 디필DPhil(옥스퍼드에서 박사PhD를 가리키는 말이다) 논문을 하나씩 읽는 것이었다. 나는 논문 검토자가 작성한 내용, 논문이 다룬 주제의 역사적 개요, 후속 연구 제안, 논문이 제기하는 이론적 혹은 철학적 논의 주제를 종합해 보고서를 써냈다. 튜터든 학생이든, 이 숙제가 시험문제에 답하는 데 직접적인 쓸모가 있을 것인가 하는 점은 한순간도 떠올리지 않았다.

또 다른 학기에는 생물학에 대한 내 취향이 자신보다는 좀 더 철학적이라는 사실을 눈치챈 피터 브루넷이 아서 케인에게 지도받도록 주선해주었다. 활기차고 총명한 케인 박사는 당시 동물학부의 떠오르는 스타였다. 훗날 그는 맨체스터대학으로 갔다가 다음에는 리버풀대학에서 동물학 교수를 지냈다. 그의 지도는 어떤 교과과정의 어떤 수업과도 관계가 없었다. 그는 내게 역사책과 철학책만 읽혔고, 그런 책들과 동물학의 관계를 알아내는 것은 온전히 내 몫이었다. 나는 그러려고 노력했고, 그런 공부가 몹시 좋았다. 생물학의 철학을 논했던 햇병아리 시절의 내 글이 딱히 훌륭했다는 말은 아니다. 지금 돌아보면 확실히 별로였다. 그러나 그런 글을 쓰면서 느꼈던 희열, 그리고 도서관에서 책을 읽으면서 진짜 학자가 된 것처럼 느꼈던 기분은 단언컨대 결코 잊지 않았다.

동물학의 일반적인 주제를 다루는 숙제들, 달리 말해 주류에 가까운 숙제들도 마찬가지였다. 우리가 수업에서 가령 불가사리의 수관계를 배웠는지 아닌지는 기억에 없다. 어쩌면 배웠을 수도 있지만, 내 튜터가 그 주제를 숙제로 낸 것은 수업과는 아무런 관계가 없었다. 불가사리의 수관계는 내가 지금까지도 내용을 상세하게 기억하는 몇몇 전문적 주제 중 하나인데, 그런 주제들을 기억하는 이유는 다 같다. 내가 그런 주제들에 대한 보고서를 썼기 때문이다. 불가사리는 붉은 피가 없다. 그 대신 바닷물을 끌어들여, 몸통 중앙의 고리에서 다섯 개의 팔로 가지를 뻗어나간 정교한 관 체계 속에서 끊임없이 순환시킨다. 끌어들인 바닷물은 독특한 수압 체계로 작동해, 다섯 개의 팔에 줄줄이 난 수백 개의 자그마한 관족들을 움직인다. 관족 끝에는 작은 빨판들이 붙어 있다. 이것들이 앞뒤로 움직여서 불가사리를 특정 방향으로 이끈다. 관족들은 한 덩어리로 움직이는 게 아니라 반쯤 자율적이다. 입을 둘러싼 신경 고리가 관족들에게 명령을 내리므로, 어쩌다 그 신경이 절단되면 서로 다른 팔의 관족들이 서로 다른 방향으로 움직여서 불가사리가 반으로 찢어진다.

이처럼 나는 불가사리의 수관계에 관한 사실들을 죄다 기억하지만, 중요한 것은 사실들이 아니다. 우리가 그 사실들을 발견하도록 격려받았던 방식이 중요하다. 우리는 교과서만 파고들지 않았다. 도서관에 가서 옛날 책들과 새 책들을 살펴보았다. 연구자들의 논문을 추적했다. 그래서 결국 그 주제에 관해서는 일주일 만에 가능한 한 최대한의 수준으로 거의 세계적 권위자에 가깝게 통달했다(요즘이라면 이런 작업을 대부분 인터넷으로 할 것이다). 주 단위로 진행된 개인 지도 덕분에, 우리는 불가사리의 수관계에 대해 그냥 *읽고* 마는 것이 아니었다. 어떤 주제든 마찬가지였다. 일주일 동안 나는 불가사리의 수관계와 함께 먹고 자고 꿈꿨다. 감은 눈 뒤에서 관족들이 행진했고, 차극이라고 불리는 수력학적 구조들이 꿈틀거렸고, 꾸벅꾸벅 조는 내 뇌 속에서 바닷물이 맥동했다. 보고서 작성은 카타르시스였고, 튜터의 격려는 일주일의 노력에 대한 충분한 이유였다. 그리고 다음 주가 되면 새로운 주제가 왔다. 도서관에서 수집해야 할 새로운 이미지들의 향연이 펼쳐졌다. 우리는 정말로 교육받았다…. 내가 조금이나마 갖고 있는지도 모르는 글솜씨는 대체로 그때의 일주일 단위 훈련을 통해서 얻었다고 믿는다.

내가 불가사리 보고서를 써낸 튜터는 데이비드 니콜스였다. 그는 나중에 엑서터대학의 동물학 교수가 되었다. 나를 젊은 동물학자로 만들어준 또 다른 튜터로서 특기할 만한 사람은 훗날 요크대학의 동물학 교수가 된 존 커리다. 그는 무엇보다도 동물의 나쁜 '설계'를 드러내는 여러 사례 중 자신이 제일 좋아하는 것을 알려주었다. 나도 이제 제일 좋아하는 사례로 꼽는 그것은 되돌이후두신경이다. 《지상 최대의 쇼》에서도 설명했지만, 이 신경은 뇌에서 표적 기관인 후두까지 일직선으로 뻗지 않는다. 멀리 우회하는 길을 택해 우선 가슴까지 내려갔다가(기린의 경우에는 엄청나게 멀리 돌아가는 게 된다), 그곳에 있는 동맥을 한 바퀴 감은 뒤 목으로 올라와서 후두로 들어간다. 이것은 끔찍하게 나쁜 설계를 유감없이 보여주는 사례인 것 같지만, 설계라는 개념을 잊고 진화 역사의 시각에서 따져보기 시작하면 그 순간 완벽하게 이해된다. 우리의 물고기 선조에게는 그 신경의 최단 거리가 앞에서 말한 동맥에 해당하는 혈관 뒤를 지나는 것이었다. 진화 역사 초기에는 그 혈관이 물고기의 아가미로 피를 공급했다. 알다시피 물고기에게는 목이 없다. 그런데 훗날 육지에서 동물의 목이 길어지자, 문제의 동맥은 차츰 머리보다 몸통에 가까운 방향으로 이동했다. 기나긴 진화의 시간을 거치면서 아주 조금씩 서서히 뇌와 후두에서 멀어졌다. 그러자 문제의 신경도 착실히 쫓아갔다. 말 그대로 동맥을 따라간 것이다. 처음에는 약간 우회하는 정도였지만, 진화가 진행될수록 우회로가 점점 더 길어졌다. 급기야 오늘날의 기린은 우회 길이가 수 미터나 된다. 몇 년 전 제작된 어느 텔레비전 다큐멘터리 덕분에, 나는 죽은 지 며칠밖에 안 된 불쌍한 기린의 시체에서 그 놀라운 신경을 해부하는 작업을 거들어보았다.

내게 유전학을 가르친 튜터는 로버트 크리드였다. 크리드는 괴짜이자 여성 혐오자이자 예술 애호가였던 E. B. 포드의 제자였다. 포드 자신은 위대한 R. A. 피셔에게 큰 영향을 받았고, 우리 학생들에게도 피셔를 존경하도록 가르쳤다. 나는 크리드의 개인 지도와 포드 박사의 수업에서 유전자들은 낱낱으로 독립된 존재가 아니라는 사실을 배웠다. 적어도 유전자가 신체에 미치는 영향 면에서는 그렇다. 한 유전자가 미치는 효과는 게놈에 있는 다른 유전자들을 '배경'으로 삼아서 그에 따라 달라진다. 달리 말해, 유전자들은 서로의 효과를 조절한다. 나중에 내가 튜터가 되었을 때, 나는 이 사실을 학생들에게 쉽게 설명하기 위한 비유를 고안했다. 신체를 침대 시트라고 생각하자. 시트는 천장의 고리에서 늘어져내린 수많은 끈에 꿰여 있어서, 공중에 거의 수평으로 매달려 있다. 이때 끈이 곧 유전자고, 유전자에 돌연변이가 발생한다는 것은 끈이 천장에 매달린 장력이 달라진다는 뜻이다. 비유의 핵심적인 대목은, 끈이 아래에 늘어진 시트와 일대일로만 이어진 게 아니라는 점이다. 실뜨기 놀이에서 실들이 복잡하게 얽힌 것처럼, 모든 끈은 공중에서 다른 끈들과 얽혀 있다. 따라서, 한 '유전자'에 돌연변이가 발생한다면(그 끈이 천장에 매달린 장력이 달라지면) 그 끈과 얽힌 다른 끈들의 장력도 동시에 다 변한다. 실뜨기 구조 전체로 효과가 연쇄적으로 전달되는 것이다. 그러니 시트(신체)의 형태는 유전자들의 상호작용에 따라 달라진다. 유전자 하나하나가 시트에서 '자신만의' 좁은 영역을 독자적으로 담당하는 게 아니라는 말이다. 신체는 마치 정육점에서 육류의 부위별 명칭을 보여주는 그림처럼 특정 유전자가 신체의 특정 '부위'를 담당하는 구조가 아니다. 한 유전자가 다른 유전자들과의 상호작용을 통해 몸 전체에 영향을 미치는 구조다. 비유를 좀 더 정교하게 다듬는다면, 환경적(즉 비유전적) 영향력들까지 포함시켜서 그것들이 측면에서 실뜨기 구조를 잡아당긴다고 상상해도 좋겠다.

앞에서 소개한 아서 케인 덕분에, 나는 여러 동물의 유사성과 차이점을 수학적으로 측정한 뒤 그 수치를 바탕으로 분류하는 기법에 반대하게 되었다. 그런 수치적 분류 체계는 헛소리였지만, 당시에는 아직 유행했다. 이와는 또 다른 이야기로, 역시 케인 박사 덕분에 나는 자연선택이 때로 극단적으로 완벽한 적응 사례를 만들어낼 수 있다는 사실을 알고 감명받았다. 물론, 방금 설명한 되돌이후두신경처럼 중요하고 흥미로운 예외들이 있지만 말이다. 두 가지 교훈 덕분에, 나는 당시만 해도 동물학계에서 정설로 통하던 몇 가지 이론들과 약간 어긋나는 시각을 갖게 되었다. 아서는 또 내게 '그저'라는 말을 가급적 쓰지 말라고 조언했다. 덕분에 나는 말할 때 늘 의식하는 연습을 했고, 그런 태도가 평생 습관이 되었다. '사람은 그저 화학물질이 담긴 주머니만이 아니다.' 그야 물론 아니지만, 이렇게만 말한다면 사실 흥미로운 내용은 하나도 말하지 않은 셈이다. 여기에서 '그저'라는 단어는 쓸모없는 잉여다. '인간은 그저 동물에 지나지 않는 것이 아니다.' 이 문장에서 진부하지 않은 내용은 무엇인가? '그저'라는 단어는 어떤 무게를 지니는가? '그저' 동물이라는 게 무슨 뜻인가? 이 문장은 의미 있는 내용은 전혀 말하지 않았다. 무언가를 말하고 싶다면, 변죽을 울리지 말고 그냥 말하라.

나는 아서가 해준 갈릴레오 이야기도 잊지 않았다. 르네상스 과학의 새로운 면모를 잘 포착한 일화였다. 갈릴레오가 어느 학식 있는 사람에게 망원경으로 천문학적 현상을 보여주었더니, 신사는 대충 이렇게 말했다고 한다. "선생님이 망원경으로 보여준 현상은 굉장히 설득력 있어서, 아리스토텔레스가 정반대로 말하지만 않았더라도 저는 당신을 믿었을 겁니다." 오늘날 우리에게는 실제 관찰이나 실험 증거를 기각하고 소위 권위자라는 누군가가 멋대로 단언한 말을 선택한다는 게 놀랍게 느껴진다. 놀랍게 느껴져야만 한다. 그리고 바로 그 점이 핵심이다. 바로 그 점이 예전과는 달라진 것이다.

역사학이나 영문학이나 법학을 공부하는 학생과는 달리, 나처럼 동물학을 전공하는 학생들의 개인 지도는 자기 칼리지 안에서만 이뤄지는 경우가 없었다. 어느 칼리지든 마찬가지였다. 거의 모든 지도가 동물학부 건물에서 이뤄졌다. 동물학부가 쓰던 대학 박물관 부속동은 위아래로 복잡하게 오르내려야 하는 구조의 건물이었다. 앞에서 말했듯이, 내 대학 생활은 그곳의 빽빽한 방들과 복도들을 중심으로 이루어졌다. 그런 생활은 비과학 분야를 전공하는 전형적인 옥스퍼드 대학생의 생활과는 전혀 달랐는데, 그런 학생들에게는 칼리지가 대학 생활의 중심이었다. 일부 보수적인 튜터들은 칼리지 바깥에서 이뤄지는 지도는 기껏해야 차선이라고 생각하지만, 내 경험이 시사하는 바는 정반대다. 학기마다 다른 튜터를 만나는 것은 신선한 경험이었다. 그 이유는 너무 뻔해서 구체적으로 설명할 필요도 없을 듯하다.

베일리얼에도 친구가 있기는 했다. 대부분 과학을 전공하지 않는 학생들이었다. 니컬러스 타익(나중에 나와 하숙방을 함께 썼고, 훗날 유니버시티 칼리지 런던의 역사학 교수가 되었다)과 앨런 라이언(뛰어난 정치철학자로서 뉴 칼리지 학장이 되었다)은 같은 계단에 살았다. 어쩌다 보니 연극 동아리에 든 친구가 많아서, 덕분에 아마추어 극단의 공연을 꽤 많이 구경했다. 내가 평생 관람한 연극 중에서 가장 감동적이었다고 꼽을 만한 공연은 베일리얼 칼리지 연극부가 연출한 로버트 아드리의 〈영웅들의 그림자〉였는데, 1956년 헝가리 혁명을 소재로 한 연극이었다. '베일리얼 플레이어스'라는 동아리는 그보다 좀 더 가벼운 분위기였다. 순회 극단인 그들은 매년 아리스토파네스의 연극을 개작한 작품을 올렸다. 1920년에 그 전통을 시작했을 때는 아마도 정격으로, 심지어 그리스어로 공연했던 듯싶다. 이후 전통이 바뀌어, 우리 때에 와서는 현대 정치를 풍자하는 익살극으로 개작해 무대에 올렸다. 당시 플레이어스의 주역 배우는 훗날 텔레비전에 자주 등장하는 얼굴이 된 피터 스노와 유명한 연극인 집안 출신으로 재치와 재능이 넘치는 배우이자 훗날 옥스퍼드 유니버시티 칼리지의 학장이 된 존 앨버리였다. 존 앨버리는 몽고메리 장군을 맡아 열연을 했고("이제 신이 말씀하시니—나는 그에게 동의합니다…"), 피터 스노도 드골 장군을 맡아 그 못지않게 인상적인 연기를 펼쳤다("라 글루아… 라 빅투아… 리스투아… 에… 라 플룸… 드 메 탕트"). 제러미 굴드는 해럴드 맥밀런으로 분해 "내 생일 기념 서훈자 명단에는 틀림없이… 훈작사가 잔뜩 들어 있네…"라고 노래했는데, 일부러 연기할 필요가 없을 정도로 똑같았다. 당시는 대영제국의 황혼기였고, 플레이어스는 사랑스러운 고별 노래를 제국에 바쳤다. 아마도 존 앨버리가 썼을 듯한 그 노래를 나는 다섯째 행까지만 기억한다.

> 아덴에서 잔지바르까지
> 일몰과 저녁별.
> 제국의 유대가 찢어지고
> 마지막 경례가 울려퍼지고
> 우리는 앞으로도 영영 의아해하리…

내가 빅토리아 소사이어티를 알게 된 것도 그 공연 덕분이었다. 빅토리아 소사이어티 사람들과 함께 보낸 시간은 내게 베일리얼에서 가장 행복한 순간이었다. 우리는 학기마다 한두 번쯤 모여, 포트와인을 홀짝이면서 피아노 반주에 맞춰 뮤직홀 노래를 불렀다. 모임 주관자가 독창자를 차례로 거명하면 제각기 장기로 삼는 노래를 불렀고, 후렴구에는 나머지 사람들도 다 함께 코러스를 넣었다. 유쾌하고 장난스러운 노래가 대부분이었고(〈그 모자 어디에서 구했니?〉 〈더 갖진 말아요, 무어 부인〉 〈여기저기에서 그럴 순 없어요〉 〈나는 헨리 8세라네〉), 사이사이 감상적으로 눈물을 짜는 노래를 부를 때는 휴지를 돌렸으며(〈그녀는 새장에 갇힌 새일 뿐〉 〈금발 속 흰 머리카락들〉), 마지막은 강경한 애국심으로 저녁을 마무리하곤 했다(〈여왕 폐하의 병사들〉, "우리는 싸우고 싶지 않아, 하지만 만일 싸워야 한다면, 맹세코… 러시아 놈들이 콘스탄티노플을 차지하진 못할걸"). 베일리얼 시절에서 꼭 한번 되살리고 싶은 추억을 꼽으라면, 빅토리아 소사이어티와 함께 보낸 저녁을 꼽겠다.

한참 나중 일이기는 하지만, 킬링워스 캐슬이라는 퍼브에서 금요일 저녁마다 열린 노래 모임이 그나마 제일 비슷한 분위기였다. 옥스퍼드 인근 우턴이라는 마을의 그 퍼브로 나를 데려간 사람은 두 번째 아내이자 사랑하는 딸 줄리엣의 어머니인 이브였다. 음악은 뮤직홀 노래가 아니라 영국 '포크송'이었고 술은 포트와인이 아니라 맥주였지만, 그곳에서 나는 빅토리아 소사이어티의 분위기를 얼마간 다시 맛볼 수 있었다. 술 때문이 아니라 음악과 사람들 때문에 훈훈한 친밀감이 북돋는 분위기 말이다. 금요일 밤에 출연하는 독창자와 연주자(기타, 손풍금, 장난감 호루라기)는 개인 혹은 단체 네다섯 팀이 돌아가면서 무대에 올랐는데, 다들 개성 있게 훌륭했고 각자 장기로 삼는 레퍼토리가 있었다. 이브와 나처럼 코러스를 넣으며 따라 부르는 단골손님들은 다 아는 노래였다. 어떤 곡에서는 꽤 근사한 돌림노래와 화음이 연출되었다. 빅토리아 소사이어티에서 그랬듯이, 여기에서도 코러스는 딱딱 절도 있게 박자를 맞췄다. 다들 만취해서 〈황혼의 노래〉 따위를 늘어져라 불러대는 여느 술집과는 달랐다. 이브와 나는 출연자 중에서도 눈에 띄는 사람들을 별명으로 불렀는데, 이브가 멋대로 붙인 별명이었다. '투 파인트'(턱수염을 기른 우람한 청년으로, 연주자들을 위해 모금하려고 파인트 술잔을 들어올리던 팔뚝만큼이나 목소리도 근육질적인 베이스였다), '빅 대디'(듣기 좋은 테너 음성을 지닌 초로의 사내로, 이따금 주연으로 나선 독창자들이 노래를 다 부른 뒤에 혼자 〈코크 로빈〉을 부르겠다고 나섰다), '메이너드 스미스'(안경을 쓴 쾌활한 사내로, 위대한 그 과학자와 닮아서 붙인 별명이었다), '인크레더블 헐크'(음정을 곧잘 틀리는 몇 안 되는 가수 중 하나였다) 등등.

대학생 시절로 돌아가자. 베일리얼 친구들과 나는 영화도 자주 보러 갔다. 보통 월턴가에 있는 스칼라극장으로 갔다. 잉마르 베리만, 장 콕토, 안제이 바이다, 그밖의 유럽 감독들이 만든 지적인 영화였다. 나는 잉마르 베리만의 〈산딸기〉와 〈제7의 봉인〉의 어두운 흑백 영상이 좋았고, 〈여름 간주곡〉에서 비극으로 돌변하기 전에 펼쳐지는 서정적인 사랑의 장면들이 좋았다. 그런 영화들과 아버지를 통해서 접한 시인들 — 루퍼트 브룩, A. E. 하우스먼, 뭐니뭐니해도 W. B. 예이츠의 초기 시 — 때문에, 내 젊은 영혼은 비현실적이고 심지어 망상에 가까운 낭만의 환상에 푹 빠졌다. 여느 순진한 열아홉 살짜리처럼, 구체적인 어떤 소녀가 아니라 사랑에 빠진다는 생각 자체와 사랑에 빠졌다. 뭐, 소녀가 있기는 있었다. 게다가 우연히도 그 소녀가 스웨덴 사람이라서, 베리만에 감화된 내 환상에 잘 조응하기는 했다. 그래도 내가 정말로 사랑한 것은 사랑 그 자체, 그리고 내가 비극적인 로미오가 된다는 생각이었다. 스웨덴으로 돌아간 그녀가 진작 나와의 짧은 '여름 간주곡'을 잊었음에 분명한 때까지도, 나는 우스울 만큼 오랫동안 그녀를 그리며 우울해했다.

내가 마침내 첫 경험을 한 것은 그보다 훨씬 나중이었다. 나는 좀 많은 나이라고 할 수 있는 스물두 살이었고, 상대는 런던의 어느 사랑스러운 첼리스트였다. 그녀는 방 하나짜리 아파트에서 나를 위해 연주하려고 치마를 벗었다가(폭이 좁은 치마를 입고서는 첼로를 켤 수 없다), 결국 나머지도 다 벗었다. 요즘은 자신의 첫 경험을 헐뜯는 것이 유행이라지만, 나는 그러지 않겠다. 그것은 근사한 경험이었다. 그런데 주로 기억에 남은 것은 일종의 원시적인 충만감이었다. '그래, 그렇구나, *바로 이런* 느낌이었구나. 태초부터 늘 이런 느낌이었겠구나.' 생물학자라면 언제 어느 때든 그 누구에게든 성교가 인생에서 제일 근사한 경험으로 느껴지도록 인간의 신경계가 진화한 까닭을 어렵지 않게 과학적으로 설명해낼 테지만, 그런다고 해서 그 경험이 덜 근사해지는 건 아니다. 뉴턴이 프리즘으로 빛을 풀어냈다고 해서 무지개의 영광이 훼손되지는 않은 것처럼 말이다. 게다가 우리가 평생 무지개를 아무리 많이 봐도 전혀 상관없다. 영광은 매번 새롭게 발명되고, 가슴은 매번 뛰논다. 아무튼 이 이야기는 더 하지 않겠다. 비밀을 더는 발설하지 않겠다. 이 책은 그런 종류의 자서전이 아니니까.

사실 워즈워스는 좋아한 적이 없지만(위에서 워즈워스의 시구 '하늘의 무지개를 볼 때면 / 내 가슴은 뛰노라'를 인용한 이야기를 했기에 하는 말이다 – 옮긴이), 청년 시절의 내가 감동했던 시 몇 편을 이 자리에 발

취해보겠다. 이 시들은 나라는 인간을 만드는 데 중요하게 기여했다. 나는 이 시들을 토씨 하나 틀리지 않게 외웠다(몇 편은 지금도 외운다).

우리는 벅찬 숨을 안고, 바람 부는 언덕에 높이 올랐지.
햇살을 받으면서 웃었고, 사랑스러운 풀밭에 입 맞추었지.
당신은 말했지, '우리는 영광과 쾌락을 경험했어요.
바람과 태양과 땅은 여전하고, 새들도 여전히 노래하는데,
우리는 늙으면, 우리는 늙으면…'
'우리가 죽으면, 우리의 것은 모두 끝나요.
그리고 삶은 다른 연인들의 다른 입술에서 타오르겠죠.'
내가 말했네, '사랑하는 사람이여, 우리의 천국은 지금이에요,
우리는 천국을 가졌어요!' '우리는 지상의 가장 좋은 것,
이곳에서 생의 교훈을 배웠지. 인생은 우리의 울음.
우리는 신념을 잃지 않았다네!'
우리는 말했지,
'내키지 않는 발걸음으로 내려가리라,
장미 화관을 쓴 채, 어둠 속으로!' … 우리는 자랑스러웠고,
우리는 웃었으며, 그토록 용감하고 진실된 말을 할 수 있었지.
— 그러다 당신은 갑자기 울었고, 고개를 돌려버렸네.

_ 루퍼트 브룩

내게 말하지 마라, 말할 필요도 없으니.
부드러운 9월이 지나간 자리에서

혹은 퇴색해가는 산사나무 아래에서
고혹적인 그녀가 어떤 노래를 연주했는지를.
그녀와 나는 오랫동안 사귀었고
나는 그녀의 방식을 모두 알았기 때문이다.

_ A. E. 하우스먼

꿈을 꾸었네. 나는 골짜기에 서 있었고, 한숨이 가득했네.
행복한 연인들이 쌍쌍이 내가 선 곳을 지나갔기 때문에.
나는 또 꿈꾸었네. 사라진 내 사랑이 살그머니 숲에서 나오는 모습을,
꿈결처럼 부드러운 눈동자에 구름처럼 흐릿한 눈꺼풀을
드리운 채.
꿈에서 나는 울부짖었네. 여인이여, 청년에게 명하여
그대의 무릎에 그의 머리를 묻고, 그대의 머리카락으로 그의 눈을
가리게 해주오.
그렇지 않으면, 그녀의 아름다운 얼굴을 기억하는 한 다른 얼굴은
눈에 들어오지 않을 테니.
세상의 모든 계곡이 시들어버리는 날까지.

_ W. B. 예이츠

마음과 마음을 맞잡은 채 그들은 서 있었네. '저기를 봐요',
그는 속삭였던가? '꽃이 아니라 저 멀리 바다를 봐요.
장미의 꽃은 지고 가벼이 사랑하는 사람들은 죽어도
포말의 꽃은 영원할 테니까—그러나 우리는 어떨지?'
바람은 여전히 노래하고, 파도는 여전히 부서지고,

정원의 마지막 꽃잎은 떨어졌네.
한때 속삭였던 입술 위로, 한때 반짝였던 눈동자 위로.
사랑은 죽었네.
_ A. C. 스윈번

아버지가 좋아하는 시를 일일이 손으로 써서 루스리프 폴더에 잔뜩 모아둔 게 있었는데, 내 취향은 아버지의 그 개인 선집에서 큰 영향을 받았다. 폴더는 어머니가 아직도 갖고 계신다. 그것은 원래 부모님이 20대 초반이었을 때 아버지가 케임브리지에서 대학원 공부를 하는 동안 어머니에게 보낸 편지에서 나왔다. 아버지가 편지에 동봉한 시들을 어머니가 죄다 보관했던 것이다. 꽤나 뭉클한 이야기였다.

내 대학생 시절로 돌아가자. 내가 졸업 후에 무얼 하면 좋을까 고민하던 때로 돌아가자. 아버지를 따라 농사를 짓겠다는 생각은 한 번도 진지하게 해보지 않았던 것 같다. 그보다는 옥스퍼드에 남아서 학위를 따고 싶다는 생각이 점차 짙어졌다. 학위를 딴 뒤에는 어떻게 할지, 정확히 무슨 연구를 하고 싶은지까지 구체적으로 생각하진 않았다. 피터 브루넷은 생화학 프로젝트를 제안했다. 나는 기꺼이 제안을 받아들여 관련 문헌을 공부했지만, 그다지 열의는 없었다. 그러던 중 니코 틴베르헌에게 동물 행동을 주제로 개인 지도를 받게 되었고, 그 순간 내 인생이 바뀌었다. 내가 정말로 씨름해볼 만한 주제가 여기 있었다. 그것은 철학적 함의를 지닌 주제였다. 니코도 내게 좋은 인상을 받은 듯했다. 학기 말에 칼리지에 제출한 평가서에서 니코는 지금까지 자신이 지도한 대학생들 중 내가 최고라고 썼다. 니코가 대학생 튜터 역할은 많이 하지 않았다는 사실이 평가를 조금은 무색하게 만들지만 말이다. 어쨌든 나는 사기가 올랐고, 급기야 그에게 연구학생으로 받아달라고 요청했으며, 그는 좋다고 했다. 그것은 당시는 물론이고 이후에도 생각할 때마다 기쁜 일이었다. 덕분에 적어도 향후 3년 동안 내 미래는 보장되었다. 이제 와서 돌아보면, 사실은 평생이 보장된 셈이었다.

RICHARD
DAWKINS

10

업계에 입문하다

The Making of a Scientist

과학자는 누구나 자신의 대학원 시절을 이상적으로 회고하는 법인지도 모른다. 그러나 분명 유달리 이상적인 연구 환경이란 것이 있다. 내가 생각하기에, 1960년대 초 옥스퍼드의 틴베르헌 연구진에는 뭔가 그런 특별한 분위기가 있었다. 한스 크뤼크는 애정이 어려 있지만 떠받들지 않는 시선으로 틴베르헌을 그린 전기 《니코의 자연》에서 그 분위기를 잘 묘사했다.[16] 크뤼크와 나는 늦게 합류했기 때문에 데즈먼드 모리스나 오브리 매닝 등이 묘사한 영웅적인 '황금기'는 경험하지 못했지만, 우리 때도 얼추 비슷했다고 본다. 니코의 사무실은 동물학부 본관에 있었고 우리 대학원생들은 부속동에 있었기 때문에 니코를 직접 만나는 일은 예전보다 더 적었지만 말이다. 부속동은 옥스퍼드 북쪽 베빙턴 로드 13번지의 좁고 높은 건물로, 파크스 로드의 대학 박물관에 딸린 동물학부 본관에서는

800미터쯤 떨어져 있었다.

베빙턴 로드 13번지의 고참은 마이크 컬런이었다. 그는 내 인생에서 가장 중요한 조언자였다. 내 또래의 동물행동연구그룹ABRG 학생들 대부분에게 그랬으리라고 믿는다. 우리가 그 놀라운 인물에게 진 빚을 설명하려면, 2001년 옥스퍼드 워덤 칼리지에서 열린 그의 추도회 때 내가 읽은 추도문의 마지막 부분을 인용하는 것이 최선이다.

> 그가 스스로 발표한 논문은 많지 않았습니다. 그러나 그는 가르치는 일이든 연구하는 일이든, 엄청나게 열심히 했습니다. 아마도 그는 동물학부 전체에서 가장 인기 좋은 튜터였을 겁니다. 그는 늘 바빴고 거의 하루 종일 일했는데, 개인 지도 이외의 시간은 연구에 헌신했습니다. 그러나 그것이 자신의 연구인 경우는 드물었습니다. 그를 아는 사람이 누구나 똑같이 하는 이야기가 있는데, 모든 부고가 비슷한 표현으로 똑같은 이야기를 들려주었다는 사실 자체가 시사하는 바가 있습니다.
>
> 당신이 연구를 하다가 문제에 봉착했다고 합시다. 당신은 어디에서 도움을 구해야 할지를 잘 알았습니다. 그곳에 가면, 언제나 그가 당신을 기다리고 있었습니다. 그 장면이 어제 일처럼 눈에 선합니다. 점심시간에 베빙턴 로드의 좁고 붐비는 부엌에서 우리가 대화를 나눌 때, 빨간 스웨터를 입은 여위고 소년 같은 그는 강렬한 지적 에너지를 간직한 용수철처럼 약간 구부정한 자세로 서 있었습니다. 대화 중에 앞뒤로 몸을 흔들기도 했습니다. 더없이 지적인 눈동자는 우리가 입을 열기도 전에 우리가 무슨 말을 할지를 알았습니다.

그는 봉투 뒷면에 끼적끼적 적으면서 설명을 도왔고, 가끔은 더부룩한 머리카락 밑의 눈썹을 회의적인 듯이, 미심쩍은 듯이 추켜올렸습니다. 그 뒤에 그는 금세 가봐야 했습니다. 개인 지도라도 있었겠지요. 그는 늘 급하게 여기저기로 뛰어다녔으니까요. 그래서 그는 비스킷통 손잡이를 움켜쥐고 사라졌습니다. 그러나 다음 날 아침이면, 당신의 문제에 대한 해답이 도착해 있었습니다. 그가 독특하고 깨알 같은 필체로, 두 쪽에 걸쳐서, 종종 수식이나 도표나 중요한 참고 문헌을 곁들여서, 때로는 자신이 직접 쓴 적절한 시구나 라틴어나 고전 그리스어 문구를 곁들여서 작성한 글이. 그리고 언제나 격려를 곁들인 글이.

우리는 고마워했습니다. 그러나 충분히 고마워하지는 않았습니다. 그가 저녁 내내 내 수학 모형에 관해 고민했으리라는 사실을, 조금만 생각해보면 깨달았을 텐데 말입니다. 그가 내게만 그런 것도 아니었습니다. 그는 베빙턴 로드의 모든 사람에게 똑같이 대했습니다. 게다가 자기 학생들에게만 그런 것도 아니었습니다. 나는 공식적으로 니코의 학생이었지, 마이크의 학생은 아니었습니다. 그런데도 마이크는 내 연구가 니코가 다루기 버거울 만큼 수학적인 방향으로 진행되자 어떤 비용도 공식적 인가도 없이 나를 받아주었습니다. 내가 논문을 쓸 때, 원고를 읽고 비판하고 한 줄 한 줄 다듬어준 사람은 마이크 컬런이었습니다. 그는 자신이 공식적으로 맡은 학생들에게도 그렇게 하면서 내게도 그 모든 일을 해주었던 것입니다.

정상적인 가정생활을 할 시간은 언제 났을까요? (우리는 응당 이렇게 의문해보아야 했습니다.) 자기 연구를 할 시간은 언제 났을까요? 그가 논문을 거의 발표하지 못한 것도 무리가 아니었습니다. 동물들의 소통에 관한 책을 오래 구상했지만 결국 쓰지 못한 것도 무리가 아니었습니다. 사실을 말하자면, 베빙턴 로드 13번지의 황금기에 그곳에서 나온 수백 편의 논문은 모두 그의 이름을 공동 저자로 올려야 했습니다. 그런데도 그의 이름은 거의 아무 데도 오르지 않았습니다. 감사의 말을 제외하고는….

세상은 과학자가 발표한 논문 수로 그의 승진이나 공로를 결정합니다. 그 지표에 따르면, 마이크는 높은 평가를 받지 못할 겁니다. 그러나 만일 그가 학생들의 논문에 자기 이름을 올리는 데 동의했다면, 사실 요즘 지도 교수들은 그보다 훨씬 적게 기여하고도 바득바득 자기 이름을 올리지 않습니까, 그는 통상적인 기준으로도 성공한 과학자가 되었을 테고 통상적인 명예도 누렸을 겁니다. 그러나 현실에서 그는 그보다 훨씬 더 깊이 있고, 진정한 의미에서 눈부시게 성공한 과학자였습니다. 우리가 진심으로 존경하는 과학자가 둘 중 어느 쪽인지, 굳이 말하지 않아도 다들 아시리라고 봅니다.

옥스퍼드는 슬프게도 오스트레일리아에 그를 빼앗겼습니다. 오랜 세월이 흐른 뒤, 내가 멜버른으로 강연하러 갔을 때입니다. 나는 환영회에서 술잔을 든 채, 아마도 조금 뻣뻣하게 서 있었습니다. 그때 갑자기, 웬 익숙한 인물이 쏜살같이 방을 가로질러 다가왔습니다. 언제나처럼 서두르면서 말입니다. 나를 포함해서 모두가 양복을 입고 있었지만, 이 익숙한 인물은 아니었습니다. 그간의 세월은 증발해버렸습니다. 모든 것이 예전과 같았습니다. 마이크는 육십대가 된 지 한참 지났을 텐데도 여전히 삼십대처럼 보였습니다. 소년처

> 럼 열정을 뿜어내는 것도 그랬고, 빨간 스웨터마저 똑같았습니다. 이튿날 그는 나를 차에 태워 해안을 돌며 자신이 사랑하는 펭귄들을 보여주었습니다. 우리는 도중에 멈춰서 길이가 수십 센티미터나 되는 거대한 오스트레일리아 지렁이도 구경했습니다. 그리고 해가 넘어갈 때까지 수다를 떨었습니다. 하지만 옛 추억이나 옛 친구들 이야기는 아니었습니다. 야망이나 연구비 지원이나 〈네이처〉에 논문을 발표하는 것에 대한 이야기는 더더욱 아니었습니다. 새로운 과학과 새로운 발상에 관한 이야기였습니다. 그날은 완벽한 하루였습니다. 또한 내가 그를 마지막으로 본 날이었습니다.
>
> 우리는 마이크 컬런만큼 똑똑한 과학자를 또 알지도 모릅니다. 많지는 않겠지만 말입니다. 마이크만큼 너그럽게 남들을 지원하는 과학자도 알지 모릅니다. 쉽게 찾기 힘들 만큼 적겠지만 말입니다. 그러나 단언컨대, 마이크만큼 남에게 줄 것을 많이 알고 있으면서 동시에 그토록 너그럽게 그것을 베푼 사람은 결코 알지 못할 것입니다.

나는 워덤 예배당에서 이 추도문을 읽을 때 거의 울 뻔했다. 12년이 지난 지금, 다시 읽으면서도 거의 울 뻔했다.

베빙턴 로드 13번지의 동료애가 예외적인 것이었는지, 아니면 대학원생 집단은 어디나 단결심을 키우는 법인지, 그건 모르겠다. 짐작하건대 우리가 큰 대학 건물이 아니라 별도의 부속 건물에 있었던 사실이 집단의 내부 관계를 좋게 만들기는 했을 것이다. 훗날 동물행동연구그룹이 (데이비드 랙이 이끌던 에드워드 그레이 현장 조류학 연구소, 찰스 엘턴이 이끌던 동물개체군연구단 같은 다른 외부 거주자들과 함께) 현재의 위치로, 즉 사우스 파크스 로드의 괴물 같은 콘크리트 건물로 이사한 뒤에는 틀림없이 무언가가 사라졌다. 하지만 어쩌면 그때는 내가 나이도 더 들고 책임도 더 많아져서 그렇게 느꼈을 수도 있다. 이유가 뭐든, 나는 베빙턴 로드 13번지와 당시에 금요일 저녁 세미나나 점심 먹던 방이나 '로즈'나 '크라운' 같은 퍼브의 당구대에 옹기종기 모였던 동료들에게 충성스러운 애착을 품고 있다.

동료들의 면면은 이러했다. 우선 로버트 매시. 나는 훗날 매시의 책《공룡 기르는 법》서문에서 그의 전염성 강한 유머감각을 회고한 바 있다.[17] 딕 브라운은 골초에 술꾼이었고, 믿기 어렵지만 신자라는 소문도 돌았다. 후안 델리우스는 황당하리만치 독특한 총명함으로 매순간 우리를 즐겁게 했다. 비범하리만치 명랑한 후안의 아내 우타는 내게 독일어를 가르쳐주었다. 장신에 금발의 네덜란드인 한스 크뤼크는 나중에 니코의 전기를 썼다. 스코틀랜드 출신인 이언 패터슨도 있었다. 브라이언 넬슨은 부비새 전문가로, 나는 첫 반년 동안 그의 문에 걸린 수수께끼 같은 공지('넬슨은 배스록에 있음')로만 그를 알았다. 수염을 기른 클리프 헨티도 있었다. 데이비드 맥팔랜드는 나중에 니코의 뒤를 이었다. 맥팔랜드는 사실 심리학부 소속이었지만, 그의 쾌활한 아내 질이 후안의 연구조수였기 때문에 우리 그룹의 명예회원이나 마찬가지였다. 그 부부는 매일 베빙턴 로드에서 점심을 먹었다. 비비언 벤지가 데려온 발랄한 두 뉴질랜드 아가씨, 린 매케치와 앤 제이미슨도 점심 모임의 명예회원이었다. 늘상 생글생글 웃는 루 거도 뉴질랜드인이었다. 로빈 라일리도 있었다. 쾌활한 자연학자 마이클 로빈슨도 있었고, 나중에 나와 한 집을 쓴 마이클 핸셀도 있었다. 모니카 임페코펜과는 내가 논문을 한 편 같이 썼다. 메리언 스탬프는 내 아내가 되었다. 헤더 맥래너헌, 로버트 마틴, 켄 윌츠도 있었다. 마이클 노턴 그리피스와 하비 크로제는 훗날 케냐에서 컨설팅 회사를 공동 창업했다. 존 크렙스는 나와 세 편의 논문을 함께 썼다. 저돌적인 이언 더글러스 해밀턴은 아프리카에서 코끼리에 관한 논문을 쓰다가 마지못해 영국으로 망명한 처지였다. 제이미 스미스와 나는 박새의 최적 채집 활동에 관한 논문을 함께 썼다. 영원 전문가 팀 홀리데이도 있었고, 근사하게 복구한 라곤다 자동차를 몰고 다녔으며 만화에 소질이 있었던 숀 닐도 있었고, 사진의 대가 래리 섀퍼도 있었다. 그밖에도 많은 친구가 있었지만 다 언급하지 못해 미안하다.

틴베르헌 그룹에서는 금요일 저녁 세미나가 일주일의 하이라이트였다. 세미나는 두 시간 동안 진행되었고, 이야기가 다음 주로 넘어가는 경우도 많았다. 시간은 늘 눈 깜박할 사이에 흘렀다. 한 시간 동안 발표자의 말만 듣다가 마지막에 다들 질문을 던지는 졸리기 짝이 없는 형식을 따르는 대신, 모두가 두 시간 내내 활기차게 논쟁을 벌였기 때문이다. 그런 분위기를 만든 사람은 니코였는데, 니코는 발표자가 첫 문장을 채 마치기도 전에 "좋아, 좋아, 하지만 그게 무슨 뜻이지?" 하고 끼어들었다. 그러나 짐작만큼 짜증나는 일은 아니었다. 니코는 늘 의미를 명확하게 밝히려는 의도에서 참견했고, 보통은 그럴 필요가 있었기 때문이다. 한편 마이크 컬런의 질문은 더 예리했고, 구체적이었고, 무서웠다. 그밖의 주목할 만한 기여자라면 — 각자 독특한 방식으로 똑똑했던 — 후안 델리우스와 데이비드 맥팔랜드가 있었지만, 나머지도 다들 거침없이 거의 첫날부터 끼어들었다. 니코가 그러라고 장려했다. 니코는 우리가 연구에서 던지는 질문이 절대적으로 명료해야 한다고 고집했다. 당시 내가 케임브리지 매딩리의 자매 연구진을 방문하고서 충격을 받았던 일이 떠오른다. 한 대학원생이 "제가 하는 일은 뭐냐면…" 하는 말로 자기 연구를 설명하기 시작했던 것이다. 나는 니코의 목소리를 흉내내고 싶은 충동을 눌러야 했다. "좋아, 좋아, 하지만 자네의 질문이 대체 뭐지?" 세월이 흐른 뒤, 내가 매딩리에서 세미나에 참석했을 때 그곳 연구진을 이끄는 로버트 힌드에게 이 이야기를 들려주었다. 훗날 케임브리지 세인트존 칼리지의 학장이 되었으며 가공하리만치 똑똑하고 카리스마 있는 힌드는 그 자리에서 짐짓 분개하면서 범인이 누구냐고 물었지만, 나는 밝히지 않았다. 내 입술은 지금까지도 꾹 닫혀 있다.

니코가 내게 내준 과제는 종종 '본성이냐 양육이냐?'라는 말로 표현되는 문제의 한 형태였다. 클리셰가 된 이 표현은 셰익스피어의 《템페스트》에서 딴 것이다.

> 그는 악마, 타고난 악마, 그의 본성에는
> 양육이 결코 작용할 수 없도다…

철학자들은 수백 년 전부터 이 문제를 고민했다. 우리가 아는 것에서 얼마나 많은 부분이 선천적으로 타고난 걸까? 존 로크는 아기의 마음이 빈 서판과 같아서 그 위에 글이 씌어지기를 기다린다고 믿었는데, 실제로 아이의 마음은 어느 정도까지 빈 서판일까?

니코 자신은 일찍이 콘라트 로렌츠와 더불어 '본성' 학파로 분류되었다(두 사람은 함께 동물행동학을 창시했다고 일컬어진다). 니코의 가장 유명한 책은 《본능의 연구》인데,[18] 훗날 그가 대부분의 주장을 철회하기는 했어도, 그 책에서 그는 '본능'을 '학습 과정으로 인해 변하지 않는 행동'으로 정의하며 '선천적 행동'과 동의어로 사용했다. 동물행동학은 동물의 행동을 연구하는 생물학 분야다. 심리학도 여러 분야에서 동물의 행동을 연구하지만, 강조점이 다르다. 심리학자들은 역사적으로 쥐, 비둘기, 원숭이 등을 인간의 대체물로 연구하는 경향이 있었다. 동물행동학자들은 역사적으로 어떤 동물을 다른 무엇의 대리물로 보지 않고 그 자체에 흥미를 품었다. 따라서 늘 훨씬 더 광범위한 종들을 연구했고, 어떤 종이 자연환경에서 드러내는 행동의 역할을 강조하는 편이었다. 또한 앞에서 언급했듯이 동물행동학자들은 역사적으로 '선천적' 행동을 강조한 데 비해, 심리학자들은 학습에 흥미가 있었다.

1950년대에 일군의 미국 심리학자들이 동물행동학자들의 작업에 관심을 기울이기 시작했다. 그중 두드러진 사람은 대니얼 S. 레먼이었다. 레먼은 심리학은 물론이고 자연사에도 조예가 깊었으며 독일어도 그럭저럭 했기 때문에, 동물 행동에 대한 두 접근법 사이에 가교가 될 만했다.

1953년에 레먼은 전통적인 동물행동학의 접근법을 비판하는 글로 큰 반향을 일으켰다. 그는 선천적 행동이라는 개념 자체를 강하게 비판했다. 단, 모든 행동이 학습의 결과라고 보았기 때문은 아니었고(그가 인용한 심리학자들 중 일부는 그렇게 믿었지만), 선천적 행동을 정의하기가 이론적으로 불가능하다고 믿었기 때문이다. 구체적인 특정 행동이 선천적 행동임을 증명하는 실험을 고안하기가 불가능하다는 뜻이었다. 이론적으로야 확실한 방법이 있다. '박탈 실험'

이다. 상상해보라. 인간에게 성교하는 방법을 전혀 가르쳐주지 않고, 다른 종들의 성교 장면을 관찰할 기회도 주지 않는다고 하자. 아주 사소한 단서조차 주지 않는다고 하자. 그들에게 마침내 성교의 기회가 왔을 때, 그들은 어떻게 행동해야 할지를 알까? 흥미로운 질문이다. 어쩌면 과거에 시사점을 얻을 만한 역사적 일화가 있었을지도 모른다. 이를테면 과잉보호 탓에 순진하기 짝이 없었던 빅토리아 시대 커플이라든가. 그런데 인간이 아닌 동물이라면 우리가 당장 실험해볼 수 있다. 그것이 바로 박탈 실험이다.

경험의 기회를 박탈한 환경에서 새끼 동물을 길렀다고 하자. 그런데도 그 동물이 적절히 행동할 줄 안다면, 그 행동은 선천적이고 내재적이고 본능적인 행동이라고 봐도 좋을 것이다. 안 그런가? 그러나 레먼은 여기에 반대했다. 우리가 새끼에게서 모든 것을—빛, 먹이, 공기 등등—철저히 박탈할 수는 없거니와, 선천성의 기준을 만족시키려면 어느 정도로 박탈해야 하는지가 결코 명확하지 않다는 것이었다.

레먼과 로렌츠의 갈등은 사적으로 비화했다. 유대인 집안 출신인 레먼은 로렌츠가 전쟁 중에 쓴 글에서 나치를 두둔한 것처럼 보이는 대목을 발견하고는 유명한 비판문을 쓸 때 조금도 망설임 없이 그 사실을 언급했다. 로렌츠는 비판이 발표되고 나서 처음 레먼을 만났을 때 (대충) 이렇게 말했다. "글을 보고는 땅딸막하고, 치사하고, 주름이 자글자글한 소인배인 줄 알았소. 직접 보니 큰 사람이었군요(레먼은 정말로 덩치가 아주 컸다). 우리는 친구가 될 수 있겠는데요." 이렇게 우정을 공언하고서도, 로렌츠는 파리에서 자신이 몰던 대형 미제 자동차로 레먼을 치어버릴 듯이 달려들어 겁을 주었다.

데즈먼드 모리스가 차 안에서 직접 목격하기라도 한 양 들려준 이야기다.

'본성이냐 양육이냐' 논쟁으로 돌아가자. 수컷 개개비는(한 예로 고른 것이다) 복잡하고 정교한 노래를 부른다. 그런데 고립되어 자라서 다른 개개비의 노래를 한 번도 듣지 못한 개개비도 그 노래를 부를 줄 안다. 로렌츠-틴베르헌 학파라면 그 노래를 '선천적' 행동으로 볼 것이다. 반면에 레먼은 발달 과정의 복잡성을 강조했고, 덜 명확한 어떤 방식으로 학습이 개입했을 가능성을 늘 물었다. 레먼에게는 새끼가 박탈된 환경에서 자랐다고만 말해서는 충분하지 않았다. 그가 던진 질문은 "그래서 무엇이 박탈되었는가?"였다.

레먼의 비판이 제기된 뒤, 동물행동학자들은 정말로 개개비를 비롯한 많은 명금류의 새끼가 설령 고립되어 자라더라도 학습을 통해 자기 종의 노래를 익힌다는 사실을 확인했다. 새끼는 자신이 더듬더듬 내뱉는 소리를 들으면서, 잘된 시도는 반복하고 나쁜 시도는 버리면서 학습하는 것이었다. 이것은 굳이 따지자면 양육에 가깝다. 그러나 이 경우, 로렌츠와 틴베르헌은 이렇게 대꾸할 것이다. 새끼는 어떤 시도가 좋고 어떤 시도가 나쁜지를 어떻게 아나? 자기 종의 노래가 어때야 하는지 그 본보기가 되어주는 '지식'은 선천적이어야 하지 않나? 학습은 그 노래 패턴을 뇌의 감각 부위(타고난 본보기)에서 운동 부위(실제 그 노래를 부르는 기술)로 전달하는 데 기여할 뿐이다.

말이 나왔으니 말인데, 미국 흰머리참새와 같은 또 다른 종들은 마찬가지로 '더듬거리면서' 스스로 노래를 익히더라도 일단 생애 초기에 자기 종의 노래를 한 번이라도 들어봐야 한다. 스스로 노래

할 줄 알기 전에 들은 노래를 '녹음'해뒀다가, 나중에 그것을 본보기로 삼아서 연습하는 듯하다. 그리고 '학습된 녹음'을 본보기로 삼는 종과 '선천적 녹음'을 본보기로 삼는 종 사이에도 여러 다양한 단계가 있다.

1962년에 니코 틴베르헌은 이런 철학적 지뢰밭에 나를 풀어놓았다. 니코는 로렌츠와 한편으로 간주되는 입장에서 한 발 물러나 레먼 진영과 다리를 놓는 일에 나를 활용하고 싶었던 것 같다. 내 실험 대상은 명금류의 노래가 아니라 병아리의 모이 쪼기 행동으로 정해졌다. 나는 그 주제로 일련의 실험을 수행했는데, 그중 하나만 이야기해보겠다.

병아리는 알에서 깨자마자 주변의 작은 물체를 쫀다. 먹이를 찾는 행동일 것이다. 그런데 무엇을 쪼아야 할지 어떻게 알까? 무엇이 먹어도 되는 물체인지 어떻게 알까? 극단적인 가설은 자연이 그런 능력을 부여했다는 것이다. 병아리가 아무런 경험을 하지 않았을 때부터 그 뇌에 낟알의 본보기가 담겨 있다는 가설이다. 이 가설은 비현실적이다. 특히 잡식동물에게는. 그렇다면 밀알, 거저리, 보리알, 기장 낟알, 애벌레 등등에게 모종의 공통점이 있는 걸까? 병아리가 못 먹는 시시한 자국이나 얼룩과는 다른 특징이? 있다. 그런 물체들은 우선 속이 차 있다.

어떤 물체가 속이 차 있는지 아닌지를 어떻게 알까? 표면 음영을 눈여겨보는 것이 한 방법이다. 옆 페이지의 달 크레이터 사진을 보라. 둘 다 똑같은 사진이지만, 한쪽을 180도 돌려놓았다. 짐작하건대, 왼쪽 사진에서는 속이 빈 크레이터가 보일 것이고 오른쪽 사진에서는 속이 차고 꼭대기가 평평한 언덕이 보일 것이다. 그러나 책

을 180도 돌리면 그 반대로 보인다. 이것은 오래전부터 알려진 착시인데, 이때 우리의 시각은 빛이 오는 방향에 대한 선입견에 따라 결정된다. 사실상 태양의 위치에 대한 선입견이나 마찬가지다. 속이 찬 물체는 태양과 가까운 쪽이 좀 더 밝아 보이는 편이고, 보통은 윗면이 그렇다. 따라서 속이 찬 물체의 사진을 180도 돌리면 속이 빈 듯 보이고, 역도 마찬가지다.

물론 태양이 *정확히* 우리의 머리 꼭대기에 있는 경우는 드물지만, 일반적으로 햇빛은 아래에서 위로 비추기보다는 위에서 아래로 비춘다. 속이 찬 물체를 먹잇감으로 찾는 포식동물은 그 가정에 따라 표면 음영을 단서로 활용할 수 있다. 포식자-먹이 군비 경쟁의 반대쪽에 있는 먹이로 말하자면, '방어 음영'으로 자신의 입체감을 속이는 동물이 자연선택에 의해 선호될 것이다. 어류 중에는 몸통 위쪽의 색깔이 짙고 아래쪽은 옅은 종이 많다. 그러면 위에서 비추는 햇빛의 영향이 누그러져, 물고기가 좀 더 납작해 보인다. 그런데 '뒤집힌 메기'라고 불리는 종은 예외이되, 규칙을 증명하는 예외에 해당한다. 사실 이 물고기는 몸을 뒤집어서 헤엄치는 버릇이 있으므로, 배가 등보다 어두운 '역 방어 음영'을 띠는 것이 어쩌면 당연한 것이다.

니코 틴베르헌의 학생이었던 네덜란드인 레인 더 라위터르는 몸을 뒤집은 자세로 쉬는 애벌레의 역 방어 음영을 대상으로 깔끔한 실험을 수행했다. 옆 페이지의 왼쪽 사진은 케루라 비눌라 유충이 정상적인 자세로 있을 때의 모습이다. 유충은 납작해 보이고, 눈에 잘 띄지 않는다. 오른쪽 사진은 더 라위터르가 위의 나뭇가지를 180도 돌린 것이다. 내가 보기에는 이때가 눈에 훨씬 잘 띄는 것 같고, 더 중요한 점으로, 더 라위터르가 실험에서 포식자로 이용한 어치들의 눈에도 훨씬 잘 띄는 모양이었다.

그러나 이것만으로는 태양이 보통 위에서 비춘다는 지식이 어치에게든 사람에게든 선천적 지식인지 학습된 지식인지 알 수 없다. 그래서 나는 속이 찬 물체의 음영이 일으키는 착시 현상으로 의문을 확인해볼 수 있겠다고 생각했다. 병아리들에게 박탈 실험을 가하면 될 것 같았다.

우선, 병아리도 착시를 경험할까? 그런 것 같았다. 나는 반으로 자른 탁구공에 비스듬하게 빛을 비춘 모습을 사진으로 찍은 뒤, 그 이미지를 유혹적인 낟알이나 씨앗만 한 크기로 인쇄했다. 사진에서 탁구공의 밝은 면이 위로 가게 두고 보면, 반구는 속이 찬 것처럼 보였다. 사진을 뒤집으면, 속이 빈 것처럼 보였다. 병아리들에게 두 방향 중에서 선택하게 했더니, 병아리들은 속이 찬 것처럼 보이는 사진, 즉 빛이 위에서 비추는 사진을 강하게 선호했다. 병아리도 우리처럼 태양은 보통 위에서 비춘다는 '선입견'이 있다는 뜻이다.

여기까지는 좋다. 그러나 그 병아리들은 어리기는 해도 완벽한 백지상태는 아니었다. 생후 사흘 된 병아리들이었고, 그 사흘 동안은 정상적으로 위에서 비추는 빛을 받으면서 먹이를 먹었다. 그동안 속이 찬 물체를 위에서 비추면 어떻게 보이는지를 학습했을 수도 있다.

이 가설을 확인하고자, 나는 결정적 실험을 고안했다. *밑에서* 빛이 비추는 환경에서 병아리를 기른 뒤, 같은 조건에서 실험해보았다. 실험 시점에서 병아리들은 위에서 비추는 빛을 평생 한 번도 경험하지 못한 상태였다. 그 병아리들에게 자신이 알을 깨고 나온 세상은 밑에서 해가 비추는 세상이었다. 먹이든 다른 병아리의 몸통이든, 녀석들이 그동안 본 속이 찬 물체는 모두 윗면이 아니라 아랫면이 더 옅었다. 그 병아리들에게 두 탁구공 사진을 보여줄 때, 나는 병아리들이 밑에서 비춘 사진을 선호하리라고 예상했다.

예상은 틀렸고, 나는 기뻤다. 병아리들은 위에서 비춘 사진을 압도적으로 더 많이 쪼았다. 여러분이 내 해석을 받아들인다면, 이것은 과거의 자연선택 덕분에 이 병아리들에게 '사전 정보'라고 부를 만한 모종의 지식이 유전적으로 갖춰져 있다는 뜻이다. 병아리들에게 그들이 살 세상에서는 태양이 보통 위에서 비출 것이라고 말해주는 정보가. 내 실험은 이 정보가 선천적이지 않음을 보여주려고 시도했으나 실패함으로써, 진정한 선천적 정보의 사례를 밝혀낸 셈이었다.

사람들 중에는 바닥에서 비추는 조명을 받으며 살아가는 집단을 떠올리기 어렵다. 만일 그런 집단이 있다면, 내가 병아리에게 했던 방식으로 실험해보면 재미있을 것이다. 결과가 어떨지 직관으로 추측해볼까 싶기도 하나, 그런 내기는 아무래도 걸지 않는 편이 낫다. 아무튼 인간도 선천적으로 착시를 본다는 결과가 나오면 환상적이지 않을까? 나는 병아리에게 이미 한 번 놀랐으니, 인간도 그렇다고 한다면 병아리 때보다 약간만 더 놀랄 것 같다. 물론 그 결과는 영영 알 수 없을 테지만, 어쩌면 아기들에게 실험하는 방법이 있을지도 모른다. 아기들은 물론 물체를 쪼지 않는다. 그 대신 아기들은 관심이 가는 물체에 좀 더 오래 시선을 고정시키므로, 그 시간을 재면 된다. 발달심리학자가 아기들에게 내 탁구공 실험과 비슷한 것을 수행하면 어떨까? 아기들이 두 사진을 응시하는 시간을 재면 되지 않을까? 생후 며칠 동안 아기방의 조명을 밑에서 비추는 것이 비윤리적인 일일까? 내 생각에는 별로 그렇지 않을 것 같지만, 오늘날의 '윤리위원회'가 어떤 판결을 내릴지는 모르는 일이다.

결국 '본성이냐 양육이냐'에 관한 연구는 내 박사 학위 연구에서 작은 부분을 차지했을 뿐이고,[19] 논문에서도 부록으로 쫓겨났다. 논문의 골자는 역시 병아리의 모이 쪼기를 다뤘다는 점을 제외하고는 그 내용과는 무관했으나, 논문 주제 또한 어떤 철학적 관심사를 확인해보려는 시도였다. 철학의 또 다른 부분에 해당하는 관심사였지만 말이다. 내가 그 주제를 다룰 수 있었던 것은 병아리의 쪼는 행동을 기록하는 더 나은 기법을 손에 넣었기 때문이었다.

베빙턴 로드에는, 특히 북쪽 갈매기 서식지에 마련된 현장 연구소에는 '노예' 제도가 있었다. 대학 진학 전에 틴베르헌 연구팀에서 짧게나마 경험을 쌓고 싶어 하는 젊은 무급 자원자를 받는 제도였다. 그중 프리츠 폴라트(나중에 옥스퍼드로 돌아와서 거미 생태 연구팀을 활발하게 이끌었고, 나와 친한 친구로 지냈다)와 (폴라트와 마찬가지로 역시 독일에서 온) 얀 아담이 있었다. 얀과 나는 대번에 마음이 맞아 함께 일했는데, 그는 공작 실력이 뛰어났다. 내 아버지와 캠벨 소령의 서로 다른 장점만 취합한 것 같았다. 그리고 그때는 보건 안전 규제가 꼬치꼬치 개입해 연구자를 자기 자신으로부터 보호하고 의욕을 꺾는 시절이 아니었다. 얀과 나는 동물학부 공작실을, 선반, 밀링머신, 띠톱 등등을 자유롭게 사용할 수 있었다. 우리는(다시 말해 얀이 나를 협조적인 조수로 부렸다는 뜻인데, 이것도 동생 증후군이 아니었을까) 병아리의 쪼는 행동을 자동으로 헤아려주는 기계를 만들었다. 섬세한 경첩이 달린 작은 건반은 얀이 설계부터 시작해서 정교하게 제작한 것이었고, 거기에 민감한 마이크로스위치를 부착했다. 이전에 표면 음영 착시를 실험할 때는 병아리가 쫀 횟수를 손으로 헤아려야 했지만, 이제 갑자기 엄청난 양의 데이터를 자동으로 수집할 수 있었다. 덕분에 전혀 다른 철학에서 자극받은 전혀 다른 연구를 수행할 가능성이 열렸고, 그 철학이란 피터 메더워를 통해 배운 칼 포퍼의 과학철학이었다.

앞에서 말했듯이, 나는 메더워를 아버지의 학교 동창으로 일찌감치 알고 있었다. 내가 대학생일 때, 영국 생물학계의 스타 지식인이 된 그가 모교 옥스퍼드로 강연하러 왔었다. 훤칠하고 잘생기고 공손한 그가 도착하기를 기다리면서 좌석을 꽉 메운 청중이 기대감에 술렁거렸던 것이 기억난다(나중에 누군가는 그에 대해 '이 강연자는 공손하지 않다고 여겨진 적이 평생 한 번도 없다'고 말했다). 강연을 들은 뒤 나는 메더워가 쓴 글을 찾아 읽었다. 훗날 《해결할 수 있는 것의 예술》과 《플루토의 공화국》으로 묶인 글들이었다.[20] 그리고 그 글에서 칼 포퍼를 알게 되었다.

나는 포퍼가 과학을 두 단계 과정으로 파악한 견해에 마음이 갔다. 첫 단계는 가설 혹은 '모형'을 떠올리는 창조적인 — 거의 예술적인 — 작업이고, 다음 단계는 그로부터 유도한 예측을 *반증*하려는 시도다. 나는 교과서처럼 전형적인 포퍼식 연구를 하고 싶었다. 우선 참일 수도 있고 아닐 수도 있는 가설을 떠올리고, 그로부터 엄밀한 수학적 예측을 끌어낸 뒤, 실험으로 예측을 반증하려 노력하는 것이다. 내게는 수학적으로 엄밀한 예측이어야 한다는 점이 중요했다. 측정값 X가 Y보다 크다고 예측하는 것만으로는 부족했고, X의 정확한 값을 예측하는 모형을 원했다. 그런 정확한 예측에는 방대한 데이터가 필요한데, 병아리가 쫀 횟수를 대량으로 헤아리게 해주는 얀의 기구가 기회를 제공한 것이었다. 병아리들은 탁구공 사진 대신에 얀의 경첩 달린 건반에 얹힌 색색깔의 작은 반구를 쪼았고, 그 순간 마이크로스위치가 작동해 기록을 남겼다. 실험 결과 병아리들은 초록색보다 빨간색을, 빨간색보다 파란색을 선호했다. 그러나 내 관심사는 그게 아니었다. 병아리에게 어떤 색깔이 주어지든, 그 개별적인 쪼기 행동이 정확히 어떤 원칙에 따라 결정되는지를 알고 싶었다. 물론 이것은 어떤 동물이 어떤 순간에 어떻게 결정하는가 하는, 좀 더 일반적인 의문을 대변하는 한 표본이었다.

어느 글에서 메더워는 실제 과학 연구란 최종적으로 발표된 '이야기'와 똑같은 순서로 질서 있게 진행되진 않는다고 지적했다. 현실은 훨씬 더 어수선하다. 내 경우도 마찬가지로, 얼마나 어수선했으면 처음에 어떤 계기로 '포퍼식' 실험을 떠올렸는가조차 기억나지 않는다. 완성된 이야기만 기억나는데, 메더워라면 충분히 예측했겠지만, 그 완성된 이야기는 미심쩍을 만큼 깔끔한 인상을 준다.

아무튼, 완성된 이야기는 이렇다. 나는 병아리가 두 표적 중 하나를 쪼기로 결정할 때 그 머릿속에서 무슨 일이 벌어지는지를 설명하는 가상의 '모형'을 떠올렸다. 다음으로, 약간의 수학을 적용해 그 모형에서 엄밀하고 정량적인 예측을 끌어냈다. 마지막으로, 예측을 실험으로 확인해보았다. 나는 그 모형을 '충동/문턱값' 모형이라고 불렀다. 나는 병아리의 머릿속에 모종의 변수가 존재한다고 가정하고(쪼려는 '충동'이라는 변수다), 충동이 강해지거나 약해짐에 따라(이 변화는 어쩌면 무작위적이겠지만 어쨌든 그 점은 중요하지 않다) 변수가 그리는 그래프가 연속적으로 오르락내리락한다고 보았다. 충동이 특정 색깔의 문턱값을 넘으면, 병아리는 그 색깔을 쫄 수 있다(쪼는 *타이밍*을 결정하는 변수는 따로 있으며, 내가 그것에 대해 고안하고 시험한 다른 모형은 뒤에 이야기하겠다). 파란색은 병아리가 가장 선호하는 색깔이므로, 초록색보다 문턱값이 낮다. 그런데 충동이 초록색의 문턱값을 넘으면, 파란색의 문턱값도 자동적으로 넘은 셈이다. 병아리는 그때 어떻게 할까? 두 문턱값을 모두 초과했으니 어떤 색깔을 고르든 상관없으리라는 것이 내 가정이었다. 그러니 병아리는 이른바 '동전 던지기' 방식으로 둘 중에서 고를 것이다. 따라서 모형에서는

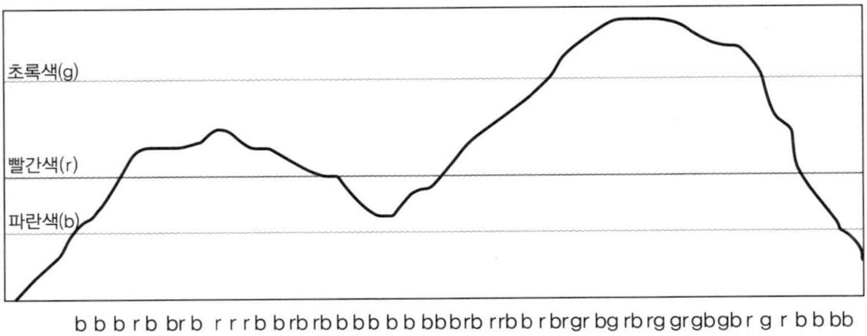

구불구불한 선은 충동을 뜻한다. 충동이 파란색 문턱값을 넘으면, 병아리는 계속 파란색만 쫀다. 충동이 빨간색 문턱값을 넘으면, 자동적으로 파란색 문턱값도 넘은 셈이다. 따라서 병아리는 두 색깔 중에서 무작위로 쫀다. 충동이 초록색 문턱값을 넘으면 세 문턱값을 모두 넘은 것이 되므로, 세 색깔 중에서 무작위로 쫀다.

다음과 같은 예측이 유도되었다. 병아리의 선택을 장기간 기록하면, 병아리가 선호하는 색깔만 연속적으로 쪼는 기간이 간간이 있을 것이고 그 사이사이에는 두 색깔 중에서 무작위로 쪼는 기간이 있을 것이다. 덜 선호하는 색깔만 연속적으로 선택하는 기간은 없어야 한다.

처음에는 병아리가 어떤 순서로 쪼는지까지는 살펴보지 않았다. 그 작업은 나중에 캘리포니아로 옮긴 뒤에 할 것이었다. 처음부터 순서를 확인하지 않은 이유는 전혀 거창하지 않다. 얀의 기구가 쪼는 횟수를 헤아릴 수 있을 뿐 쫀 순서까지 기록하지는 못한다는 단순한 사실 때문이었다. 얀은 진작 독일로 돌아갔기 때문에 기구를 개조해줄 수도 없었다. 그리고 나는 모종의 수학 공식을 유도함으로써 측정 가능한 어떤 값에서 측정 가능한 다른 값을 예측하는 작업의 포퍼식 깔끔함에 마음이 끌렸던 듯하다.

병아리들은 초록색보다 빨간색을, 빨간색보다 파란색을 선호했다. 나는 병아리들에게 파란색과 초록색, 파란색과 빨간색, 빨간색과 초록색을 쌍으로 제시한 뒤 각각의 경우에서 전체 쫀 횟수 중 선호 색깔을 쫀 횟수의 비 P를 계산하는 실험을 상상했다. 그러면 세 가지 값이 결과로 나올 것이다($P_{\text{최선최악}}$, $P_{\text{최선중간}}$, $P_{\text{중간최악}}$). 이중 $P_{\text{최선최악}}$는 다른 두 값보다 크리라는 예측이 가능했다. 그런데 정확히 얼마나 더 클지도 예측할 수 있을까? $P_{\text{최선중간}}$와 $P_{\text{중간최악}}$ 값을 입력하면 그로부터 $P_{\text{최선최악}}$ 값을 정확하게 예측하는 공식을 모형에서 유도할 수 있을까? 가능했다. 나는 정확히 그런 공식을 유도하는 데 성공했다. 우선 충동이 문턱값들 사이에서 지속되는 시간을 수학 기호로 정의한 뒤, 초보적인 대수 계산을 적용해(어니 도에게 배운 연립방정식이었다) 미지의 변수들을 제거했다. 계산 마지막 쪽에서 단순하고 정확하고 정량적인 예측이 도출되는 것을 확인하고, 나는 꽤 기뻤다. 충동/문턱값 모형의 예측은 다음과 같았다.

$$P_{\text{최선최악}} = 2(P_{\text{최선중간}} + P_{\text{중간최악}} - P_{\text{최선중간}} \times P_{\text{중간최악}}) - 1$$

나는 이 공식을 '예측 1'이라고 불렀다. '예측 1'은 정량적으로 정확하다는 점에서 내 관심을 끌었다.

이제 예측을 시험할 차례였다. 병아리들은 예측을 따를까? 그랬다. 기쁘고 놀랍게도, 총 여덟 번 실험에서 일곱 번은 그랬다. 그것도 아주 엄밀하게. 다만 여덟 번째 실험은 하도 멀리 벗어나서, 논문이 〈동물 행동〉 저널에 실렸을 때[21] 인쇄자가 그 데이터에 해당하는 점을 인쇄판에 묻은 얼룩인 줄 알고 그래프에서 지우는 사건이 발생했다. 어찌나 당황스럽던지! 함께 수록된 표에는 문제의 불량

한 데이터가 분명히 적혀 있었기에 망정이지, 아니면 나는 정직성을 의심받았을지도 모른다. 나는 병아리로 다른 실험도 했다. 쪼기 실험이 아니라, 서로 다른 색의 조명이 비추는 공간을 두고 병아리가 한쪽을 골라서 들어가도록 하는 실험이었다. 아래의 그래프는 두 종류를 합해 총 11건의 실험에 대해 관찰값(퍼센트)과 예측값을 비교한 것이다.

모형의 예측이 완벽하다면, 점들은 모두 정확히 대각선 위에 놓여야 한다. 앞에서 언급한 실험 8을 제외하고는, '충동 문턱값 모형'의 결과는 우리가 보통 동물 행동 실험에서 기대하는 수준보다 훨씬 더 좋았다(일반적으로 물리학에서는 측정의 통계적 오류가 이보다 더 적은 편이라서 이보다 더 높은 정확도를 기대한다).

나는 똑같은 데이터를 써서 다른 대안 모형의 예측도 확인해보았

충동 문턱값 모형(병아리)

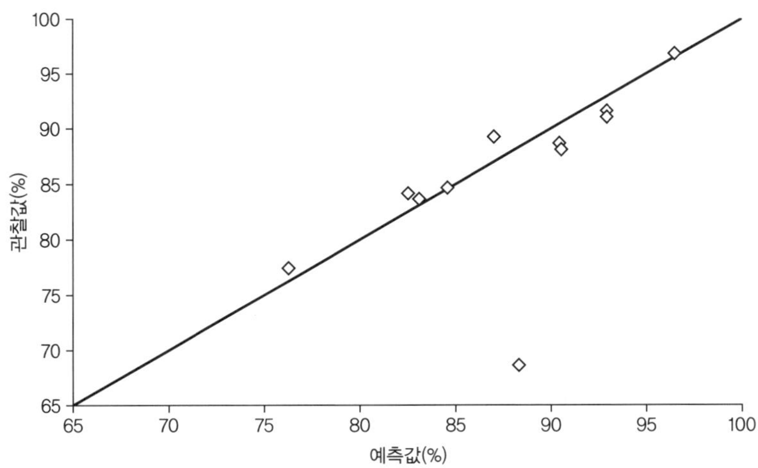

다. 그 모형에서는 동물이 각각의 색깔에 대한 '값'을 갖고 있다고 가정했고, 그 값에 비례해 선택을 할당한다고 가정했다. 두 모형에서 유도된 예측은 엇비슷했기 때문에, 한쪽이 옳다면 다른 쪽도 거의 옳은 것처럼 보이기 쉬울 터였다. 그러나 실제로는 충동 문턱값 모형이 관찰값을 정확히 예측하는 데 지속적으로 성공한 데 비해, '색깔값' 모형은 $P_{최선최악}$을 지속적으로 과대 예측했다. 색깔값 모형은 반증되었고, 충동 문턱값 모형은 반증 시도를 멋지게 이겨냈다. 실제로 그 모형의 예측은 (실험 하나를 제외하고는) 놀랍도록 정확했다.

모형의 성과가 훌륭하다는 것은 곧 정말로 병아리의 머릿속에 어떤 '충동'이 존재해 '문턱값'을 오르락내리락한다는 뜻일까? 충동이 하나 이상의 문턱값을 넘을 때는 정말로 동전 던지기와 비슷한 작업이 병아리의 머릿속에서 벌어진다는 뜻일까? 글쎄, 포퍼라면 이렇게 말했으리라. 모형은 강력한 반증 시도를 견뎌냈지만, 그것만으로는 '충동'이나 '문턱값'의 개념이 실제 신경이나 시냅스의 언어와 어떻게 대응하는지 알 도리가 없다고. 그러나 최소한 이 모형은 병아리의 머리를 열어보지 않은 채 그 속에서 벌어지는 일을 추측할 때 쓸 수 있는 흥미로운 가설이다.

모형을 상상하고 그 예측을 확인하는 기법은 그동안 과학의 여러 분야에서 엄청나게 생산적으로 쓰였다. 유전학을 예로 들면, 우리는 현미경을 전혀 들여다보지 않은 채 오로지 교배 실험의 데이터만 가지고도 염색체가 유전 부호를 암호화한 일차원적 선형 서열이라는 사실을 추리할 수 있다. 나아가 유전자들이 염색체 위에 늘어선 순서도 알 수 있고, 유전자들이 서로 떨어진 거리도 알 수 있다. 어떤 모습을 상상한 뒤 교배 실험으로 그 예측을 확인해보는 것만으로도 말이다. 입체성과 음영에 관한 실험과 마찬가지로, 충동 문턱값 모형은 병아리의 머리에서 실제 벌어지는 일을 확실히 알아내려는 시도가 아니라 우리가 모형으로 어떤 *형태의* 일을 할 수 있는지 보여주는 한 사례다.

나는 충동 문턱값 모형을 여러 방향으로 좀 더 정교화했다(이것 역시 포퍼 철학이 반드시 가능해야 한다고 규정하는 작업이다). 그리고 총 아홉 가지 예측을 시험해, 상당한 성공을 거뒀다. 그중 한 모형은 앞에서 잠깐 언급했듯이 병아리가 쪼는 행동의 타이밍을 설명하려는 시도였다(달리 말해, '문턱값'에 대한 '충동'의 상대적 위치를 '샘플링'하는 작업이었다). 이 모형의 예측은 검은 머리 갈매기 새끼들의 데이터에 잘 맞았다. 데이터는 베빙턴 로드의 동료 겸 친구였던 스위스 출신의 모니카 임페코펜 박사가 수집한 것이었다. 우리는 공동으로 논문을 발표했다.[22]

'주의 문턱값 모형'이라는 이름으로 발표한[23] 또 다른 변형 형태는 충동 문턱값 모형의 '동전 던지기' 과정을 좀 더 깊게 탐색하려는 시도였다. 충동이 하나 이상의 문턱값을 넘으면 병아리가 무작위로 고른다고 가정했던 대목 말이다. 짧게 설명하면, 나는 병아리들이 한 번에 한 차원에만 — 색깔, 형태, 크기, 질감 등등 — 주의를 쏟을 수 있고 그 순서는 정해져 있다고 가정했다. 그리고 모든 주의 체계가 각각 충동 문턱값 모형을 따른다고 가정했다. 병아리가 첫 번째 차원, 가령 색깔에 주의를 쏟는다고 하자. 색깔 체계의 충동/문턱값이 특정한 선택을 지시하면, 병아리는 선호하는 색깔을, 가령 파란색을 고른다. 반면에 색깔 체계의 판결이 '동전 던지기'라면, 병아리는 주의를 다음 차원으로, 가령 형태로 옮기고 색깔은 무시한다. 이때 색깔 체계의 관점에서는 형태에 따른 선택이 무작위나 다름없지만, 형태 체계의 관점에서는 당연히 무작위가 아니다. 모든 주의 체계를 대상으로 이렇게 단계별로 내려오는 과정이 적용되는 것이다. 그러고도 끝까지 실패하면, '동전 던지기'는 대충 '가장 가까운 것을 고르라'는 지시가 된다. 나는 주의 문턱값 모형에서 추가로 도출되는 예측들(총 아홉 가지)을 시험해, 모형이 옳다는 것을 확인했다.

한 발 더 나아가, 나는 입체 음영 실험에서 던졌던 질문을 이번에도 던져보았다. 과연 충동 문턱값 모형을 사람에게도 적용할 수 있을까? 나는 과학 문헌을 뒤져서 심리학자들이 사람의 쌍별 선호도를 조사한 연구를 찾아냈다. 그런 연구자들의 동기는 나와 달랐지만, 그들이 발표한 결과를 내가 활용할 수는 있었다. 심리학자들이 가능한 모든 쌍별 조합에서의 선호도를 조사하는 이유는 다양하다. 이를테면 투표 이론에서 어떤 가설을 시험하려고 그럴 수도 있다. 응답자들에게 보수주의, 자유주의, 사회주의 셋 중에서 하나를 고르라고 해 승자독식 혹은 순위 결과를 내는 대신, 쌍별 선택의 이점을 활용하는 것이다. "보수주의와 자유주의 중 어느 쪽에 투표하시겠습니까(다른 선택지가 없다면)? 자유주의와 사회주의 중에서는? 보수주의와 사회주의 중에서는?" 동기가 무엇이든, 심리학자들은 사람들에게 가능한 모든 쌍별 조합을 제공하고 그중에서 선택하게 하는 실험을 많이 했다. 나는 그들이 측정한 최선 대 중간, 중간 대 최악의 비를 내 공식에 입력해, 내 모형이 최선 대 최악의 비를 얼마나 잘 예측하는지 확인할 수 있었다. 데이터는 다양한 연구에서 왔다.

미국 학생들에게 여러 필체 중에서 고르라고 한 실험, 미국 학생들에게 여러 야채 중에서 고르라고 한 실험, 미국 학생들에게 여러 쓴맛/단맛 중에서 고르라고 한 실험, 중국 학생들에게 여러 색깔 중에서 고르라고 한 실험. 나는 특히 보스턴 심포니 오케스트라, 필라델피아 오케스트라, 미니애폴리스 심포니 오케스트라, 뉴욕 필하모닉 단원들을 대상으로 작곡가 선호도를 조사한 방대한 연구 결과를 쓸 수 있어서 신이 났다. 옆 페이지의 그래프는 사람을 대상으로 한 이런 연구들의 결과를 취합한 결과다. 충동 문턱값 모형의 예측은 이번에도 완벽했다. 점들이 대각선 위에 가지런히 놓인 것을 보라. 고백하건대, 예측이 엄밀하게 충족되는 것을 보고 나는 꽤 흥분했다. 보통 행동생물학의 예측은 이렇게까지 정확히 맞지 않는 법이다!

오케스트라 연구는 방대했고, 그 데이터를 가공하는 작업은 수고스러웠다. 나는 그 문제를 콜리어 삼촌과 의논했다. 당시 옥스퍼드 삼림학부에 재직해 통계 기법에 대한 강의와 조언을 맡고 있던 삼촌은 대학 컴퓨터로 프로그래밍을 해보라고 제안했다. 삼촌과 숙모 바버라가 계기를 마련하고 도와준 덕분에, 나는 작곡가 선호도를 처리하는 프로그램을 짤 수 있었다. 그리하여 이후 40년 동안 시간과 영혼을 쏟아붓게 될 컴퓨터 프로그래밍과의 연애가 시작되었다. 다행스럽게도 지금은 연애가 끝났다. 컴퓨터를 엄청나게 많이 쓰는 것은 여전하지만, 프로그래밍은 전문가들에게 맡긴다.

1960년대 중반에는 옥스퍼드대학을 통틀어 컴퓨터가 딱 한 대 있었다. 잉글리시일렉트릭사의 신형 KDF9 모델이었다. 성능은 요즘의 아이패드보다 떨어지지만 당시에는 최첨단 모델이었던 그 컴퓨터는 커다란 방을 꽉 채웠다. 삼촌과 숙모가 선호한 프로그래밍

충동 문턱값 모형(사람)

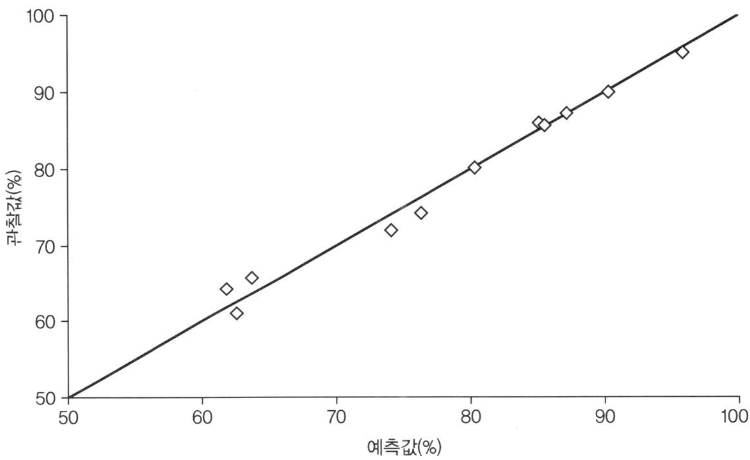

언어는 K-오토코드였다. 미국의 포트란에 대한 영국의 대안이었던 K-오토코드는 구조와 문법이 포트란과 비슷했고, (절대주소로 점프해야 한다거나 하는) 흉한 프로그래밍 관행을 양산하는 성향도 비슷했다. 당시 미국 컴퓨터들은 펀치 카드를 잔뜩 쌓아두고 썼고(자칫 떨어뜨리거나 돌이킬 수 없이 섞여버리는 단점이 있었다), 영국 컴퓨터들은 종이로 된 펀치 테이프를 썼다(컴퓨터가 바닥에 잔뜩 토해낸 스파게티 가닥 같은 테이프를 잘 말아야 했고, 그러다가 찢기 쉬웠다). 그런 시절이 끝난 게 얼마나 다행인지. 요즘 컴퓨터가 산더미 같은 종이 대신 화면이나 스피커로 우리와 직접 소통하는 것, 더구나 24시간 지체 따위 없이 즉각 소통하는 것은 또 얼마나 다행인지.

그러나 그 시절에는 대안이 없었고, 나는 컴퓨터에 매혹되었다. 일련의 조작을 미리 프로그래밍한 뒤 한 단계 한 단계 연필로 확인해가면서 실행해보고 그 뒤에 컴퓨터에 입력해서 재빠른 속도로 수천 번 반복시키는 일에 홀딱 빠졌다. 한번은 내가 컴퓨터가 돼서 스스로 짠 프로그램을 수행하는 악몽도 꿨는데, 열에 들뜬 머릿속에서 밤새도록 루프를 반복하고 또 반복했다. 사실 그날 밤 상황은 어차피 푹 자기는 틀린 터였다. 친구 로버트 매시의 꼬임에 넘어가서 베빙턴 로드의 다른 사람들과 함께 '서리 퓨마'를 사냥하러 간 주말이었기 때문이다.

1959년 이래 잉글랜드 남부 서리의 숲 속에서 정체 모를 대형 육식동물을 봤다는 목격담이 이어졌다. 서리 퓨마라고 명명된 동물은 작게나마 설인雪人 전설과 비슷한 명성을 쌓았다. 1966년 5월의 어느 주말, 우리는 녀석을 찾으러 가보자고 의기투합했다. 우리 계획이 신문들에 알려졌는데, 마침 뉴스거리가 고갈되는 늦여름이었던지라 〈옵서버〉가 내 사진을 지면에 실었다. 어릴 때 썼던 것 같은 대영제국 피스헬멧을 쓴 모습이었다. 친구들이 어디에 텐트를 쳤던지는 잊었지만, 좌우간 내게 배정된 역할은 침낭에서 하룻밤을 보내는 것이었다. 별빛 아래 야외에서, 큼직한 생고기 덩어리들에 둥그렇게 둘러싸인 채. 내게는 플래시가 장착된 카메라가 주어졌고, 내가 받은 명령은 퓨마가 고기를 먹으러 오면, 아니면 나를 먹으러 오면 그 즉시 사진을 찍으라는 것이었다. 아무리 좋게 말해도 결코 쌔근쌔근 자지는 못했으니, 하필이면 그날 밤에 컴퓨터 악몽을 꾼 것도 이해할 만하다. 동이 트자 나와 친구들은 대단히 안도했다. 꿈결처럼 안개가 자욱한 새벽이었다(화보에 수록한 사진을 보면 알 것이다). 결국 서리 퓨마는 찾지 못했다. 2005년까지도 녀석을 봤다는 목격담이 이어진 걸 보면, 서리 퓨마는 지금까지 기록된 퓨마의 최고 수

명보다도, 심지어 포획 상태의 최고 수명보다도 두 배 이상 길게 생존하고 있을지도 모른다.

내 컴퓨터 취미는 KDF9보다 더 작지만 더 접근성이 좋은 컴퓨터로 옮겨갔다. 옥스퍼드 동물학부는 약간 박쥐처럼 생긴 상냥한 앨리스터 하디 경의 후임자로 정력적인 신임 프로페서(당시 옥스퍼드에서 학부장을 지칭하던 명칭)를 앉혔다. 무뚝뚝한 '래핑 존' 프링글이(작달막한 사람을 '로프티'라고 부르는 것처럼 아이러니를 의도한 별명이었다)('래핑'은 '웃는'이라는 뜻, '로프티'는 '우뚝한'이라는 뜻 – 옮긴이) 케임브리지에서 오자, 부서는 한바탕 현대화의 소용돌이에 휩쓸렸다. 친애하는 늙은 앨리스터 하디의 친애하는 늙은 부서는 여러 방면에서 차근차근 '프링글화'되었다. 말할 것도 없이 더 나은 방향으로의 발전이었다. 프링글화의 여러 측면 중에서도 가장 흥분되는 사건은 프링글 못지않게 정력적인 X선 결정학자 그룹이 런던에서 넘어온다는 사실이었다(왓슨과 크릭이 했던 작업을 DNA가 아니라 단백질 분자에 대해서 하는 사람들이었다). 내게 가장 흥분되는 사건은 그들이 컴퓨터를 가지고 왔다는 사실, 그리고 관리자였던 친절한 토니 노스 박사가 자신들이 결정에서 반사된 X선 굴절 패턴을 계산하지 않는 밤중에는 내가 컴퓨터를 써도 좋다고 허락한 일이었다. 엘리엇 803은 요즘 기준으로 KDF9보다 더 원시적이었지만, 내가 직접 조작할 수 있다는 것은 엄청난 이점이었다.

내가 컴퓨터의 중독성을 똑똑히 깨달은 것은 그 시절이었다. 나는 밝고 따뜻한 컴퓨터실에서 스파게티 같은 펀치 테이프에 둘둘 감긴 채 꼬박 밤을 새웠다. 그것도 자주. 불면에 헝클어진 내 머리카락이 꼭 펀치 테이프 뭉치 같았을 것이다. 엘리엇은 내부 처리 과정을 소리로 알리는 귀여운 버릇이 있었다. 작은 스피커에서 웅웅 뚜뚜 리듬감 있게 흘러나오는 세레나데를 들으면 계산이 진행되고 있음을 알 수 있었다. 전문가 노스 박사의 귀에는 그 노래가 하나하나 의미 있게 들렸겠지만, 내게는 야밤의 고독을 달래는 친구일 뿐이었다. 젊을 때 밤 새워 컴퓨터에 시간을 낭비했던 경험은 컴퓨터와의 연애를 나보다 더 길게 (또한 더 수지맞게) 지속한 사람들의 — 요즘 '긱'이라고 불리는 사람들의 — 특징이다. 한 명만 꼽자면 빌 게이츠 같은 사람 말이다. 돌아보면, 엘리엇과의 연애가 생산적이었다고는 할 수 없다. 프로그래밍 기술을 실습해볼 귀중한 기회이기는 했지만, 엘리엇용 오토코드는 다른 어떤 컴퓨터에서도 쓰이지 않는 언어였다. 그리고 내 야밤의 활동은, 물론 성실하고 근면했지만, 진지한 프로그래밍은 아니었다. 예전에 내가 아운들 스쿨의 음악실에서 악기를 집적거렸던 것과 진정한 음악 연주 사이의 관계를 떠올리면 될 것이다.

나는 취리히에서 열린 1965년 국제동물행동학회에서 충동 문턱값 모형을 발표하게 되었다. 발표에 대비해, 나는 이론을 시각적으로 표현한 물리적 모형을 제작했다. 우선 고무관에 수은을 채웠다. 위아래로 흔들면 출렁거리는 수은이 곧 '충동'이었다. 고무관은 세로로 선 유리관 바닥에 붙어 있었고, 유리관에는 높이가 다 다른 전기 접점이 세 군데 있었다. 그 접점들이 '문턱값'이었다. 수은은 전도체이므로, 수은이 출렁거리다가 접점 중 하나를 건드리면('충동'이 '문턱값'을 넘으면) 회로가 닫혔다. 수은이 어떤 전극과 접촉했을 때는 당연히 그보다 높이가 낮은 전극들과도 모두 접촉한 상태였다. 이론의 주요한 가정들은 그렇게 구현되었다. 병아리가 서로 다른 색깔을 쪼는 것을 나타내기 위해서, 나는 전기 기계식 계전기들이 시끄럽게 달가닥거리면서 색색의 전구를 켜고 끄는 장치를 제작했다. 히스 로빈슨 풍의[24] 그 장치를 제작한 까닭은, 옥스퍼드에서 열렸던 지난번 동물행동학회에서 데즈먼드 모리스와 오브리 매닝 등이 제작한 유압식 시뮬레이션 장치가 박수갈채를 받았다는 것처럼, 박수갈채를 받기 위해서였다. 장치를 옥스퍼드에서 취리히까지 어떻게 운반했는지는 기억나지 않는다. 사실은 이해도 안 된다. 요즘 공항의 보안검색대는 아마추어적으로 납땜된 전선, 계전기, 배터리, 수은이 잔뜩 달린 장치를 절대로 통과시켜주지 않을 것이다.

그런데 내가 생애 최초의 학회 발표를 앞두고 무대로 나서려는 순간, 뭔가 잘못되어 장치가 작동하지 않았다. 나는 당황해 제대로 돌아가지 않는 머리로 진땀을 흘리면서, 무대 밖에서 무릎을 꿇은 채 미친 듯이 이것저것 만지작거렸다. 그때 등 뒤에서 무슨 목소리가 들렸다. 호기심 가득한 오스트리아 억양의 목소리가 뒤에서 빠르고 단호하게 지시를 내렸다. 속사포처럼 내뱉는 목소리는 정확히 무엇을 어떻게 하면 되는지를 알려주었다. 나는 꿈이라도 꾸는 듯 순순히 지시에 따랐고, 그러자 장치가 움직였다. 구세주가 누군지 보려고 뒤로 돌았더니, 볼프강 슐라이트가 서 있었다. 나는 그를 만난 적은 없었지만 그가 누군지는 알았다. 유럽 동물행동학계의 떠오르는 스타였던 그는 시한폭탄 같은 내 기계가 어떤 용도인지 모르면서도 내가 처한 곤경을 보고는 대번에 문제를 파악하고 해법을 지시했던 것이다. 나는 이후 평생 슐라이트 박사에게 고마웠다. 그가 기술적 천재성으로 이름 높다는 사실을 뒤늦게 듣고도 전혀 놀라지 않았다. 덕분에 나는 기묘한 기기를 무대로 날랐다. 발표가 끝났을 때, 히스 로빈슨 풍 아마추어리즘의 분위기를 풍기며 딸각딸각 색색으로 빛난 장치는 갈채라고 불러도 무방한 박수를 받았다. 고맙습니다, 볼프강 슐라이트. 그런데 그가 창피를 모면하게 해주었기 때문에 고마워하는 것만은 아니다. 그날 청중 속에 잘생긴 조지 발로가 있었는데, 미국 동물행동학계의 떠오르는 스타였던 그가 내 발표에 깊은 인상을 받아 나를 면접도 이력서도 없이 버클리 캘리포니아대학의 조교수로 초빙했기 때문이다. 내게는 제대로 된 첫 직장이었다.

그러나 그것은 나중 일이었다. 옥스퍼드로 돌아가자. 1966년에 니코 틴베르헌은 안식년 휴가를 떠나면서 대학생을 대상으로 한 그 해의 동물 행동 수업을 내게 맡겼다. 니코가 자기 강의 노트를 주겠다고 했지만, 나는 사양하고 처음부터 직접 준비하기로 했다. 평생 처음 맡은 강의였기에, 나는 상당히 충실하게 강의 노트를 작성했다. 그런데 오래전에 잃어버렸다고 생각했던 그 노트를, 놀랍게도 이 회고록을 쓰던 중 우리집 지하실에 둔 종이 상자에서 발견했다. 그것을 46년이 지난 뒤에 다시 읽으니 제법 흥미로웠다. 더구나 동물 행동에 관한 강의였기 때문에, 《이기적 유전자》의 핵심 메시지와 문체가 뚜렷하게 드러나 있었다. 책을 쓴 시점으로부터 족히 10년은 앞서 썼던 노트인데도 말이다.

1964년 〈이론생물학 저널〉에 길고 약간 까다로운 수학적 논문이 두 편 실렸다. 저자인 W. D. 해밀턴은 런던대학의 젊은 대학원생이었다. 그는 훗날 나와 함께 일하는 친한 동료가 되었지만, 당시에는 전혀 알려지지 않은 이름이었다. 특유의 통찰력으로 해밀턴 논문의 중요성을 간파한 사람은 마이크 컬런이었다. 존 메이너드 스미스를 제외하고는 세상의 누구보다도 빨랐을 것이다. 마이크는 어느 날 저녁 베빙턴 로드 그룹에게 그 내용을 설명해주었고, 마이크의 흥분은 전염성이 있었기 때문에 나도 당장 열광했다. 대리로 맡은 동물 행동 수업에서 학생들에게 해밀턴의 발상을 설명해보고 싶어졌을 정도로.

오늘날 주로 '친족선택' 이론이라고 불리는 해밀턴의 이론은(그러나 해밀턴이 아니라 메이너드 스미스가 붙인 이름이다) 신다윈주의의 '현대적 종합'에서 곧장 따라나온다. 친족선택 개념이 신다윈주의적 종합에 딸린 잉여나 부속이 아니고 종합에 꼭 필요한 일부라는 뜻이다. 피타고라스의 정리와 유클리드 기하학을 떼어놓을 수 없듯이, 친족선택과 신다윈주의를 떼어놓을 수는 없다. 생물학자가 현장에서 친족선택을 '시험'하려고 하는 것은 피타고라스가 줄자로 잴 삼각형을 찾아나선 것과 마찬가지다.

신다윈주의적 종합은 다윈의 원래 이론과는 달리 유전자를 자연선택의 단위로 보고, 그것에 집중한다. 유전자는 동물집단 내에서 *수를 헤아릴 수 있는* 이산적인 존재다. 실제로는 생물 개체의 세포들 속에 들어 있지만, 그 사실은 거의 무시해도 좋다. 유전자마다 그것이 '유전자풀'에서 등장하는 *빈도*를 따질 수 있고, 그 값은 생식 가능한 개체들 중에서 그 유전자를 가진 개체의 수로 표현된다. 성공적인 유전자란 성공적이지 못한 대안 유전자를 희생시켜 그 빈도를 낮추고 대신 자신의 빈도를 높이는 유전자다. 동물로 하여금 자식을 돌보게끔 만드는 유전자는 빈도가 커지는 경향이 있다. 보살핌을 받는 자식의 몸에서 그 유전자가 살아남을 테니까. 이 대목에서, 해밀턴은 직계 자식 외의 친족도 개체와 유전자를 공유하므로 그들도 보살핌이라는 진화적 특질의 수혜자가 된다는 사실을 깨달았다(피셔와 홀데인도 이 사실을 어느 정도 깨달았지만, 그다지 중요하게 여기지는 않았다).

해밀턴은 단순한 법칙을 하나 유도했다(해밀턴의 법칙이라고 불린다). 개체로 하여금 친족에게 이타성을 발휘하게끔 만드는 유전자가 있다고 하자. 만일 이타주의자의 비용 C가 수혜자의 이득 B에다가 두 개체 사이의 연관도 r을 곱한 값보다 작다면, 그 유전자는 집단에 퍼지는 경향이 있다. 이때 연관도는 비로 표현되고(즉 0과 1 사이의 숫자), 해밀턴은 그 값을 어떻게 계산하는지 알려주었다(그 정확한 의미를 직관적으로 설명하기는 어렵다. 불가능하진 않겠지만).[25] 형제자매는 r이 0.5다. 삼촌과 조카는 0.25, 사촌간은 0.125다. 사회적 곤충에 특별한 관심이 있었던 해밀턴은 자신의 친족선택 이론을 그들에게 적용함으로써 개미, 꿀벌, 말벌, (방식은 좀 다르지만) 흰개미가 놀라운 사회적 이타성을 진화시킨 방식을 멋지게 설명해냈다.

개미의 전형적인 지하 굴은 유전자를 복제해 주변 환경으로 퍼뜨리는 공장이나 다름없다. 공장은 날개 달린 어린 여왕개미와 수개미들의 몸에 유전자를 담아 내보낸다. 날 줄 아는 이런 개미들은(우리 눈에 익숙하지 않은 날개 탓에 우리는 개미인 줄 모를 수도 있다) 지하 구멍에서 뿜어져 나와 하늘로 솟구친 뒤, 짝짓기를 한다. 어린 여왕개미는 짝짓기 비행 중에 평생 쓸 정자를 모으고, 그것을 자기 몸에 저장했다가 오래오래 조금씩 꺼내 쓴다. 짝짓기를 마치고 정자를 가뜩 채운 암컷은 다른 곳으로 날아가서, 땅에 구멍을 파고 정착해 새 개미굴을 건설한다. 종에 따라 자기 날개를 물어뜯거나 잘라내는 경우도 있다. 지하의 여왕으로 살 때는 날개가 필요 없기 때문이다.

여왕개미의 후손은 대부분 생식력이 없는 일개미들이다. 그러나 유전자 확산의 관점에서는 (날개 달린) 어린 여왕과 수컷들이 더 중요하다. 일개미는(개미, 꿀벌, 말벌은 모두 암컷이고, 흰개미는 암수가 다 있다) 보통 자기 유전자를 후손에게 물려줄 가망이 없으므로, 생식력이 있는 방계 친척, 즉 자신의 자매나 조카딸에 해당하는 어린 여왕과 수컷들을 먹이고 돌보는 데 헌신한다. 생식력 없는 일개미로 하여금 장차 여왕이 될 자매를 돌보게끔 만드는 유전자는 어린 여왕의 몸에 담겨서 미래의 유전자풀로 전달된다. 여왕개미 자신에게서는 보살피는 행동이 발현되지 않아도, 보살핌을 지시하는 유전자는 여왕의 일개미 딸들에게 전달된다. 그래서 그들이 다시 그 유전자를 전달할 수 있는 어린 여왕과 수컷들을 보살핀다.

사회적 곤충은 특이한 한 사례일 뿐, 해밀턴의 법칙은 친족을 보살피는 종인가 아닌가와는 무관하게 모든 종에게 적용된다. 친족을 보살피지 않는 종은 해밀턴의 법칙에서 연관도 r이 높더라도 경제적 비용과 이득(C와 B)이 친족선택을 선호하는 방향으로 정렬되지 않는 상태이다. 그리고 종종 생물학자들조차 오해하는 대목인데, 개체가 자기 자식을 보살피는 이유도 결국에는 나이 많은 형제가 어린 형제를 돌보는 이유와 같다(돌본다면 말이다). 두 경우 모두 두 개체가 보살핌을 장려하는 유전자를 공유하기 때문에 나타나는 현상이다.

앞에서 말했듯이, 나는 마이크 컬런의 소개를 듣고서 해밀턴의 탁월한 발상에 열광하게 되었다. 그래서 니코 틴베르헌 대신 진행할 강의에서 내 나름의 방식으로 그 발상을 설명해보고 싶었다. 그러나 니코의 강의 내용에서 그렇게 멀리 벗어나도 될지, 내 웅변을 대신 집어넣어도 될지 자신이 없었다. 내가 웅변하고 싶은 내용이란 유한한 개체들 속에서 '이기적 유전자'야말로 대대로 살아남는 존재라는 것, 개체들은 유전자가 미래로 불굴의 행진을 이어가는 과정에서 이용되었다가 버려지고 마는 존재라는 것이었다. 확신을 얻고 싶었기 때문에, 나는 타이핑한 강의 노트를 마이크 컬런에게 보여주었다. 그가 여백에 적어준 글을 지금 다시 보노라니, 당시에 그의 말이 얼마나 큰 격려였던지가 새삼 떠오른다(옆 페이지의 복사 이미지를 보라). 나는 '멋진 내용lovely stuff'이라는 마이크의 평가에 용기를 얻어, 이 주제를 이런 스타일로 강의하겠다는 계획을 고수할 수 있었다. 그리고 그 순간이야말로 10년 뒤에 탄생할 《이기적 유전자》의 발상이 처음 잉태된 순간이 아니었나 싶다. 강의 노트에는 심지어 '유전자는 이기적일 것이다'라는 표현까지 등장한다. 이 이야기는 뒤에서 책에 대해 말할 때 다시 하겠다.

1967년 여름, 아일랜드 남해안 앤즈타운에 있는 작은 프로테스탄트 교회에서, 나와 메리언 스탬프는 결혼식을 올렸다. 메리언의 부모가 그곳에 작은 별장을 갖고 있었다. 메리언은 니코 틴베르헌이 지도하는 대학원생 그룹의 일원이었다. 훗날에는 옥스퍼드 동물행동 교수라는 직함으로 그의 후임자가 되었고, 동물 복지를 다루는 실험과학 분야에서 세계적 권위자가 되었다. 그즈음 나는 버클리 캘리포니아대학의 조교수직 제안을 수락할 마음을 먹었다. 니코는 메리언의 능력을 믿었기 때문에, 자신이 멀리서 조금만 지도해주면 메리언이 캘리포니아에서도 박사 학위 연구를 계속할 수 있을 것이라고 보았다. 실제로 메리언은 그의 신뢰에 훌륭하게 부응했다. 우리는 차를 빌려 아일랜드를 한 바퀴 도는 것으로 짧게 신혼여행

Natural selection acts directly on phenotypes, but it will affect evolution only insofar as phenotypic differences are correlated with genetic differences. The important effect of natural selection is therefore on <u>genes</u>.

Genes are in a sense immortal. They pass through the generations, reshuffling themselves each time they pass from parent to offspring. The body of an animal is but a temporary resting place for the genes; the further survival of the genes depends on the survival of that body at least until it reproduces, and the genes pass into another body. The structure and behaviour of the body are to a large extent determined by the genes - the genes build themselves a temporary house, mortal, but efficient for as long as it needs to be. Natural selection will favour those genes which build themselves a body which is most likely to succeed in

Lovely stuff!

handing down safely to the next generation, a large number or replicas of those genes.

To use the terms "selfish" and "altruistic" then, our basic expectation on the basis of the orthodox neo-Darwinian theory of evolution, is that <u>Genes will be "sefish"</u>.

~~Must this mean that individuals will be selfish? Not necessarily, though it does mean that we must be very suspicious of expressions like "the good of the species." There are two main ways in which individual altruism~~

(This gives us the most important difference between indiduals and social groups. If an individual body is a colony of cells, it is a very special kind of colony, because all those cells are genetically identical. Every somatic cell, muscle, bone, skin, brain etc., contains the same complement of genes. Furthermore the reproduction of all the genes in these somatic cells is limited to the life-span of the body. Only the genes in the germ cells ~~will~~ may survive. The other cells are built by the genes simply to ensure the survival of the identical genes in the germ cells.
In say a colony of gulls, the individual birds all contain different sets of genes (except identical twins), and because of the arguments given above, we shall have to think very carefully about whether we should expect altruism between individuals. Only in the social insects where the workers are sterile and very closely related, do we have a social group that is really comparable with the many-celled body. We will return to this later.)

If genes are selfish then, how can individuals evolve altruism?

을 했다. 내가 면허증을 잃어버리는 바람에 메리언이 운전해야 했는데, 그녀가 '대학원생'이라는 사실을 렌터카 직원이 알아차린 순간은 꽤 난감했다(대학원생들은 주행 기록에 문제가 많은 모양이었다). 우리는 신혼여행에서 돌아온 뒤 거의 곧바로 샌프란시스코로 떠났다. 그곳 공항에는 언제나처럼 친절한 조지 발로가 마중 나와 있었다. 신세계에서의 새 삶이 시작되었다.

RICHARD
DAWKINS

11

서해안, 꿈의 시절

The Making of a Scientist

1960년대 말의 버클리는 정치적으로 소란스러웠다. 우리가 그곳에서 보낸 2년은 텔레그래프 애버뉴와 샌프란시스코만 건너 헤이트 애시버리의 정치가 지배한 시기였다(텔레그래프 애버뉴는 캘리포니아대학 버클리 캠퍼스의 중심가, 헤이트 애시버리는 샌프란시스코의 한 동네로, 둘 다 히피 문화의 중심지였다 – 옮긴이). 케네디로부터 베트남전쟁이라는 재앙만 물려받지 않았다면 위대한 개혁적 대통령으로 기억되었을지도 모르는 린든 존슨은 진흙탕에 빠져 허우적거렸다. 버클리의 거의 모든 사람이 전쟁에 반대했다. 우리도 가세했다. 샌프란시스코에서 벌어진 행진에, 최루가스 범벅이 된 버클리의 퍼레이드에, 시위에, 수업 중단에, 연좌농성에.

나는 미국의 베트남전쟁 개입에 반대하는 목소리를 냈던 것이 자랑스럽고, 유진 매카시 상원의원의 반전 캠페인에 열심히 참여했던 것도 자랑스럽다. 그러나 내가 개입했던 정치 운동 중 다른 일부에 대해서는 그보다 덜 자랑스럽다. 가장 기억에 남은 사건은 '민중의 공원'을 둘러싼 비현실적인 일화다(데이비드 로지가 《자리 바꾸기》라는 캠퍼스 소설에서 '민중의 정원'으로 이름을 바꿔 소설화한 바 있다). 민중의 공원 운동은 대학이 건물을 지을 요량으로 확보해둔 공터를 공공 오락 용도로 점거하려는 시도였다(최근에 버클리로 촬영하러 갔을 때 확인해보니 결국 시도가 성공한 모양이었다). 지금 돌아보면, 그것은 급진적인 정치적 행동 그 자체를 위해서 억지로 짜낸 핑곗거리였다. 무정부주의 학생 지도자들이 온화한 '플라워 파워'를 지지하는 '거리의 사람들'을 이기적으로 조작하여 터뜨린 사건이었다. 급진적인 학생 지도자들과 악명 높은 주지사 로널드 레이건(데이비드 로지의 소설에서는 '로널드 덕')은 내심 기뻐하며 서로의 손에 기꺼이 놀아났다. 양쪽 다 그 상황을 이용해 자기 지지 세력을 늘리려 했고, 양쪽 다 아마도 자기 행동을 똑똑히 알고 있었을 것이다. 대부분의 젊은 교직원들처럼 나는 그들의 손에 철저히 놀아났다. 우리는 시위했고, 연좌했고, 최루가스를 피해 달렸고, 격분한 투고 편지를 신문에 보냈고(그 문제에 관한 투고가 〈타임스〉에 실린 내 첫 글이다), 히피들이 당황하고 조금은 겁먹은 듯한 어린 방위군 군인들의 라이플 총신 위에 꽃을 흩뿌리는 광경에 환호했다. 지금은 남몰래 부끄럽게 여기는 사실이지만 솔직히 털어놓자면, 당시에 나는 최루가스를 맞고 (아주 약간) 위험에 처했을 때 희열과도 같은 전율을 느꼈다.

이 자리에서 나는 버클리에서 보낸 이십대 시절의 나를 최대한 솔직하게 들여다보려 한다. 그때 나는 반항 자체에 대해 일종의 치기 어린 흥분을 느꼈던 게 아닐까 싶다. '그것이야말로 행복이었다,

그 새벽에 살아 있는 것 / 그러나 젊은 것, 그것이야말로 천국이었다'라고 노래했던 워즈워스처럼 말이다. 당시 제임스 렉터라는 학생이 오클랜드 경찰의 총에 맞아 죽었다. 그 사건에 항의하는 행진은 정당했다. 지금 와서 돌아보면, 당시 우리 마음에서는 그 사건이 민중의 공원을 위한 행진도 정당화했던 것 같다. 그러나 물론 그 사건은 그 결정을 정당화하지 못했다. 적어도 그것만으로는. 민중의 공원을 위해 행진한다는 결정에는 완전히 별개의 정당한 근거가 필요했다.

우리 젊은 교수들은 교수 모임을 소집해, 행동가들과 연대하는 의미로 강의를 취소하는 데 동의하라며 다른 동료들을 괴롭혔다. 여기에서 내가 '괴롭혔다'는 표현을 쓴 것은 심사숙고한 결과다. 최근 인터넷에서 일종의 사상경찰로 기능할 만큼 영향력 있는 급진 행동가들이 '사이버 집단괴롭힘'의 형태로 똑같은 짓을 하는 것을 보았기 때문이다. 옛날에 학교에서 골목대장 주변에 고분고분한 공범들이 집결했던 것도 똑같은 현상이었다. 내가 특히 후회하는 기억이 있다. 버클리의 교수 모임에서, 나이 지긋하고 점잖은 어느 교수가 강의 취소를 마뜩잖게 여기자 우리가 투표로 강제했던 일이다. 나는 이제야 뉘우치는 심정으로 그의 용기에 경의를 표한다. 정해진 강의를 진행하는 것이 자기 의무라고 여긴 그에 대해서, 그가 그 의무를 수행할 권리가 있다고 판단해 유일하게 지지자로 손든 사람이 있었는데, 나이가 더 많았던 그 다른 교수의 용기에도 경의를 표한다. 페기 아줌마 때도, 섀핀 그로브에서 따돌림을 당한 친구 때도, 그리고 이때도, 나는 분연히 일어나서 집단괴롭힘에 반대해야 했으나 그러지 않았다. 물론 나는 어렸지만, 그렇게까지 어리진 않았다. 나는 마땅히 더 현명해야 했다.

급진 정치와 히피들 이야기를 하다 보니, 이후 사회적 규범이 얼마나 대대적으로 변했는지를 보여주는 기억이 하나 떠오른다. 내가 버클리에서 비즈와 향과 마리화나 문화의 중심축이었던 텔레그래프 애버뉴를 걸을 때였다. 히피 세대의 표상처럼 차려입은 젊은 남자가 내 앞에서 걸었다. 그런데 반대편에서 젊은 여자가 그를 향해 걸어올 때마다, 남자는 팔을 뻗어 여자의 유방 한쪽을 홱 휘어잡았다. 여자는 남자의 뺨을 때리거나 "성희롱이야!"라고 외치는 대신, 아무 일도 없었다는 듯이 가던 길을 갔다. 그리고 남자는 다음 여자에게 다가갔다. 오늘날 나는 이런 일이 있었다는 사실을 믿을 수 없을 지경이다. 그러나 정말로 뚜렷하게 뇌리에 새겨진 기억인 걸 어쩌겠는가. 남자의 태도는 딱히 음탕하지 않았다. 젊은 여자들도 남자의 행동을 쓰레기 남성우월주의자의 행동으로 받아들이지 않는 게 분명했다. 그것은 1960년대 샌프란시스코의 느긋한 분위기, '사랑과 평화'의 히피 문화에 어울리는 장면으로 보였다. 나는 이제 상황이 변했다고 말할 수 있어서 기쁘다. 요즘은 그 젊은 남자와 그가 성추행했던(요즘은 이렇게 불릴 것이다) 여자들의 나이와 계층에 해당하는 사람들이 누구보다 격렬하게 그런 행동에 분개할 테지만, 당시의 시대와 계층과 정치적 분위기에서는 그런 행동이 표준이었다.

각종 정치 활동에 참여하면서도, 나는 (유례없이) 젊은 조교수로서의 임무도 무난하게 수행했다. 나는 동물 행동 수업을 조지 발로와 나눠 맡았고, 옥스퍼드에서 시도했던 '이기적 유전자' 소개를 강의에 포함시켰다. 1960년대 말 옥스퍼드와 버클리의 학생들이 1970년대 이후 유행할 새로운 개념, 가령 '사회생물학'이나 '이기적 유전자'와 같은 개념을 세상에서 처음 접한 학생들이었는지도 모른다고 생각하면 기분이 좋다.

메리언과 나는 버클리에서 환대받는 느낌이었다. 좋은 친구들도 사귀었다. 조지 발로 외에도 신경생리학자 데이비드 벤틀리, 오늘날 동물의 눈에 관한 문제라면 동물의 종류를 불문하고 세계 제일의 전문가로 통하는 마이클 랜드, 나중에 옥스퍼드로 건너와서 베빙턴 로드 무리에 활기를 더한 마이클과 바버라 맥로버츠, 내가 버클리에 체류할 당시 조지 발로의 수제자였으며 약간 냉소적인 성격이었던 대학원생 데이비드 녹스 등이었다. 조지는 동물행동학에 흥미가 있는 대학원생들을 버클리 힐스의 자기 집으로 불러서 매주 세미나를 열었다. 메리언과 나는 옥스퍼드에서 니코가 주관했던 금요일 저녁 세미나의 멋진 분위기를 그 저녁 모임에서 조금이나마 다시 맛보았다.

나는 미국이 처음이었다. 그래서 몇 가지 어리둥절하게 느껴지는 점이 있었다. 동물학과 교수 모임에 처음 나갔더니, 다들 숫자로 이야기하고 있었다. 314는 누가 합니까? 저는 아닙니다, 저는 246이에요. 요즘은 영어권 사람이라면 누구나 '무슨무슨 과목 101'이 그 분야의 입문용 강의라는 사실을 안다(얕잡거나 심지어 비웃는 맥락으로 이 용어를 쓸 때도 있다). 그러나 내가 처음 미국에 갔을 때는 그런 숫자가 혼란스럽게만 느껴졌다. 그리고 요즘 '메이저major'가 '전공하다'는 뜻의 동사로 쓰인다는 사실을 누가 모르는가? 그러나 그때 나는 몰랐다. 나는 미국 캠퍼스 소설을 읽다가 2학년, 3학년, 4학년 학생들이 펼치는 수다에 약간 물릴 즈음, '영문학 전공 학생이 방으로 들어왔다An English major came into the room'라는 문장을 보고 신선하다고 느꼈다. 승마바지를 입고 콧수염을 기른 사람을 재깍 머리에 그리면서 '아하, 드디어 제대로 된 인물이 등장하는군' 하고 생각했던 것이다(명사 'major'에 '소령'이라는 뜻이 있다 – 옮긴이).

메리언과 나는 둘 다 연구에 열심이었다. 우리는 공통의 과학적 관심사에 대해 대화를 나누고, 나누고, 또 나눴다. 버클리 힐스 언덕바지의 틸던공원을 거닐면서, 아름다운 캘리포니아 교외로 드라이브하러 가서, 식사를 하면서, 베이 브리지 건너 샌프란시스코 시내로 쇼핑 원정을 나가서, 언제나, 쉴 새 없이. 우리의 토론은 상호 지도하는 분위기였다. 서로가 서로에게 배우고, 논리를 한 단계 한 단계 짚어보고, 한 발짝 뒤로 물러났다가 두 발짝 앞으로 나아가는. 요즘은 내가 동료들과의 공개 토론을 그런 상호 지도의 기회로 삼으려고 노력하며, 그런 장면을 촬영해 웹사이트에 올리거나 DVD로 내고 있다. 메리언과의 토론은 우리가 옥스퍼드로 돌아가서 함께 수행할 여러 실험의 토대가 되었다.

버클리에서 내가 수행한 연구는 병아리 모이 쪼기 연구의 연장이었다. 내 박사 논문은 대단히 포괄적인 것으로, 병아리들이 정해진 시간 내에 행하는 선택의 전체 횟수를 정확하게 예측한 연구였다. 그런데 내 모형은 줄곧 좀 더 정확한 관찰을 요구하고 있었다. 분당 몇 번 쪼는가 하는 횟수만이 아니라 어떤 순서로 쪼는가 하는 정보도 활용해야 할 것 같았다. 버클리에서 나는 그 순서로 눈을 돌려, 옥스퍼드에서 쓰던 기계와는 달리 분당 쪼는 횟수만이 아니라 각각의 행동이 정확히 언제 벌어졌는지도 기록할 수 있는 새 기계를 제작했다. 그리고 병아리가 한 번 쫄 때마다 녀석들이 좋아하는 따뜻한 적외선을 쬐어줌으로써 쪼는 속도를 높였다. 병아리들은 어떤 건반을 쪼든 동등한 적외선 보상을 받았지만, 그래도 여전히 특정 색깔을 선호했다. 또한 기본적으로 여전히 충동 문턱값 모형에 따라 선택하는 것 같았다. 나는 조지 발로가 쓰려고 제작했던 세련되고 비싼 기기를 써서 병아리들이 쪼 정보를 자기磁氣 테이프에 기록했다. 기기는 '데이터 애쿼지온 시스템'이라고 불렸다. '애쿼지션(확보)'이라고 적혀야 할 것이 철자 오류가 난 채 이름표에 적혀 있었기 때문에 다들 그렇게 불렀다.

충동 문턱값 모형에서 따라나오는 단순한 예측이 하나 있었다. 병아리들이 선호하는 색깔만 연달아 쪼는 기간이 있어야 한다는 것이었다(충동이 그 색깔의 문턱값만 넘은 상태). 그리고 어느 색깔도 선호하지 않는 기간이 그 사이사이 끼어 있어야 한다(충동이 두 색깔의 문턱값을 모두 넘은 상태). 그러나 선호하지 않는 색깔만 연달아 쪼는 기간은 없어야 한다. 주의 문턱값 모형에 따라, 나는 *색깔*에 대한 무관심은 사실상 *방향*에 대한 선호를 뜻할 것이라고 예상했다. 기계는 양쪽에서 번갈아가며 켜지는 불의 색깔을 병아리가 한 번 쫄 때마다 바꿔주도록 프로그래밍되어 있었으므로(간간이 무작위적인 변이도 가했다), 나는 다음 페이지의 그림과 비슷한 순서표가 나올 것이라고 예상했다. 이 그림은 실제 시도에서 얻은 진짜 데이터로 그린 것으로, 내 예측을 멋지게 확증해주는 듯했다.

이 그림은 물론 수많은 시도 중 하나의 결과였을 뿐이다. 나는 무수한 시도에서 얻은 데이터를 통계 분석함으로써, 이 예측뿐만 아니라 다른 여러 예측도 확인해보았다. 그 결과, 충동 문턱값 모형의 변형 형태인 주의 문턱값 모형의 예측들이 모두 사실임을 확인했다.

버클리에 체류한 지 2년째 되던 해, 니코와 리스 틴베르헌 부부가 세로줄은 병아리가 쪼 순서를 뜻한다. 흰 동그라미는 병아리가 선호하는 색깔을 쪼았다는 뜻이다. 선호하는 색깔(흰 동그라미)만 연달아 쪼 기간이 눈에 띈다. 그 사이사이에는 이쪽 방향이나 저쪽 방향 중 하나만 연달아 쪼는 기간이 있는데, 아마도 좀 더 가까운 쪽을 쪼 결과일 것이다. 이 기간은 사실상 두 색깔을 번갈아 쪼 기간에 해당한다.

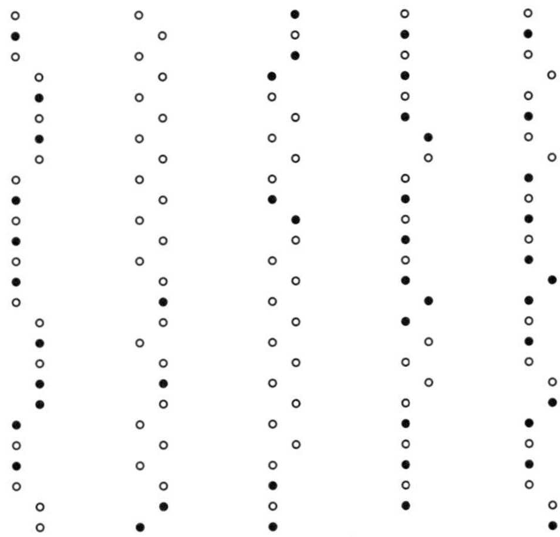

출처: M. and R. Dawkins, 'Some descriptive and explanatory stochastic models of decision-making', in D. J. McFarland, ed., *Motivational Control Systems Analysis* (London, Academic Press, 1974), pp. 119-68.

찾아왔다. 니코는 우리를 설득해 옥스퍼드로 데려가려고 했다. 내게는 옥스퍼드에 괜찮은 연구 지원금을 확보해두었다고 했고, 메리언에게는 니코가 직접 보고 확인했듯이 버클리에서도 박사 학위 연구가 잘 진행되어왔으니 그만 마무리하고 옥스퍼드에서 논문을 쓰면 좋겠다고 했다. 틴베르헌 부부는 우리에게 제안을 고민해보라고 한 뒤 돌아갔다. 우리는 제안을 받아들이기로 했다. 그런데 그사이, 니코가 또 다른 기회가 있다고 편지로 알려왔다. 옥스퍼드가 뉴 칼리지에 펠로로 적을 두고서 동물 행동을 강의하는 강사를[26] 새로 뽑기로 했는데, 니코는 내가 거기에 지원하기를 바랐다. 그 강사직을 맡는다고 해서 니코가 약속했던 지원금이 취소되지는 않을 것이었다. 나는 지원하기로 동의했다. 그러자 옥스퍼드가 면접을 보러 오라고 불렀다.

그 여행은 마법 같았다. 온 세상이 내 앞에 펼쳐진 것만 같았다. 그 기억을 오랫동안 뇌리에 각인시킨 것은 음악이었다. 나는 저 아래 펼쳐진 로키산맥의 풍광과 눈 앞에 펼쳐진 흥분되는 전망에 매혹된 채, 비행기에서 내내 멘델스존의 〈바이올린 협주곡〉을 들었다. 옥스퍼드도 최선의 자태를 뽐내고 있었다. 밴베리가와 우드스톡가를 따라 벚나무와 금사슬나무가 꽃을 활짝 피우는 5월이 옥스퍼드 최고의 순간이다. 뉴 칼리지도 14세기 황금기의 모습을 간직한 자태로 제 역할을 했다. 나는 행복했다. 도착하자마자 한때 옥스퍼드 동물행동연구그룹의 일원이었으며 당시 미국 뉴저지주 러트거스대학의 교수로 있던 콜린 비어가 뜻밖에도 막판에 강사로 지원했다는 소식을 들었지만, 쾌활한 기분은 흐려지지 않았다. 니코가 기뻐하면서 입장을 바꿔 나 대신 콜린을 밀어주기로 했다는 사실조차 내 낙천적인 기분을 망치지 않았다. 니코가 생각하기에 콜린이 더 나은 지원자라면, 나로서는 그것도 잘된 일이었다. 내게는 여전히 연구원 자리가 있었고, 면접위원회에도 말했듯이, 만일 콜린이 옥스퍼드로 온다면 그것도 그것대로 좋은 일일 테니까. 위원회는 정말로 콜린에게 자리를 주었고, 나는 연구 지원금을 받아들였다.

RICHARD
DAWKINS

12

컴퓨터 집착기

The Making of a Scientist

메리언과 나는 1969년에 시원섭섭한 마음으로 버클리를 떠났다. 지금까지도 버클리는 내게 마법과 순례의 장소로 남아 있다. 꿈같은 시절이었다. 흘러간 청춘, 똑똑하고 우호적인 동료들, 밝고 환한 햇살과 교차하여 금문교 위로 피어오르던 서늘한 안개, 새벽 무렵 소나무와 유칼리나무의 상쾌한 향, 점잖고 진실되며 비록 순진할지언정 진보적인 가치를 품은 히피들과 함께했던 시절.

우리는 버클리 아파트에 있던 보잘것없는 소지품을 상자에 담아 배로 부친 뒤, 반전 슬로건과 유진 매카시 선거 스티커가 덕지덕지 붙은 낡은 크림색 포드 팰컨 스테이션왜건을 몰고 미 대륙을 가로질러 뉴욕으로 갔다. 사전에 해둔 약속에 따라 그곳 부두에서 차를 팔고(약속했던 구매자도 우리처럼 느긋한 버클리 스타일로 뉴욕까지 여행해왔는데, 놀랍게도 딱 제시간에 약속 장소에 나타났다), 사우샘프턴행 정기선 '프랑스' 호에 올라, 여전히 많은 친구가 남아 있고 콜린 비어가 새로 도착한 옥스퍼드에서의 삶을 재개할 준비를 했다. 그러나 결국 콜린은 대부분의 시간을 뉴 칼리지에서 보내고 동물학부에는 거의 얼굴을 비치지 않아 모두를 실망시켰다. 콜린은 1년만 머물렀다. 러트거스대학의 대니 레먼이—내 박사 학위 논문에도 큰 영향을 미친 이론적 비판의 장본인, 그 대니얼 S. 레먼이다—기민하게도 콜린이 떠난 자리를 그대로 비워두었기 때문에, 중세 프랑스 문학 교수였던 콜린의 아내가 미국에서와 같은 자리를 옥스퍼드에서 구하지 못할 게 분명해지자 콜린은 러트거스로 돌아갔다. 동물 행동을 강의할 사람을 모집하는 공고가 다시 한 번 났고, 오랫동안 골머리를 썩여온 뉴 칼리지가 다시 한 번 펠로직을 제공하기로 했으며, 니코가 다시 한 번 나더러 지원하라고 했다. 나는 몇몇 지원자와 함께 두 위원회와 면접했다. 대학 위원회의 좌장은 '래핑 존' 프링글이었고, 칼리지 위원회의 좌장은 한때 모스크바 주재 영국 대사였으며 친척 어른처럼 느껴질 정도로 다정하고 정말로 잘 웃는 뉴 칼리지 학장 윌리엄 헤이터 경이었다.

나는 이번에는 정말로 그 자리를 얻고 싶었고, 이번에는 정말로 그 자리를 땄다. 메리언과 내가 옥스퍼드의 인도 음식점에서 친구들과 함께 초조하게 기다릴 때 소식이 당도했다. 마이크 컬런의 스쿠터가 식당 밖에 와서 서는 소리가 들렸다. 벌컥 문을 열고 들어온 마이크는 두 집게손가락으로 잠자코 나를 겨눈 뒤, 왔을 때처럼 재빨리 사라졌다. 내가 자리를 얻은 것이었다. 돌이켜 생각하면, 당시에 내가 그 자리에 채용되지 말아야 했다. 황당할 만큼 총명한 후안 델리우스가 주요한 경쟁자였으니까. 그러나 이후로 내가 부쩍 성장해 결국에는 그 자리에 걸맞은 사람이 되었다고 생각하고 싶다. 후안은 절친한 친구이자 조언자로, 엄청나게 똑똑하고 박식하고 웃긴 독일계 아르헨티나 사람이었다. 한번은 후안이 아르헨티나 사람들의 유머감각을 이렇게 정의했다. "슬랩스틱을 즐기기는 해. 하지만 누군가 바나나 껍질에 미끄러지는 경우라면 최소한 다리쯤은 부러져야 웃기다고 생각하지." 베빙턴 로드 13번지의 칠판에는 후안의 독특한 영어로 표현된 멋진 공지가 자주 적혀 있었다. '어떤 새끼가 내 구멍들을 잠적시켰지?' ('누가 여러 크기의 원을 그리는 데 쓰는 내 스텐실을 가져갔지?')

옥스퍼드의 칼리지에서 튜터로 일하는 것은 많은 면에서 매력적인 삶이다. 나는 아름답기로 유명한 정원에 둘러싸인 데다가 어란상 석회암으로 지어져 따뜻한 색으로 빛나는 듯한 중세 건물에 방을 받았다. 도서 구입 수당, 주거 수당, 연구 수당을 받았다. 내 분야를 제외한 온갖 분야에서 선구적 학자로 꼽히는 동료들과 고무적이고 흥겨운 대화를 즐기면서 공짜 식사를 할 권리도 받았다(질투 어린 소문과는 달리 공짜 와인은 없다). 내 분야에서 자극이 되는 학자들은 동물학부에 가면 만날 수 있었다. 나는 동물학부에서 대부분의 시간을 보냈다.

이른바 '하이 테이블'(영국 여러 칼리지의 교직원 전용 식탁 – 옮긴이)에서 펼쳐지는 이상한 대화의 세계에도 발을 들였다. 교수들은 식사 후에 가끔 교수 휴게실에 비치된 내기 기록부를 꺼냈다. 새로운 내기를 적어두거나 옛날 내기를 확인하기 위해서였는데, 모두 하이 테이블의 대화처럼 짐짓 엄숙하게 꾸민 문체로 적혀 있었다. 몇 가지만 소개해보겠다. 1920년대에 적힌 내기들인데, 그때 제일 열심히 참여한 사람은 괴짜로 보일 만큼 똑똑했던 G. H. 하디였다. 루이스 캐럴 풍 수학자답게 독특한 하디의 유머감각은 동료들까지 물들였던 모양이다.

> (1923년 2월 7일) 부학장이 하디 교수에게, 내일 태양이 반드시 떠오른다는 데 자신이 죽을 때까지 벌 전 재산 대 1하프페니로 내기를 걸었다.

> (1927년 8월 6일) 하디 교수가 우드워드 씨에게 자신(하디 교수)이 다음번 모들린 총장이 되지 않을 것이라는 데 10,000하프페니 대 1하프페니로 내기를 걸었고, 우드워드 씨는 하디 교수에게 자신(우드워드 씨)이 다음번 모들린 총장이 되지 않을 것이라는 데 1하프페니 대 5,000하프페니로 내기를 걸었다.

> (1927년 2월) 하디 교수가 크리드 씨에게 새로 출간된 기도서는 망할 것이라는 데 2실링 6페니 대 1실링 6페니로 내기를 걸었다. 만일 필요하다면 스미스 씨, 카송 씨, 우드워드 씨가 심판을 보기로 했다.

이처럼 명백히 가치판단에 해당하는 문제도 내기를 걸 수 있었다는 게 재미있다. 그러니 당연히 심판자가 홀수로 필요했을 것이다.

또 어떤 내기들은 진상을 한참 뒤에야 판단할 수 있는 내용이었다.

(1923년 12월 2일) 터너 교수가 교수 휴게실의 급사에게 휴게실에 ABC (런던) 철도 안내서를 한 부 비치해두면 좋을 것이라는 데 상당한 금액을 걸었다. (터너 교수가 이김, A.H.S.)

(1927년 2월 15일) 콕스 씨가 하디 교수에게 캐넌 콕스 ('프레드') 신부가 다음번 니아살랜드 주교가 될 것이라는 데 10실링 대 1실링으로 내기를 걸었다.

괄호 속에 '프레드'라고 적힌 것이 사랑스럽다. '프레드 주교'가 내 어린 시절 살던 곳의 교구를 다스렸는지 아닌지 알고 싶지만, 안타깝게도 내기 결과는 적혀 있지 않다. 구글도 내 의문을 해결해주지 못했지만, 대신 19세기 니아살랜드 주교가 찰스 앨런 스미시스였다는 사실을 알려주었다. 틀림없이 7대조까지 줄줄이 성직자였던 내 스미시스 선조들과 관련된 사람이었을 것이다.

(1927년 3월 11일) 요크 씨가 콕스 씨에게 마태복음에는 스스로 거세하는 행동을 정당화하거나 옹호하는 것으로 해석될 수 있는 구절이 전혀 없다는 데 2실링 6페니를 걸었다. 콕스 씨가 이김.

(1970년 10월 26일) A. 에어 교수가 크리스티안센 씨에게 만일 사전 경고 없이 주임 신부에게 국교회 기도서의 항목을 읊어보라고 하면 신부가 39개 항목 중 12개 이상 읊지 못하리라는 데 내기를 걸었다. 대가로 건 것은 적포도주 한 병.

(1985년 11월 24일) 주임 신부가 리들리 박사에게 베넷 박사는 런던 주교가 방문한 날 저녁식사 자리에서 성직자 칼라를 착용할 것이라는 데 적포도주 한 병을 걸었다. (신부가 이김.)

(1993년 8월 4일) 도킨스 씨가 레인 씨에게 버트런드 러셀이 레이디 오톨린 모렐과 결혼했다는 데 1파운드를 걸었다. 심판은 브루노 양. (도킨스가 져서 돈을 냈다. 20년 후에.)

요즘은 마지막 내기 같은 것이 더는 벌어질 수 없다. 이렇게 단순히 사실을 확인하는 질문은 누구든 교수 휴게실의 안락의자에서 몸을 일으키지 않고도 스마트폰으로 쉽고 간단하게 확인해볼 수 있기 때문이다. 그건 그렇다 쳐도, 이처럼 순전히 사실에만 관련된 문제에 심판자를 임명할 필요는 없었다.

1970년으로 돌아가자. 나는 스물아홉 살이었고, 옥스퍼드로 막 돌아온 참이었다. 노래하던 엘리엇은 여느 컴퓨터가 그렇듯이 진작 수명을 다하고 사라진 터였다. 그러나 컴퓨터에는 무어의 법칙이라는 것이 있고 내게는 전해에 나를 옥스퍼드로 꾀어들인 지원금이 있었기 때문에, 이제 '나만의' 컴퓨터를 가질 수 있었다. PDP-8은 물리적 크기와 가격을 제외한 모든 면에서 엘리엇을 능가했다. 역시 무어의 법칙에 부합하는 현상으로서(이 법칙은 당시에도 강력하게 작동했다), PDP-8은 요즘의 노트북 컴퓨터보다 기능은 훨씬 떨어졌지만 부피는 훨씬 컸다. 게다가 웃기게도 컴퓨터를 켤 때마다 그 시각을 기록하는 기록부가 딸려 있었다(물론 나는 안 썼다). PDP-8은 내 자랑이자 기쁨이자 귀중한 자원이었다. 그 자원에는 베빙턴 로드 13번지의 모두를 위해서 유일한 프로그래머로 일한 (그래서 내 편에서는 시간을 좀 희생해야 했던) 나도 포함되었다. 이제 나는 컴퓨터에 대한 집착을 본격적으로 발휘할 수 있었다. 엘리엇 803과의 부끄러운 밀애처럼 밤에만 탐닉하지 않아도 되었다.

이전까지 나는 고도의 컴파일러 언어들, 즉 사용자 친화적인 언어들만 썼다. 그러면 컴퓨터가 그것을 자신에게 맞는 이진 기계어로 번역해냈다. 그러나 PDP-8을 연구 도구로 쓰려면 직접 12비트 기계어를 익혀야 했고, 나는 그 일에 열성적으로 몸을 던졌다. 첫 기계어 프로젝트는 '도킨스 오르간'을 만드는 일이었다. 그것은 조지 발로가 쓰던 '데이터 애쿼지온'과 비슷하되 훨씬, 훨씬 더 싸게 동물 행동을 기록할 수 있는 시스템이었다. 동물을 관찰하는 연구자가 그 키보드를 야외로 가져가서 동물이 어떤 행동을 할 때마다 그에 해당하는 버튼을 누르도록 하겠다는 발상이었다. 그렇게 누른 내용을 테이프 녹음기로 기록해두면, 나중에 컴퓨터가 테이프를 읽어서 동물이 언제 어떤 행동을 했는지를 자동으로 알려줄 것이었다.

내 키보드는 말 그대로 뚝딱뚝딱 변통한 전자오르간으로, 건반마다 다른 음을 냈다(물론 테이프 녹음기에만 들리는 소리였다). 여기까지는 만들기 쉬울 것이었다. 건반 속에 트랜지스터 두 개짜리 간단한 진동기를 담고, 진동기가 내는 음의 높이를 적절한 저항으로 조절하면 된다. 건반마다 서로 다른 저항기를 연결하면 서로 다른 음을 낼 것이다. 관찰자는 오르간을 야외로 가져가서 마치 작업 관리자가 공정을 관찰하듯이 동물의 행동을 관찰하다가, 특정 행동 패턴이 발생할 때마다 특정 건반을 누르면 된다. 그렇게 연속된 음을 기록한 테이프는 동물 행동을 측정한 시간 기록이 될 것이다. 이론적으로는 귀가 밝은 사람이 직접 테이프를 듣고서 어떤 건반이 눌렸는지 알 수 있겠지만, 그래서야 별로 유용하지 않을 것이었다. 컴퓨터가 귀 밝은 사람 역할을 하게끔 만들어야 했다. 적절히 조정한 주파수 감지기를 써서 전자적으로 처리할 수도 있었지만, 그러면 비싸기도 하고 몹시 번거로울 것이었다. 컴퓨터에 절대음감을 부여하는 기교를 소프트웨어만으로 달성할 순 없을까?

나는 당시 컴퓨터 스승이었던 로저 애벗과 문제를 의논했다. 로저는 프링글 교수가 두둑한 연구 자금으로 고용한 똑똑한 엔지니어였다(우연찮게도 또한 오르간 주자였다). 그가 고무적인 제안을 내놓았다. 모든 음에는 그 높이를 뜻하는 특징적인 파장이 있다. 컴퓨터는 워낙 빠르기 때문에 — 당시에도 빨랐다 — 음파가 한 마루에서 다음 마루까지 진행할 동안 프로그램을 수백 번 돌려서 그 간격을 잴 수 있다. 로저는 나더러 음파 주기의 시간 간격을 재는 기계어 프로그램을 짜보라고 제안했다. 달리 말해, 고속 시계처럼 작동하는 작은 루틴을 짜서, 그것이 한 마루를 지나 다음번 마루와 만나기까지 프로그램 루프를 몇 번이나 반복하는지 헤아리라는 것이었다(많은 마루에 대해 그 값을 평균하면 음높이를 알 수 있다). 한 음이 끝나면(즉 마지막 마루로부터 일정 시간 이상이 지나면) 컴퓨터는 그 시각을 기록하고 다음 오르간 음을 기다린다. 다시 말해, 컴퓨터의 시간 측정 루프는 음높이를 인식하는 데만 쓰이는 것이 아니라 훨씬 더 긴 시간 범위에서 한 음과 다음 음 사이에 흐른 시간을 재는 데도 쓰일 수 있었다.

중심이 되는 루틴이 잘 작동하도록 만들면, 나머지는 사용자 친화적인 프로그램을 짜고 버그를 잡는 지루한 작업만 남았다. 여기에 제법 긴 시간이 들었지만, 결국 성공적으로 끝냈다. 도킨스 오르간은 실효성 있는 물건이었다. 사용자는 먼저 음계를 한 번 연주해 테이프에 녹음해야 했다. 오르간의 모든 건반을 낮은 음에서 높은 음 순서로 누르는 것인데, 그렇게 녹음된 음계를 써서 소프트웨어를 '보정'했다. 즉, 컴퓨터에게 앞으로 인식할 음들의 전체 레퍼토리를 '가르쳐주는' 것이었다. 보정용 음계 연주가 끝나면(즉 첫 번째 음을 다시 한 번 누르게 되면), 그 뒤로 테이프에 기록되는 음은 동물 행동의 사건을 뜻한다. 보정 체계는 오르간을 세심하게 조율하지 않아도 된다는 이점이 있었다. 음들이 서로 별개로 인식될 수만 있다면 충분했다. 그러면 컴퓨터가 어떤 음을 들어야 할지를 금세 배웠다.

테이프를 집으로 가져와서 컴퓨터에게 들려주면, 컴퓨터는 동물이 언제 어떤 행동을 했는지를 정확히 알 수 있었다. 프로그램의 핵심은 시간 측정 루프였지만, 그 루프는 행동 패턴의 이름과 그 패턴이 발생한 정확한 시각을 종이 테이프에 찍어내는 일에 쓰이는 적잖은 분량의 코드 속에 파묻혀 있었다.

나는 도킨스 오르간에 대한 논문을 발표했고,[27] 소프트웨어를 무료로 제공했다. 이후 몇 년 동안 옥스퍼드 동물행동연구그룹의 많은 구성원이 도킨스 오르간을 사용했다. 브리티시컬럼비아대학을 비롯해 세계 다른 지역의 동물행동학자 중에도 사용자가 몇 명 있었다.

기계어 프로그래밍에 대한 집착은 악화 일로를 걸었다. 나는 심지어 BEVPAL이라는 나만의 프로그래밍 언어를 개발하고 그 매뉴얼도 작성했는데, 그건 다소 객쩍은 짓이었다. 그 언어는 나를 제외하고는 마이크 컬런이 잠깐 썼을 뿐, 그 외에는 아무도 쓰지 않았으니 말이다. 나를 강타했던 그런 형태의 컴퓨터 집착을 더글러스 애덤스가 재미나게 풍자한 적이 있었다. 풍자 대상은 X라는 문제를 풀어야 하는 프로그래머다. 그는 X를 풀 프로그램을 5분 만에 짤 수 있다. 그래서 얻은 답을 쓰면 그만이다. 그러나 그 대신, 그는 며칠 혹은 몇 주를 들여서 더 보편적인 프로그램을 짰다. 언제 누가 사용하든 X라는 보편 *범주*에 속하는 비슷한 다른 문제들까지 다 풀 수 있는 프로그램을 짠 것이다. 그가 매료된 대목은 보편성, 그리고 가상의 존재일 뿐 거의 틀림없이 실존하지 않을 사용자들을 위해서 미학적으로 아름답고 사용자 친화적인 결과물을 조달하는 기쁨이지, X라는 특정 문제에 대한 해답을 찾는 일이 아니었다. 괴짜스러운 집착의 또 다른 증상은, 국지적인 문제를 하나 풀어서 컴퓨터가 또 한 번 멋지게 재주를 부리게끔 만들었을 때마다 밖으로 달려나가서 아무나 끌고 들어와 그 깔끔한 프로그램을 보여주고 싶어진다는 것이었다.

이즈음, 베빙턴 로드 13번지 같은 아담한 공간이 육성했던 생산적인 동료애가 막을 내렸다. 동물행동연구그룹은 사우스 파크스 로드에 새로 지은 동물학/심리학부 건물로 이사했다. 거대한 군함처럼 생긴 끔찍한 건물은 대학 당국을 설득해 건물을 올린 야심가이자 리너커 석좌교수의 이름을 따서 비공식적으로 'HMS 프링글호'라고 불렀다. 프링글 교수는 원래 연필처럼 가는 고층 건물을 짓자고 설득했지만 실패한 터였는데, 만일 그 설계가 채택되었다면 매슈 아널드의 꿈꾸는 첨탑들을 누르고 재앙처럼 솟아오른 건물이 탄생했을 것이다(매슈 아널드가 〈티르시스Thyrsis〉라는 시에서 아름다운 건물들이 많은 옥스퍼드를 가리켜 '꿈꾸는 첨탑들의 달콤한 도시That sweet

City with her dreaming spires'라고 말했던 것이 옥스퍼드의 별명이 되었고, 이 책 9장의 제목도 여기에서 왔다 – 옮긴이). 나중에 내가 HMS 프링글호에 '틴베르헌 건물'이라는 공식 명칭을 붙이는 데 기여한 점을 떠올리면, 기분이 복잡미묘하다. 옥스퍼드에서 제일 보기 흉한 건물로 널리 지탄받는 대상이니까. 콘크리트협회에서 주는 건축상을 받은 건물이니 더 말해 무엇하랴.

이 무렵에 나는 〈네이처〉에 짧은 논문을 실었다.[28] 우리 뇌에서는 매일 무수히 많은 세포가 죽어가는데, 나는 겨우 스물아홉 살의 나이에도 그 사실이 심란하게 느껴졌다. 그래서 다윈에 집착하는 내 뇌는 위안을 삼을 만한 생각을 떠올렸다. 만일 세포의 죽음이 무작위적이지 않다면, 언뜻 대량 살육으로 보이는 현상이 사실은 파괴적이기만 한 게 아니라 건설적일지도 모른다는 생각이었다.

> 조각가는 균일한 돌덩어리에서 질료를 깎아냄으로써 복잡한 조각상으로 바꿔내지, 질료를 더하는 방식으로 작업하지 않는다. 우리가 전자 데이터를 처리하는 기계를 제작할 때, 대개는 부속들을 복잡하게 조립한 뒤 그 연결을 더욱 강화함으로써 좀 더 복잡하게 만드는 방법을 쓸 것이다. 그런데 거꾸로, 대단히 풍성하고 심지어 무작위적인 연결 상태를 출발점으로 삼을 수도 있다. 거기서부터 선택적으로 전선을 잘라냄으로써 좀 더 의미 있는 조직을 깎아내는 것이다.
>
> (……)
>
> 내가 제안한 이론은 언뜻 몽상처럼 보일 수도 있다. 그러나 좀 더 숙고해보면, 이 이론이 사실처럼 들리지 않는 주된 이유는 바탕에

깔고 있는 가정이 현실적으로 가능성이 대단히 낮아 보이기 때문이다. 그 가정이란, 매일 굉장한 속도로 수많은 뇌세포가 죽어간다는 것이다. 그러나 이 가정은 비록 터무니없는 소리처럼 들릴망정 실제 사실로 확인되었으므로, 내가 제안한 이론이 가능성이 지극히 낮아 보이는 요소를 추가적으로 더했다고는 할 수 없다. 오히려 반대다. 내 이론을 받아들이면, 그 과정이 그렇게까지 낭비는 아닌 것처럼 보인다. 문제는 뉴런들이 무작위로 죽느냐, 아니면 정보가 간직되도록 선택적으로 죽느냐 하는 점뿐이다.

희한한 일회성 주장이었던 이 논문은 나중에 '세포예정사'라는 이름으로 유행할 이론을 일찌감치 제기한 사례로서 눈곱만큼이나마 흥미로울 수 있겠다. 물론 그 용어는 이로부터 1년 뒤에 만들어졌기 때문에, 보다시피 나는 쓰지 않았다.

메리언은 곧 학위를 받았다. 우리는 상호 개인 지도에 가까웠던 버클리 시절의 숱한 토론에서 탄생한 연구 과제를 함께 작업하기 시작했다. 우리가 계획한 연구는 동물 행동을 연구하는 여러 분야 중에서도 특히 동물행동학이 기본으로 여기는 한 개념을 실증하고 명료화하는 연구였다. '고정 행동 패턴'이라는 개념이었다.

로렌츠와 틴베르헌을 필두로 한 동물행동학자들은 대부분의 동물 행동을 태엽 장치와 비슷한 작은 루틴들의 연속으로 보았다. 그 루틴이 바로 '고정 행동 패턴FAP'이다. FAP는 빗장뼈나 왼쪽 콩팥 따위와 다름없는 몸의 일부로, 동물의 몸에 갖춰진 장치라고 봐도 무방하다고 했다. 차이라면 빗장뼈나 콩팥은 견고한 물질로 만들어진 데 비해 FAP는 시간 차원을 지닌다는 점뿐이었다. 우리가 FAP

를 집어서 서랍에 넣을 수는 없다. FAP가 시간 속에서 펼쳐지는 광경을 목격할 수 있을 뿐이다. FAP의 친근한 예로는 개가 뼈다귀를 땅에 묻을 때 주둥이로 자꾸 밀치는 행동을 들 수 있다. 개는 뼈다귀가 카펫 위에 있어서 파묻을 흙이 없을 때에도 그 행동을 똑같이 재연한다. 행동의 정확한 방향은 뼈다귀의 위치에 따라 달라지지만, 그때 개는 정말로 (예쁜) 태엽 장치 장난감처럼 보인다.

모든 동물은 각자 독특한 FAP 레퍼토리를 갖고 있다. 장난감 중에서 우리가 끈을 당기면 정해진 레퍼토리 가운데 한 문장을 무작위로 골라 말하도록 만들어진 인형과도 비슷하다. 어떤 문장이 선택되든, 일단 시작된 말은 끝까지 재생된다. 인형이 도중에 문장을 바꾸는 일은 없다. 인형이 10여 가지 문장 중에서 무엇을 내놓을까 하는 점은 우리가 예측할 수 없지만, 일단 한 문장이 선택되면 그 결정의 결과는 태엽 장치처럼 늘 예측 가능하다. 틴베르헌을 따르는 동물행동학자로서 메리언과 내가 듣고 자란 FAP 원리가 바로 그런 내용이었다. 그런데 이것이 현실을 진실되게 반영한 개념일까? 우리는 이 질문에 대답하려고 했다. 좀 더 정확하게 말하면, 우리는 이 질문을 어쩌면 대답 가능할지도 모르는 언어로 재표현하려고 노력했다.

이론적으로는, 연속적으로 이어지는 동물의 행동을 연속적인 근육수축으로 받아적을 수 있을 것이다. 그러나 만일 FAP 이론이 옳다면, 근육수축을 일일이 기록하는 작업은 설령 가능하더라도 노력의 낭비다. 어차피 행동을 충분히 예측할 수 있는 마당이니까. 대신 FAP를 받아적으면 된다. 극단적인 해석에서는 FAP의 연쇄가 곧 동물 행동을 완벽하게 묘사한 것이 된다.

그러나 그런 상황은 FAP가 정말로 기관이나 뼈와 같은 것이어야만 가능하다. 달리 말해, 각각의 패턴이 진행 도중 중단되거나 다른 패턴과 섞이지 않고 늘 온전하게 펼쳐진다는 명제가 참이어야 한다. 메리언과 나는 그 명제가 어느 정도로 참인지 평가할 방법을 찾고 싶었다. 우리의 박사 논문은 둘 다 — 방식은 달랐지만 — 의사 결정에 관한 것이었으므로, 우리는 자연히 FAP 문제를 결정의 언어로 옮겨보았다. 이 언어에서, 동물은 FAP를 시작하기로 스스로 *결정*을 내린다. 그러나 일단 시작된 FAP는 다른 결정에 더 좌우되지 않고 끝까지 진행된다. 그 시점에서 동물의 행동은 불확실성 시기로 접어들어, 다시 또 FAP를 시작하기로 (그래서 완수하기로) 결정할 때까지 그 상태로 머물 것이다.

우리는 병아리가 물을 마시는 행동을 연구하기로 하고, 그것이 사례로서 대표성이 있는 행동이기를 바랐다.[29] 병아리가 물을 마시는 행동은 (물을 흡입하는 비둘기와는 달리) 우아하게 미끄러지듯 이어진다. 어디까지나 주관적인 인상이지만, 그 행동은 낱낱의 결정에 따라 시작되고 일단 시작된 뒤에는 늘 끝까지 완수되는 것처럼 보인다. 하지만 주관적 인상을 견고한 데이터로 뒷받침할 수 있을까?

우리는 병아리가 물 마시는 모습을 옆에서 촬영한 뒤, 행동의 '결정 구조'를 측정할 수 있을지 알아보기 위해서 한 프레임씩 행동을 분석했다. 우리는 연속된 각 프레임마다 병아리의 머리 위치를 측정하고 그 좌표를 컴퓨터에 입력했다. 앞선 프레임의 머리 위치를 알면 다음 프레임의 위치를 얼마나 잘 예측할 수 있는지 알아보자는 생각이었다.

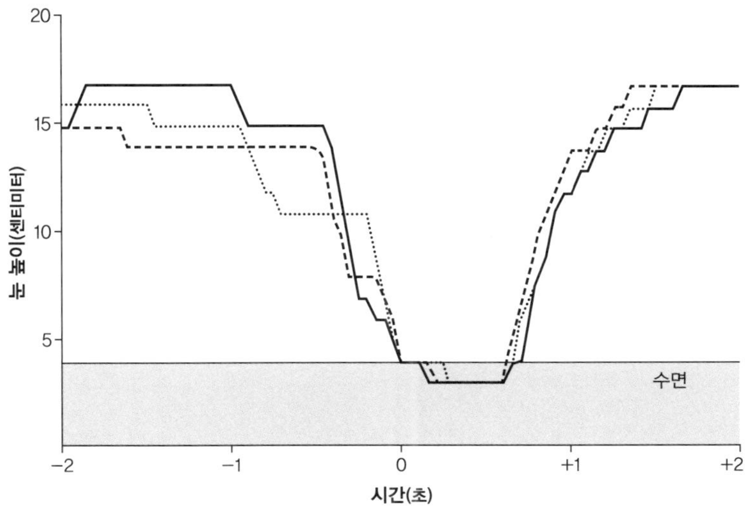

위 그래프는 시간에 따른 병아리의 눈 높이 변화를 보여준다. 똑같은 병아리가 세 번 물을 마신 행동을 기록해 부리가 수면에 닿은 순간(시간 축에서 0)을 기준으로 정렬했다. 부리가 물에 닿은 순간부터는, 사실은 그보다 약간 전부터, 병아리의 행동이 전형적이고 예측 가능하다는 느낌이 든다. 그에 비해 부리가 물을 향해 내려오는 초반부는 변이가 더 크고, 다른 결정에 따라 좌우된다. 그것은 동작을 멈추는 결정일 수도 있고, 물 마시기를 그만두는 결정일 수도 있다(우리는 두 가지를 별개로 취급했다).

그러나 예측 가능성을 어떻게 측정할 것인가? 다음 페이지의 그래프가 한 방법이다. 위 그래프와 같은 방식으로 한 번의 물 마시기 행동을 표현했는데, 다만 이번에는 눈의 위치를 뜻하는 지점마다 화살표가 붙어 있다. 우리가 영상의 각 프레임마다 부여한 화살표

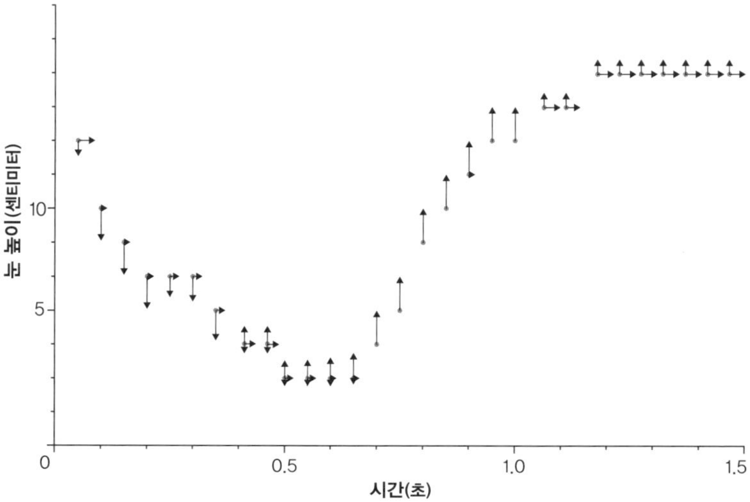

의 길이는 다음 프레임의 눈 높이가 이번보다 낮을 가능성, 높을 가능성, 똑같을 가능성을 뜻한다(모든 병아리의 모든 시도를 합산한 값이다).

보다시피, 병아리가 부리를 쳐들어 목구멍으로 물이 넘어가게 하는 동안에는 위로 올라가는 동작이 매끄러운 곡선을 그리면서 계속 이어질 가능성이 높다. 그것은 FAP를 끝까지 실시한다는 결정이 수행되는 중이고, 그 과정에 다른 결정이 끼어들지 않는다. 그에 비해 부리를 아래로 내릴 때는 예측 불가능성이 크다. 즉, 프레임마다 다음 프레임의 눈 높이를 더 낮출지 그대로 유지할지 사이에서 쉽게 결정이 내려지지 않는 모습이다. 심지어 더 높아질 가능성도, 즉 물 마시기를 그만둘 가능성도 있다.

이 화살표를 써서 불확실성 지수, 달리 말해 '결정 지수'를 계산할 수 있을까? 우리가 선택한 지수는 창의적인 미국 엔지니어 클로드 섀넌이 1940년대에 고안한 정보이론에 기반한 것이었다. 섀넌은 어떤 메시지의 정보량을 비형식적이나마 그 '돌발(놀라움) 가치'로 정의할 수 있다고 주장했다. 돌발 가치는 예측 가능성의 반대개념으로 간편하게 쓸 수 있는 개념이다. 흔한 예를 들어 설명하자면, '오늘 영국에 비가 온다'라는 메시지와 '사하라사막에 비가 온다'라는 메시지를 대비해보면 된다. 전자는 놀랍지 않기 때문에 정보량이 작고, 후자는 놀랍기 때문에 정보량이 크다. 수학적 편이성 때문에, 섀넌은 정보량 지수를 *비트*로 계산했다. 그 값은 메시지를 받을 때까지 확정되지 않았던 상황에 대한 모든 확률의 로그값(밑은 2)을 다 더해서 계산한다. 동전 던지기의 정보량은 1비트다. 동전을 던지는 사건 이전에 존재했던 불확실성이 앞면 아니면 뒷면이라, 동등한 두 대안이 있기 때문이다. 한편 카드 한 벌에서 한 세트의 정보량은 2비트다(동등한 대안이 네 가지 존재하고, 2를 밑으로 한 4의 로그값은 2다. 이것은 '예/아니요' 질문을 던져서 세트를 알아맞힐 때 물어야 할 최소 질문 수와 같다). 물론 현실의 사례들은 이처럼 단순하지 않고, 가능한 결과들도 대개는 서로 동등하지 않다. 그래도 원리는 같고, 똑같은 수학 공식을 변형시켜서 쉽게 처리할 수 있다. 우리가 예측 가능성 혹은 불확실성을 측정하는 잣대로 섀넌 정보 지수를 쓰기로 한 것은 그런 수학적 편이성 때문이었다.

이번에도 우리는 병아리가 물을 마시는 동안 그 눈 높이를 시간에 따라 추적한 그래프를 그렸다(다음 페이지를 보라). 가는 선은 예측 가능성이 낮은 시기를 뜻한다. 미래를 바꿀 결정이 끼어들 확률이 높은 시기라고도 할 수 있다. 굵은 선은 예측 가능성이 높은 시

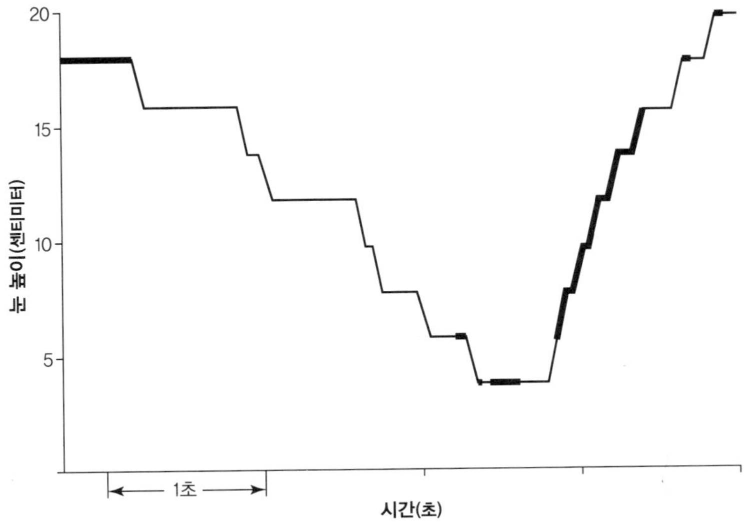

기를 뜻한다(정보량 0.4비트라는 임의의 문턱값보다 낮은 경우다). 이 시기에는 결정이 수행되고 있고, 새로운 결정은 예상되지 않는다. 부리를 쳐드는 행동은 일단 시작되면 예측 가능하지만, 부리를 숙이는 행동은 예측 가능하지 않다. 다음에 또 물을 마시기 전에 잠시 정지하는 시기가 예측 가능한 것은, 다음 행동이 무엇이든 정지에서 그 행동으로 이어질 가능성이 가장 높다는 단순한 이유 때문이다. 달리 말해, 다음번 물 마시는 행동이 언제 시작될지 예측하기가 어렵다는 뜻이다.

언제나처럼 특정 행동 자체는, 이 경우 물을 마시는 행동 자체는 관심의 대상이 아니었다. 내 박사 학위 연구에서 병아리의 쪼는 행동이 일반적인 동물 행동의 대리물이었던 것처럼, 병아리의 물 마시는 행동도 그랬다. 우리가 흥미를 둔 대상은 결정이라는 개념이었다. 병아리가 물을 마시는 행동에서 결정의 순간을 포착할 수 있느냐 없느냐였다. 당시 대부분의 동물행동학자들은 고정 행동 패턴이 존재한다는 사실을 당연시했지만, 우리는 그러지 않고 실제로 그 존재를 보여줄 방법을 찾아본 것이었다.

역시 의사 결정에 관한 그다음 프로젝트에서는 우리가 다른 접근법을 택했다. 파리의 몸단장에 관한 연구였다. 동물행동학에서 종종 등장하는 문제로, 우리가 동물의 현재 행동을 안다면 그것으로부터 다음 행동을 예측할 수 있겠느냐 하는 질문이 있다. 그런데 메리언과 나는 그런 경우에 혹시 가까운 미래보다 먼 미래를 *더 잘* 예측할 수도 있을까 하는 문제가 궁금했다. 동물의 행동이 인간의 언어처럼 조직되어 있다면, 정말로 그럴지도 모른다. 우리 언어는 종종 문장의 시작 부분을 알 때, 중간 부분보다 끝 부분을 더 잘 예측할 수 있다. 중간에는 형용사절이나 관계사절 따위가 얼마든지 많이 삽입되어 있을 수 있기 때문이다. 'The girl hit the ball'이라는 문장은 시작이 그러면 끝도 대충 그럴 수밖에 없다. 가령 '**The girl** with red hair, who lives next door, vigorously **hit the ball**'처럼 중간에 형용사나 부사나 관계절이 좀 더 삽입되더라도 처음과 끝은 같은 것이다.

우리는 파리의 몸단장 행동에서 언어와 비슷한 문법구조의 증거를 발견하지는 못했다(그래도 아래 내용을 보라). 그러나 그 예측 가능성이 흥미로운 지그재그 패턴을 그리면서 시간에 따라 감소한다는 사실을 발견했다. 달리 말해, 가까운 미래가 (약간 더) 먼 미래보다 예측 가능성이 낮을 수도 있다는 것이었다. 조금 복잡한 내용이니, 자세히는 말고 간략하게만 연구를 소개해보겠다.

파리는 보통 아름다운 동물로 여겨지지 않지만, 파리가 얼굴과 발을 씻는 모습은 사실 퍽 사랑스럽다. 다음에 파리가 몸에 앉거든 살펴보라. 거의 틀림없이 이런 행동을 볼 수 있을 것이다. 파리는 앞발을 모아 비비거나, 앞발로 커다란 눈을 닦을 것이다. 아니면 중간 발을 반대쪽 뒷발과 문지르거나, 뒷발로 배나 날개를 닦을 것이다. 조그만 머리통 속 어딘가에서 자발적으로 결정이 내려지고 있는데, 대부분은 다음에 몸의 어느 부위를 닦을 것인가 결정하는 문제다. 우리가 파리의 몸단장에 매력을 느낀 것은 파리의 선택이 외부 자극에 좌우되지 않는 듯하다는 점 때문이었다. 우리는 파리에게 주어지는 외부 자극이란 몸을 깨끗하게 유지하려는 항상적 욕구와 같다고 가정했다. 왜 항상적인가 하면, 이 욕구가 물론 중요하기는 해도 정확히 어떤 몸단장 행동이 선택될지를 결정하진 않는 것 같기 때문이다. 파리의 날개가 더러우면 비행에 방해가 된다. 그리고 파리는 혀를 내밀어 먹을지 말지를 결정하기 위해서 발에 있는 초민감성 맛보기 기관들을 활용하는데, 먼지는 그 기관들의 기능을 방해한다. 그러니 몸단장은 중요하다. 하지만 갑자기 먼지 한 점이 몸에 와 붙었다고 해서 다음에 몸의 어느 부위를 닦을까 하는 결정이 달라지진 않을 것이다. 순간순간 재빠르게 내려지는 그 결정은 차라리 신경계 깊숙이 존재하는 모종의 욕구가 오르내림에 따라 내부적으로 생성되는 결과일 것이라고 우리는 짐작했다.

우리는 여덟 가지 서로 다른 몸단장 행동을 구별했다. 만일 병아리가 물을 마시는 행동에 대한 실험처럼 프레임 단위로 분석할 여유가 있다면, 파리의 모든 행동들도 FAP로 확인되리라는 게 우리의 가정이었다. 여덟 가지 행동은 FR(앞발을 마주 비빔), TG(앞발 사이에

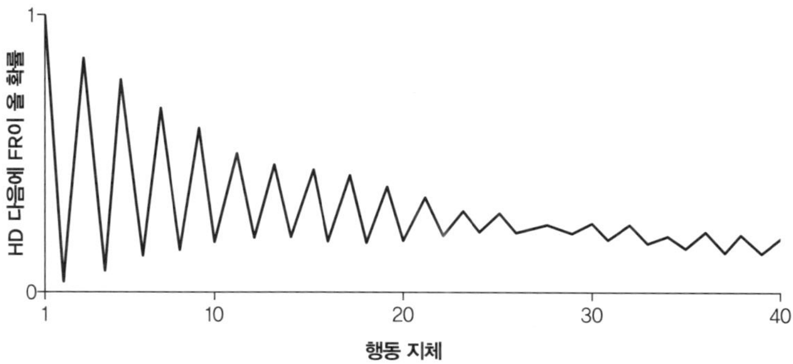

혀를 끼워 비빔), HD(앞발로 머리를 닦음), FM(중간 발 한쪽을 앞발 사이에 끼워 비빔), BM(중간 발 한쪽을 뒷발 사이에 끼워 비빔), BF(뒷발을 마주 비빔), AB(뒷발로 배를 닦음), WG(뒷발로 날개를 닦음)였다. 다음으로 우리는 도킨스 오르간을 써서, 여덟 가지 몸단장 행동이 벌어지는 순서를 기록했다. MV(날아감)와 NO(아무것도 안 하고 가만히 있음)도 함께 기록했다.

위 그래프는 파리가 지금 HD를 할 때 바로 다음에 FR을 할 확률('지체'=1이고 확률은 아주 높다), 두 번째에 FR을 할 확률(확률이 아주 낮다), 세 번째에 FR을 할 확률(확률이 높다), 네 번째에 FR을 할 확률(확률이 낮다)…을 보여준다. 보다시피, 확률이 높았다 낮았다 번갈아 진행되는 경향이 뚜렷하다. 또한 점점 더 먼 미래를 볼수록—점점 더 긴 '지체'를 확인할수록—확률이 (당연히 예상되다시피) 전체적으로 낮아지는 경향이 있다.

이 그래프는 HD 다음에 FR이 오는 특수한 경우에 대한 그래프다. 우리는 가능한 모든 조합의 전환에 대해서 똑같은 형식의 그래프를 그린 뒤, 모든 그래프를 하나의 표로 취합했다(다음 페이지를 보라).

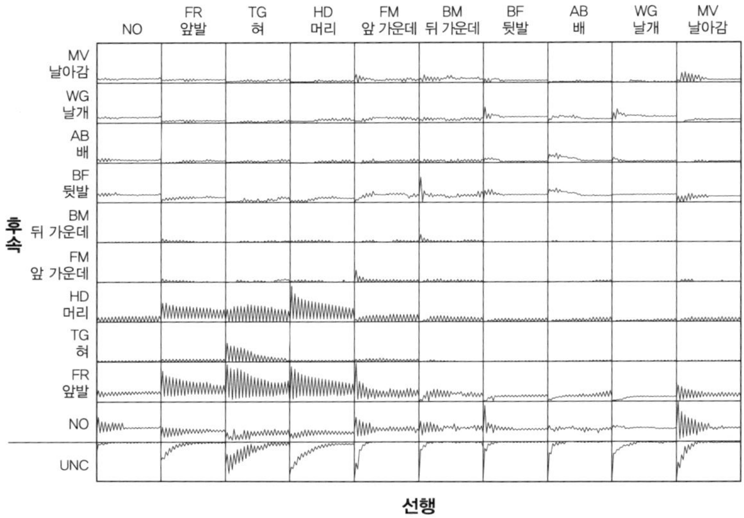

예의 지그재그 패턴을 따르는 전환이 많다는 사실이 눈에 들어온다. 그래프들끼리 위상이 서로 정확하게 어긋나는 경우도 있지만 말이다. 맨 아래 행(UNC)은 각 행동에 이어지는 미래를 예측한 값이 얼마나 불확실한지 보여주는 지수인데, 병아리 연구처럼 섀넌 정보 지수를 써서 계산한 것이다.

우리는 사람의 귀로 동물 행동 패턴을 식별하려는 시도도 해보았다. 우리는 도킨스 오르간으로 파리의 몸단장 행동을 기록한 연주에서 음과 음 사이의 실제 시간 간격을 지웠다. 달리 말해, 컴퓨터에게 모든 음 사이 간격을 잶고 표준적인 하나의 간격으로 바꾸라고 지시한 뒤, 그렇게 만들어진 '음악'을 들어보았다. 약간 ('전통'에 대비되는 개념의) '모던' 재즈처럼 들렸다. 내가 더 젊을 때 밤새도록 희롱했던 엘리엇 컴퓨터의 '노래'와도 조금 비슷했다. 흥미로운 비교라고 생각되는데, 어떨지? 나는 사람의 귀가 동물 행동 패턴을 감지하는 도구로서 유망할지도 모른다고 생각했지만, 그 발상을 더 추구하지는 않았다. 지금 이야기하는 것도 그저 흥미롭고 희한한 일화라고 생각하기 때문이다. 당시에 월드와이드웹이 있었다면, 나는 틀림없이 파리 몸단장 음악을 인터넷에 올렸을 것이다. 여러분이 그 음악에 맞춰 춤출 수도 있었을 것이다. 그러나 어쩌랴, 그 '파리류 멜로디'는 안타깝게도 영영 사라졌다.

우리의 파리 연구나 의사 결정에 관한 이전 연구들이 동물 뇌의 작동 방식을 구체적으로 알려준 것은 아니었다. 그 연구들은 기법의 탐색에 가까웠다. 동물 행동 연구의 기법만이 아니라 전반적인 사고 기법을 탐색하는 작업이었다. 메리언과 나는 파리에 대한 연구를 그밖에도 많이 했다. 그러나 모두 논문으로 발표되었으니, 더 이야기하지는 않겠다. 다만 그 연구들은 내가 다음으로 몰두한 글쓰기 과제에서 재료로 쓰였는데, 〈동물행동학의 원리로서 제안하는 위계 구조〉라는 길고 이론적인 논문을 쓰는 일이었다. 이 이야기는 다음 장에서 하겠다.

1973년에 니코 틴베르헌이 노벨 생리의학상을 받았다(함께 동물행동학을 주창했던 콘라트 로렌츠, 전설적인 꿀벌 춤을 발견한 카를 폰 프리슈와 공동으로 받았다). 그리고 1년 뒤인 1974년에 니코는 옥스퍼드의 은퇴 연령인 67세가 되었다. 대학은 그의 후임자를 동물 행동 분야의 '리더reader'로 임명하자는 데 동의했다. 리더는 옥스퍼드에서 제법 영예로운 지위였지만, 요즘은 미국 관습에 따라 '교수professor'라는 직함을 좀 아무 데나 붙이는 분위기라서 — '미키 마우스 석좌교수' 하는 식으로, 부르기 힘든 이름들이 난무한다 — 점차 안 쓰는 말이 되어가는 듯하다. 아무튼 나는 강사로 만족했고, 그 자리에 지원할 야심은 없었다.

대부분의 사람들은 마이크 컬런이 당연히 니코의 후계자가 될 거라고 생각했다. 어쩌면 바로 그렇기 때문에, 분명한 변화를 원했던 임명위원회의 다수가 데이비드 맥팔랜드를 지지했다. 한스 크뤼크가 틴베르헌 전기에서 썼듯이, '맥팔랜드보다 더 니코와 다른 사람은 찾기 힘들 정도였다'. 데이비드의 임명은 여러 면에서 논쟁적이었으나, 새 교수 임명은 새 출발의 기회라는 관점에 따른다면 한편으로 고무적인 면도 있었다. 데이비드의 연구는 대단히 이론적이었고, 사실상 수학이었다. 그는 수학자의 통찰을 연구에 끌어들였고, 계산에 능통한 수학자들과 엔지니어들에게 둘러싸여 있었다. 커피 휴게실의 대화 주제는 야생 갈매기와 큰가시고기에서 피드백 제어 시스템과 컴퓨터 시뮬레이션으로 바뀌었다.

어쩌면 그것은 생물학의 변화를 축소판으로 보여준 현상이었다. 나는 젊었다. 아직 내 방식이 정해지지 않았다. '이길 수 없다면 따르라'가 내 자세였다. 그래서 나는 주위에 넘쳐나는 엔지니어와 수학자에게 제어 이론을 배우기로 했다. 그리고 무언가를 배울 때 손수 해보는 것보다 더 나은 방법이 어디 있겠는가. 나는 컴퓨터 프로그래밍에 대한 열정에—혹은 악습에—다시 빠져들어, 디지털 컴퓨터('내' PDP-8)를 아날로그 컴퓨터처럼 행동시키는 프로그램을 짰다. 그러기 위해서 컴퓨터 언어도 하나 더 개발하고, 시스젠이라고 이름 붙였다.

포트란 같은 통상적인 컴퓨터 언어에서는 명제들이 차례대로 수행되지만, 시스젠 명제들은 '동시적으로' 수행되었다. 물론 *진짜로*

동시에 수행되는 것은 아니었다. 디지털 컴퓨터는 기본적으로 모든 작업을 순차적으로 처리하니까. 다만 순서를 어떻게 쓰든 상관없었다는 뜻이다. 시스젠 해석 프로그램을 짤 때 내 목표는 디지털 컴퓨터에게 *마치* 동시적인 작업을 처리하는 듯이 행동하게끔 만드는 것이었다. 가상의 아날로그 컴퓨터인 셈이었다. 결과는 진짜 아날로그 컴퓨터처럼 오실로스코프 화면에서 한 무리의 그래프로 표시되었다.

시스젠이 실용적으로 얼마나 유용했는지는 모르겠다. 그러나 분명 언어를 개발하고 그 해석 프로그램을 짜는 일은 제어 이론뿐 아니라 적분을 더 잘 이해하는 데도 도움이 되었다. 나는 외할아버지가 자신의 옛 스승 실베이너스 톰프슨의 《쉬운 미적분》을 추천했던 것을 잊지 않았다(앞에서도 말했듯이, 톰프슨은 '한 바보가 할 수 있는 일은 다른 바보도 할 수 있다'고 즐겨 말했다). 톰프슨이 적분을 설명하면서 했던 말 중 뇌리에 남은 구절이 또 하나 있다. '그러니까 우리는 꾸물거리지 말고 얼른 적분을 배워두는 게 좋습니다.' 나는 옛날에 어니 도의 수업에서 적분을 반쯤만 이해했는데, 이제 시스젠을 통해서, 말하자면 몸소 체험함으로써 더 잘 이해하게 되었다.

의도는 비슷했지만 훨씬 더 쉽고 시간도 덜 걸린 작업은, 촘스키 스타일의 언어학을 역시 몸소 체험함으로써 이해하는 일이었다. 나는 무작위 문장을 생성하는 컴퓨터 프로그램을 짜보았다. 설령 의미는 없을지라도 문법만큼은 철저하게 지키는 문장들을 생성하는 프로그램이었다. 이 일은 별로 어렵지 않은데—어렵지 않다는 사실 자체에 의미가 있다—프로그래밍 언어가 스스로를 *재귀적으로* 불러오는 과정(서브루틴)을 허용하면 된다. 내가 선호했던 언어인 알골-60은 그 과정을 허용했다. 내가 알골-60을 쓴 것은 PDP-8에서 돌아가는 알골 컴파일러를 멋지게 짜낸 로저 애벗의 영향이었다. 과학계에서 예전부터 가장 널리 쓰인 언어는 IBM의 포트란이었는데, 당시의 포트란 버전과는 달리 알골은 서브루틴이 자기 자신을 불러올 수 있었다. 포트란이라고 하니까, 인공지능의 개척자 테리 위노그래드의 재치 있는 내부자 농담이 떠오른다. 1970년대에 케임브리지에서 열린 최신 인공지능 기술 관련 학회에 참가한 적이 있었다. 그때 위노그래드가 스타 강연자였는데, 그가 강연 중에 문득 이처럼 멋지게 비꼬는 말을 던졌다. "여러분 가운데 이렇게 말하는 분이 계실지도 모르겠군요. '포트란은 우리 *할아버지한테*도 그럭저럭 쓸 만했고, 나한테도 그럭저럭 쓸 만해.'"

일단 프로그래밍 언어가 스스로를 재귀적으로 불러오는 과정을 허락한다면, 정확한 문법을 구사하는 프로그램을 짜기는 대단히 쉽다. 더구나 깔끔하다. 나는 '명사구', '형용사구', '전치사절', '관계사절' 등등의 과정들을 포함하는 프로그램을 짰다. 이런 과정들은 자기 자신을 포함해 다른 어떤 과정이라도 불러올 수 있었다. 그리하여 가령 다음과 같은 무작위 문장을 생성했다.

> (The adjective noun (of the adjective noun (which adverbly adverbly verbed (in noun (of the noun (which verbed))))) adverbly verbed)

품사를 세심하게 분석해보면(나는 여기에서 괄호로 구분했는데, 컴퓨터는 물론 괄호를 쓰진 않고 그냥 이런 구조를 내재하고 있을 뿐이다), 이 문장이 정보를 별달리 제공하지 않더라도 문법적으로는 정확하다는 걸 알 수 있다. 즉, 통사론적으로는 말이 되지만 의미론적으로는 말이 되지 않는 문장이다. 그리고 컴퓨터는 위 문장에서 'noun', 'adjective' 등이 있는 자리에 그 대신 무작위로 고른 구체적인 명사와 형용사 등을 집어넣음으로써 의미도 쉽게 주입할 수 있다(물론 그런다고 해서 꼭 말이 되지는 않을 것이다). 포르노그래피든 조류학이든, 아무 분야에서나 가져온 어휘를 삽입하면 된다. 프랑스 철학 풍의 헛소리같은 단어들을 삽입해도 된다. 훗날 앤드루 불락은 직접 짠 '포스트모더니즘 생성기' 프로그램으로 정말로 그렇게 해보았는데, 나는 배꼽 빠지게 우스운 그 결과를 《악마의 사도》에서도 인용했다.

> 자본주의 이론을 점검할 때, 우리는 다음과 같은 선택에 직면한다. 신新 원전론적 물질주의를 거부하느냐, 아니면 사회에 객관적 가치가 있다고 결론짓느냐 하는 것이다. 만일 변증법적 반상황주의가 유효하다면, 우리는 하버마스적 담론과 서브텍스트적 맥락 패러다임 중에서 선택해야 한다. 진실을 현실로서 포함하는 원전론적 민족주의로 주제가 맥락화된다고 말할 수 있을 것이다. 어떤 의미에서, 서브텍스트적 맥락 패러다임의 전제는 현실이 집합적 무의식에서 나온다고 말하는 셈이다.

무작위로 생성된 이 쓰레기 문장들은 학술지에 버젓이 실리는 이른바 '문예이론'의 헛소리 문장들만큼은 말이 된다. 불락의 프로그램은 이런 문장을 말 그대로 무한정 생성할 수 있다.

내가 이즈음에 추진하던 프로그래밍 작업이 두 가지 더 있었다. 나중에 밝혀지기를, 둘 다 실용적으로 당장 유용한 결과를 냈다기보다는 미래를 위해 기술을 익히는 데 도움이 된 작업이었다. 첫 번째는 한 컴퓨터 언어를 다른 언어로 번역하는 프로그램을 짜는 것이었다. 구체적으로 말하면, 베이식에서 알골-60으로 번역하는 프로그램이었다. 프로그램은 두 언어 사이에서 잘 작동했고, 만일 내가 사소한 세부적 변경을 더 가했다면 일반적 알고리즘 타입의 어떤 한 언어에서 어떤 다른 언어로도 번역할 수 있었을 것이다. 두 번째 작업은 PDP-8 컴퓨터에게 귀뚜라미의 노래를 부르게끔 만드는 프로그램, STRIDUL-8을 짜는 것이었다.

귀뚜라미를 연구할 흥미가 동한 것은 버클리 시절의 친구였던 신경생물학자 데이비드 벤틀리 때문이었다. 그리고 곤충에 관심이 있던 대학원생 테드 버크(지금은 네브래스카에서 교수로 있다)가 귀뚜라미로 박사 학위 논문을 쓰고 싶어 했다. 고맙게도 데이비드가 학명 텔레오그릴루스 오시아니쿠스라는 태평양 들판귀뚜라미의 알을 조금 보내줬다. 귀뚜라미들은 옥스퍼드에서 알을 깨고 나와 금세 번식했고, 테드가 녀석들에게 양상추를 먹이면서 돌봤다. 테드가 귀뚜라미의 행동을 생산적으로 연구하는 동안, 나는 별도의 프로젝트를 궁리했다. 컴퓨터로 귀뚜라미의 구애 노래를 만들어 활용하는 연구였다. 결국 이 연구는 마무리되지 못했다. 그러나 STRIDUL-8을 짜는 것만큼은 내가 마무리할 수 있었고, 프로그램은 꽤 잘 돌아갔다.

내 실험 기구는 시소였다. 아주 가벼운 발사나무로 만든 시소였는데, 귀뚜라미용이니 가벼워야 했다. 시소라지만 실은 길쭉한 발사나무 대롱에 지나지 않았다. 양끝과 윗면은 그물로 덮었고, 경첩 달린 받침대로 한가운데를 받쳤다. 대롱에는 한 번에 귀뚜라미 한 마리만 넣었다. 귀뚜라미는 이쪽 끝에서 저쪽 끝까지 마음대로 걸어다닐 수 있었다. 귀뚜라미가 어느 쪽이든 끝으로 다가가면, 대롱이 기울었다. 시소였으니까. 그러면 마이크로스위치가 그 사실을 기록했다. 더 중요한 점은, 그 순간 소리의 위치가 바뀌도록 프로그래밍되어 있다는 것이었다. 시소 양끝에 작은 스피커가 하나씩 있고, 귀뚜라미가 어느 쪽에 있든 그 반대편 스피커에서 귀뚜라미 노래가 나오게 되어 있었던 것이다. 자, 당신이 암컷 귀뚜라미라고 상상해보자. 당신은 복도의 서쪽 끝에 가까운 지점에 앉아 있다. 그런데 동쪽에서 노래가 들려온다. 노래가 마음에 든 당신은 동쪽으로 걷기 시작한다. 그런데 동쪽 끝에 다가갔더니 당신의 몸무게 때문에 시소가 동쪽으로 기울고, 그 때문에 마이크로스위치가 눌려서 컴퓨터에게 알리고, 컴퓨터는 재깍 서쪽 스피커에서 노래가 나오도록 변경한다. 당신은 방향을 바꿔 서쪽으로 걷기 시작한다. 그러면 앞의 과정이 방향을 바꿔서 똑같이 진행될 것이다. 이런 구조이니 귀뚜라미가 좋아하는 노래라면 시소가 자주 오르내릴 것이었고, 그 횟수는 자동적으로 컴퓨터에 기록되었다. 암컷 귀뚜라미가 상황을 어떻게 파악했는지는 알 수 없다. 수컷이 수줍음이 많아서 자꾸 멀어진다고 생각했는지, 수컷이 변덕스럽게 폴짝폴짝 점프한다고 생각했는지, 뭐가 되었든 생각을 하기는 했는지. 아무튼 귀뚜라미가 별로 좋아하지 않는 노래라면 시소가 적게 까딱거릴 것이었고, 아예 딱 듣기 싫은 노래라면 귀뚜라미가 반대쪽 끝에 머물러 있을 테니 시소가 전혀 움직이지 않을 것이었다.

내가 그 기구로 하고 싶었던 실험은 귀뚜라미가 다양한 노래들을 각각 얼마나 좋아하는지 측정하는 것이었다. 노래 A를 5분간 시소의 이쪽 저쪽에서 틀어주고, 노래 B로도 그렇게 하고, 다른 노래들도 적당히 무작위적인 순서로 그렇게 실험하는 것이다. 그때 시소가 기운 횟수를 헤아려서 귀뚜라미가 그 노래를 얼마나 좋아하는지 측정하는 지표로 삼는다. 실제 귀뚜라미 노래가 아니라 컴퓨터로 생성한 노래를 쓰려고 한 것은, 틴베르헌의 고전적 접근법에 따라, 귀뚜라미가 자기 종의 노래에서 정확히 어떤 요소를 좋아하는지 분석하기 위해서였다. 컴퓨터는 체계적인 방식으로 노래를 변화시킬 것이었다. 첫 단계에서는 그 종의 자연스러운 노래를 모방한 뒤 컴퓨터로 조금씩 바꾸려고 했다. 이 부분을 약간 잘라내고, 저 부분을 약간 강화하고, 귀뚤거리는 소리 사이의 시간을 다르게 하는 등의 방식으로. 그리고 약간 무모한 희망이긴 했지만, 다음 단계에서는 컴퓨터가 아무 노래에서나 시작해 스스로 '학습'하도록 프로그래밍할 수 있을 거라고 생각했다. '진화'라고 말할 수도 있었다. 컴퓨터가 한 단계 한 단계 적절한 '돌연변이'를 선택해 차근차근 폭을 좁혀감으로써 결국 귀뚜라미가 선호하는 합성 노래를 만들어낼 수 있으리라는 발상이었다. 만일 그 합성 노래가 텔레오그릴루스 오시아니쿠스 종의 원래 노래와 같다는 결과가 나온다면, 발칵 뒤집힐 일이 아닐까? 그다음으로 텔레오그릴루스 콤모두스 종에게 실험했더니 컴퓨터가 다른 형태의 노래로 좁혀가더라고 하면, 연구자에게는 얼마나 황홀한 결과겠는가!

컴퓨터를 노래시키는 프로그램을 짤 때, 나는 가급적 범용성이 있는 프로그램이기를 바랐다. 범용성은 컴퓨터의 장기다. 아날로그 컴퓨터를 시뮬레이션했을 때나 언어 번역 프로그램을 짰을 때처럼,

나는 일반적인 사례에 대해 프로그래밍하기를 원했다. STRIDUL-8은 그런 언어였다. STRIDUL-8로는 소리의 진동과 간격을 어떤 방식으로든 조합할 수 있었으므로, 어떤 귀뚜라미 노래라도 흉내낼 수 있었다. STRIDUL-8은 직관적으로 쉽게 이해되는 괄호 표기법을 사용했다. 사용자는 괄호를 써서 반복구를 삽입할 수 있었고, 반복구가 삽입된 반복구를 삽입할 수도 있었다. 앞에서 이야기한 언어 문법을 연상시키는 방식이었다.

STRIDUL-8은 잘 작동했다. 이 언어로 시뮬레이션한 귀뚜라미 노래는 사람의 귀에 진짜 귀뚜라미 소리처럼 들렸고, 컴퓨터가 어떤 종의 노래라도 쉽게 흉내내게끔 프로그래밍할 수 있었다. 그러나 내가 곤충음향학의 세계적 권위자로서 막 에든버러에서 옥스퍼드로 옮겨온 헨리 베넷 클라크 박사에게 시범을 보여주었더니, 그는 대번에 얼굴을 찌푸리면서 말했다. "으엑!" STRIDUL-8은 소리의 진동에서 시간 패턴만 규정할 수 있었고, 각 진동은 귀뚜라미가 날개를 한 번 맞비비는 소리에 해당했다. 나는 귀뚜라미가 날개를 비빌 때 생성되는 실제 파동 형태를 시뮬레이션하려고 시도하지는 않았는데, 헨리는 그 점이 문제라고 지적했다. 그가 옳았다. 그 상태대로라면 STRIDUL-8은, 가령 언젠가 헨리가 만일 달빛의 소리를 들을 수 있다면 바로 그 귀뚜라미의 소리와 비슷할 거라고 말했던 유럽 나무귀뚜라미에게는 통하지 않을 것이었다. 나는 잠시 의기소침해, 귀뚜라미 노래 프로젝트를 한켠으로 밀어두고 다른 시급한 과제들을 처리했다. 특히 케임브리지의 초청은 상당히 도전적인 과제였다. 안타깝게도 나는 귀뚜라미 연구로 다시 돌아가지 못했고, 귀뚜라미 시절은 그걸로 끝이었다. 이후에도 종종 생각할 때마다 아쉬웠다. 대부분의 과학자들에게는 이처럼 아쉬운 미완의 영역이 있을 것이다. 시작만 하고 끝맺지 못한 프로젝트가 있을 것이다. 설령 내가 귀뚜라미로 돌아갈 마음을 막연하게 먹었더라도, 무어의 법칙 때문에 좌절되었을 것이다. 컴퓨터는 워낙 빠르게 발전하므로, 나처럼 오랫동안 연구를 미완성으로 남겨두었다가는 세상의 컴퓨터들이 죄다 더 새롭고 섹시한 모델로 바뀌어버려서 예전에 쓰던 프로그램을 돌릴 수 없을 것이다. 요즘 STRIDUL-8을 돌릴 수 있는 컴퓨터를 찾으려면 박물관으로 가야 하지 않을까.

RICHARD
DAWKINS

13

행동의 문법

The Making of a Scientist

틴베르헌이 지휘하던 옥스퍼드 동물행동연구그룹은 케임브리지의 상대 조직이라 할 수 있는 부서와 친근한 관계를 유지했다. 그 부서는 매딩리라는 이웃 마을에 자리하고 있었다. '매딩리'는 W. H. 소프가 1950년에 창설한 조직이었다. 탁월한 과학자였던 소프는 온화하고 엄숙하고 거의 성직자 같은 성격이었다. 마이크 컬런이 소프의 성격을 제대로 보여주는 이야기를 해준 적이 있다. 새의 노랫소리를 기록할 일이 있자, 소프가 무려 오르간으로 연주하는 표기법을 만들었다는 것이다. 마이크는 그것이 소프의 성격에 더없이 어울리는 일이었다고 평했다. 매딩리는 1975년에 창설 25주년을 맞아 학회를 열기로 했다. 주관은 패트릭 베이트슨과 로버트 힌드가 맡았다. 두 사람은 소프가 은퇴한 뒤 매딩리 그룹을 이끈 인물로, 훗날 케임브리지의 칼리지에서 학장이 되었다. 매딩리 학회에서 연사를 맡은 사람은 대부분 예전에 그곳에서 연구했거나 당시 그 그룹에 속한 연구자였지만, 외부인도 몇 명 초청되었다. 옥스퍼드에서는 데이비드 맥팔랜드와 내가 대표로 파견되는 영광을 누렸다.

요즘 내가 드물게나마 그런 학회에서 연설하면, 고백하건대 보통은 예전에 했던 강연의 원고를 업데이트해서 사용한다. 그러나 더 젊고 활력 넘쳤던 1974년의 나는 매딩리 25주년 기념 학회와 나중에 묶일 자료집을 위해서 큰맘 먹고 아예 새 논문을 쓰기로 했다. 내가 고른 주제는 '위계 구조'였다. 그것은 동물행동학에서 역사가 깊은 주제였다. 니코 틴베르헌의 걸작 《본능의 연구》에서 가장 대담하고 가장 많은 비판을 받은 대목은 '종합의 시도'라는 제목이 붙은 장이었는데, 그 장의 주요한 주제이기도 했다. 나는 니코와는 약간 다른 접근법을 취했다. 어쩌면 여러 가지 다른 접근법이라고 해야 할지도 모른다. 그리고 나 역시 종합을 꾀했다.

내가 해석하기로, 위계 구조의 핵심은 '내포' 개념이었다. 나는 무엇이 내포가 *아닌지*를 말함으로써 이 개념을 설명할 텐데, 앞에서 문법에 대해 이야기한 내용이 여기에서 다시 등장한다. 우리가 일련의 사건을—예를 들어 동물이 취하는 일련의 행동을—묘사하는 방식 중, 마르코프 연쇄로 묘사하는 방법이 있다. 러시아 수학자 안드레이 마르코프는 이 연쇄에 대해 형식적이고 수학적인 정의를 제공했지만, 나는 그러지 않고 말로 풀어서 설명하겠다. 만일 어떤 동물의 연속 행동이 마르코프 연쇄라면, 동물이 지금 하는 행동은 정해진 어떤 횟수만큼 거슬러 올라간 앞 단계의 행동들에 의해 결정된다는 뜻이다. 그 횟수보다 더 오래된 단계들은 영향을 미치지 않는다. 가령 1차 마르코프 연쇄라면, 동물의 다음 행동은 바로 앞 단계의 행동으로부터 통계적으로 예측될 뿐 그보다 이전의 행동들로부터는 예측되지 않는다. 끝에서 두 번째 행동을 살펴보더라도 예측이 더 나아지진 않는다는 말이다(끝에서 세 번째 행동, 네 번째 행동…도 마찬가지다). 2차 마르코프 연쇄라면, 앞선 두 행동을 살펴봄으로써 예측력을 높일 수 있지만 그보다 이전의 행동들은 봐도 소용이 없다.

그러나 위계적으로 조직된 행동은 전혀 다르다. 차원이 몇 차가 되었든, 마르코프 연쇄 분석은 통하지 않을 것이다. 행동의 예측 가능성은 미래로 갈수록 서서히 낮아지는 게 아니라, 흥미로운 방식으로 높아졌다 낮아졌다 할 것이다. 이것은 파리의 몸단장에서 본 패턴과 비슷하지만, 그보다 더 흥미롭다. 이상적인 경우라면, 행동은 이산적인 덩어리들로 조직되어 있을 것이다. 덩어리 속에 덩어리가 있고, 덩어리 속 덩어리 속에 또 덩어리가 있을 것이다. 내포란 바로 그런 뜻이다. 내포적 위계를 가장 뚜렷하게 보여주는 모형은 인간 언어의 문법, 즉 구문이다. 내가 짰던 자동 문장 생성 프로그램을 떠올려보자. 그때 인용했던 예문을 다시 생각해보자.

> **The adjective noun** of the adjective noun which adverbly adverbly verbed in noun of the noun which verbed **adverblly verbed.**

문장의 핵심은 굵게 처리했다. 굵은 부분만 읽어보라. 중간에 내포된 이런저런 관계사절과 전치사절을 빼더라도 문법에 맞는다. 우리는 아래와 같은 방식으로 내포절을 늘려갈 수 있는데, 이때 중요한 점은 추가로 내포절을 삽입하는 위치가 핵심 문장의 *내부*, 혹은 이미 삽입된 내포절의 내부여야 한다는 점이다. 아래 문장에서 각각 굵게 처리된 부분만 읽어보라.

> **The adjective noun** of the adjective noun which adverbly adverbly verbed in noun of the noun which verbed **adverblly verbed.**

> **The adjective noun of the adjective noun** which adverbly adverbly verbed in noun of the noun which verbed **adverblly verbed.**

> **The adjective noun of the adjective noun which adverbly adverbly verbed** in noun of the noun which verbed **adverblly verbed.**

> **The adjective noun of the adjective noun which adverbly adverbly verbed in noun** of the noun which verbed **adverblly verbed.**

> **The adjective noun of the adjective noun which adverbly adverbly verbed in noun of the noun which verbed adverblly verbed.**

어떤 문장이든 굵은 부분만 읽어도 문법적으로 정확하다는 사실을 확인했을 것이다. 굵게 처리되지 않은 부분, 즉 내포된 부분을 지워도 괜찮다. 그러면 의미는 달라질지 몰라도 문법은 여전히 맞는다.

이와는 대조적으로, 왼쪽에서 오른쪽으로 차례차례 단어를 덧붙이면서 문장을 늘이는 경우에는 전체 문장의 끝에 도달해야만 문법에 맞는 문장이 되지, 도중에는 어느 것도 문법에 맞지 않는다.

> The adjective noun(문장이 아니다)
>
> The adjective noun of the adjective noun(문장이 아니다)
>
> The adjective noun of the adjective noun which adverbly adverbly verbed(문장이 아니다)
>
> The adjective noun of the adjective noun which adverbly adverbly verbed in noun(문장이 아니다)
>
> The adjective noun of the adjective noun which adverbly adverbly verbed in noun of the noun which verbed adverblly verbed(마침내 문장이 되었다).

맨 마지막 사례에서만 문장이 종결되어 문법적으로 옳은 말이 되었다. 자, 내가 알고 싶었던 문제는 동물의 행동이 마르코프 연쇄처럼 조직되느냐, 아니면 구문을 닮은 방식이든 그 밖의 위계 방식이든 내포 방식으로 조직되느냐 하는 문제였다. 보다시피 여기에는 나와 메리언의 연구에, 특히 검정파리 연구에 숨어 있던 발상이 어렴풋이 드러나 있다. 이제 매딩리 논문을 쓰면서 나는 위계 구조 문제를 보다 일반적으로 살펴보고 싶었다. 실제 동물 행동을 관찰한 연구들을 살펴볼 뿐 아니라, 이론적 관점에서도 보고 싶었다.

나는 먼저 수리논리학이라는 간편한 표기법으로 다양한 종류의 위계들을 정의한 뒤, 다음으로 위계 구조에 어떤 진화적 이점이 있는지 따져보았다. 나는 노벨 경제학상 수상자 허버트 사이먼이 이야기했던 우화를 빌려와서, 내가 '진화율의 이점'이라고 명명한 개념을 설명했다. 템푸스와 호라라는 시계 제작공이 있다고 하자. 두 사람이 만드는 시계는 똑같이 시간을 잘 맞히지만, 시계 하나를 완성하는 데 걸리는 시간은 템푸스가 훨씬, 훨씬 더 길다. 두 사람의 시계는 똑같이 1,000개의 부품으로 이루어진다. 생산 효율이 높은 호라는 그것을 위계적·모듈적 방식으로 조립한다. 호라는 우선 부품들을 10개씩 100개의 하위 단위로 조립하고, 다음에 그것들을 10개의 더 큰 단위로 조립하고, 마지막으로 그것들을 모두 조립해 시계를 완성한다. 반면에 템푸스는 부품 1,000개를 방대한 한 번의 작업으로 엮어내려고 한다. 부품을 하나라도 떨어뜨리면, 혹은 도중에 전화라도 와서 방해를 받으면, 무더기 전체가 산산조각이 나고 이후에는 처음부터 다시 시작해야 한다. 템푸스는 시계 하나를 완성하기가 힘들지만, 호라는 위계적 모듈 기법으로 척척 만들어낸다. 컴퓨터 프로그래머라면 누구나 이런 원리에 익숙할 것이다. 그리고 이 원리는 틀림없이 진화와 생물계 구축 과정에도 적용될 것이다.

나는 '지방자치의 이점'이라고 명명한 또 다른 이점도 칭송했다. 상상해보자. 우리가 런던에서 제국을 통제하려고 한다. 좀 더 과거

40

41

42

43

40_ 이 사진은 친척 결혼식에서 부모님과 찍었는데(여동생 세라는 신부 들러리라서 우리와 함께 있지 않았다), 내가 쓴 섀핀 그로프 교모의 새빨간 색깔이 보이지 않아서 아쉽다.

41, 42_ 아운들의 첫 학기는 내가 카메라를 향해 짓는 미소만큼 행복하진 않았다.

43_ 아운들에서 제일 좋았던 점은 요안 토머스 선생님이 있었다는 것이다. 옆 사진은 선생님이 우리에게 생명계에 대한 경이감을 느끼도록 격려하는 모습이다.

44

45

46

47

44~47_ 오버 노턴의 삶: 우리는 낡아빠진 랜드로버로 울퉁불퉁한 땅을 누볐다. 1951년 무렵, 그 못지않게 울퉁불퉁했던 우리 집 마당에서 웨섹스새들백 품종 돼지들이 돌아다니고 있다. 창의적인 아버지가 직접 제작하여 특허까지 받은 우유 멸균기 앞에 자랑스럽게 선 모습. 작은 회색 퍼기 트랙터로 건초를 만드는 모습도 보인다.

48

48_ 여름 방학이면 나는 짚단에서 썰매를 타며 밥값을 했다.
49_ 내가 아버지의 뒤를 따라 집안의 가보인지 뭔지를 나르고 있다.

49

50

51

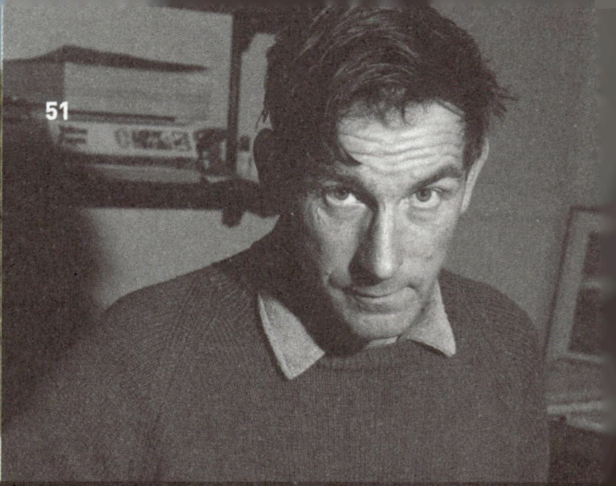

52

53

54

50_ 본연의 환경에 있는 니코. 레이븐글래스에서 가짜 알을 색칠하고 있다.

51_ '우리가 입을 열기도 전에 무슨 말을 할지 알았던 지적인 눈동자… 더부룩한 머리카락 밑에서 회의적인 듯이, 미심쩍은 듯이 치켜 올렸던 눈썹.' 수많은 후배들이 그리워하는 우리의 조언자 마이크 컬런.

52_ 무엇을 쫄까? 위에서 비추는 빛을 평생 한 번도 본 적 없는 병아리들.

55

53_ 피터 메더워. 그의 인생을 바꿔놓은 뇌졸중에 걸리기 전 모습이다.

54_ 버클리 시절의 친구이자 안내자였던 조지 발로가 나중에 안식년을 맞아 옥스퍼드로 와서, 다함께 차웰 강에서 보트를 탔다(노 젓는 사람은 존 레넌이 아니라 영원 전문가 팀 할리데이이다).

55_ 서리 퓨마를 사냥하러 갔을 때, 야수를 찾아 용감무쌍하게 자연을 누볐던 탐험가.

56_ 야수들인가 겁먹은 소년들인가? 들쑥날쑥한 대열로 버클리의 평화 시위자들과 맞선 캘리포니아 방위군.

56

57

58

59

60

61

57_ 귀뚜라미 실황 중계. 테드 버크와 내가 마이크와 도킨스 오르간으로 귀뚜라미의 행동을 기록하고 있다.

58_ 동물행동연구그룹이 베빙턴 로드에서 이사 나온 뒤 찍었던 단체 사진. 메리언은 맨 왼쪽에 있고, 나는 중간에서 약간 오른쪽에 있다.

59_ 내가 베빙턴 로드에서 중독되었던 것과 똑같은 모델의 PDP-8 컴퓨터.

60_ (왼쪽에서 오른쪽으로) 프링글 교수, 그리고 동료였던 E. B. 포드, 니코 틴베르헌, 윌리엄 홈스, 피터 브루넷, 데이비드 니콜스.

61_ 대니얼 레먼(선 사람)과 니코 틴베르헌(오른쪽)이 이견을 논하고 있다.

62_ 역시 본연의 환경에서 포착된 니코. 촬영을 마치기 전에 담뱃재가 떨어질 것인가?

62

63

64

65

사상가들.

63_ 하버드를 방문한 빌 해밀턴이 로버트 트리버스와 함께 뭔가 의논하고 있다.

64_ 언제나 사람들을 고무시켰던 존 메이너드 스미스가 아끼던 정원에 선 모습.

65_ 《이기적 유전자》. 데즈먼드 모리스의 그림을 쓴 원래의 표지다.

66_ 사려 깊고 링컨을 닮은 키 큰 조지 윌리엄스와 함께.

67_ "제가 그 책을 꼭 내야 되겠습니다!" 내가 선택한 과학책 편집자 마이클 로저스.

66

67

로 가서 로마에서 제국을 통제한다고 해도 좋다. 이때 우리는 제국의 변방에서 일어나는 일까지 시시콜콜 관리할 수는 없을 것이다. 소통 채널이 양방향 모두 너무 느리기 때문이다. 그 대신 우리는 지방마다 총독을 임명하고, 굵직한 정책적 지령만을 내린 뒤, 일상적인 결정은 알아서 하라고 맡길 것이다. 화성에 착륙한 탐사 로봇에게도 같은 원리를 적용해야 한다. 지구에서 화성까지 전파 신호가 오가려면 몇 분이 걸린다. 만일 로봇이 바위와 같은 국지적 장애물을 만나서 지구로 그 정보를 보낸다면, 신호가 지구에 닿기까지 4분이 걸릴 것이다. 지구가 신속히 답장을 보내 '왼쪽으로 꺾어서 바위를 피하라'고 지시하더라도, 그 신호가 화성에 닿기까지 또 4분이 걸린다. 그동안 불쌍한 로봇은 진작 바위를 들이받았을 것이다. 해법은 명백하다. 로봇에 탑재된 컴퓨터에게 국지적 통제권을 이양하고, 우리는 그 컴퓨터에게 '북서쪽 크레이터를 탐사하되, 바위를 만나면 조심해서 잘 피하라'는 식으로 일반적인 정책적 지침만을 주는 것이다. 로봇 여러 대가 화성의 여러 부분을 탐사하는 경우에도 마찬가지 원리를 적용하는 것이 합리적이다. 우리는 그중 한 로봇의 수석 컴퓨터에게 일반적인 정책적 지침만을 전달하고, 그 로봇이 휘하에 거느린 다른 로봇들에게 지침을 내려서 로봇들의 활동을 조정하며, 로봇들 각각은 자신에게 탑재된 컴퓨터로 그보다 더 사소한 국지적 결정을 내리는 것이다. 군대나 기업도 이와 비슷한 위계적 명령 사슬을 이용하며, 생물학적 체계들도 마찬가지다.

이와 관련해서 특히 재미난 사례는 대형 공룡이다. 몸집이 큰 공룡은 척수가 길어, 머리에 있는 뇌와 실제로 많은 활동이 벌어지는 육중한 뒷다리 사이의 거리가 불편할 만큼 멀다. 그래서 자연선택은 골반에 두 번째 '뇌'(확대된 신경절)를 부여함으로써 문제를 해결했다.

저 대단한 공룡을 보라.
선사시대 설화에서부터 유명했으니,
강력한 힘뿐만 아니라
지적인 길이로도 유명했다.
유골에서 관찰할 수 있듯이
그 생물체에게는 뇌가 두 개였으니 –
하나는 (보통의 자리인) 머리에,
다른 하나는 척수 아래쪽에 있었다.
그러니 그는 '앞으로도' 추론할 수 있었고
'뒤로도' 추론할 수 있었으리라.
그에게는 어떤 문제도 식은 죽 먹기,
머리와 꼬리로 이해했으니까.
그는 참으로 지혜로웠고, 참으로 엄숙했다.
생각 하나가 척추 하나만 채웠다.
뇌가 심하게 압박을 받는다면
아이디어 몇 개를 내려보내면 그만.
앞의 마음에서 무언가를 놓친다면
뒤의 마음에서 건지면 그만.
어쩌다 실수를 저지른다면
뒷궁리로 구해내면 그만.
언제나 두 번 생각하고 말했으니
취소할 판단을 내릴 일이 없었다.

그러니 어떤 질문이든
막힘없이 앞뒤를 다 생각할 수 있었지.
오, 이 모범적인 야수를 우러르자,
적어도 천만 년 전에 멸종해버린 그것을.

_ 버트 레스턴 테일러(1866~1921)

"그러니 그는 '앞으로도' 추론할 수 있었고 / '뒤로도' 추론할 수 있었으리라." 이것이 내가 쓴 시라면 좋겠다. ('앞으로/뒤로'를 'A Priori/A Posteriori'라고 표현해 '연역적으로/귀납적으로'라는 이중의 의미를 취했기에 하는 말이다.－옮긴이) 이처럼 거의 매행 총명한 재치가 번뜩이는 시는 달리 찾아보기 어려울 것이다.

나는 위계 구조의 일반적인 이점을 확인한 뒤, 구체적인 동물 행동 사례에서 그런 증거가 있는지 확인해보았다. 우선 메리언과 나의 검정파리 데이터를 재분석하는 데서 시작해, 문헌에서 찾아낸 다른 동물 행동 연구 데이터로 넘어갔다. 자리돔의 행동에 대한 방대한 데이터도 있었고, 생쥐가 얼굴을 단장하는 행동에 대한 데이터도 있었고, 거피의 구애 행동에 대한 데이터도 있었다.

나는 수학적 기법으로 위계적 내포 구조를 감지하는 방법을 고안하고 싶었다. 개인적 선입견에 따라 치우치지 않고 객관성을 담보하려는 시도였다. 내가 떠올린 여러 컴퓨터 기반 기법들 중 하나를 소개하면 다음과 같다. 내가 '상호 대체성 무리 분석'이라고 명명했던 방법이다. 나는 우선 여러 행동 패턴 사이의 이행 빈도를 헤아린 후, 그 데이터를 특수한 위계적 방식으로 분석했다. 동물의 레퍼토리에 포함된 어느 행동 패턴이 다른 패턴에 뒤따르는 횟수가 얼마나 되는가 하는 것을 표로 컴퓨터에 입력한 것이다. 그러면 컴퓨터가 데이터를 체계적으로 점검해, *상호 대체 가능한* 패턴 쌍을 찾았다. 상호 대체성이란 서로 상대의 자리에 놓더라도 전체적인 이행 빈도 패턴이 변하지 않는(혹은 사전에 정의한 기준에 따라 거의 그대로라고 볼 수 있는) 속성을 뜻한다. 상호 대체 가능한 쌍을 확인하면, 그 쌍을 이루는 두 패턴을 *공통된* 이름으로 교체했다. 그러면 표가 줄어들었다. 행과 열이 하나씩 줄었으니까. 그렇게 줄어든 표를 다시 프로그램에 입력해, 행동 패턴 목록이 몽땅 소진될 때까지 이 과정을 반복했다. 행동 패턴 쌍이 더 큰 무리에 삼켜지거나 이미 삼켜진 무리가 더 큰 무리에 삼켜지면, 프로그램은 위계도에서 한 단계 위로 올라갔다. 옆 페이지의 그림은 거피의 행동 패턴 데이터로 작성한 상호 대체성 위계도다. 데이터는 G. P. 바런츠 교수가 이끈 네덜란드 연구진의 것이었다(여담이지만, 바런츠는 니코 틴베르헌의 첫 대학원생으로 훗날 유럽 동물행동학계를 이끄는 위치에 올랐다).

그림에서 위의 도표는 네덜란드 과학자들이 측정한 거피 행동 패턴의 이행 빈도를 보여준다. 동그라미마다 행동 패턴을 뜻하는 기호명이 붙어 있다. 연결선의 굵기는 한 패턴에서 다른 패턴으로의 이행 빈도를 뜻한다(검은 선은 왼쪽에서 오른쪽으로, 회색 선은 오른쪽에서 왼쪽으로 이행하는 것이다). 아래 도표는 같은 데이터를 내 상호 대체성 무리 분석 프로그램에 입력한 결과다. 숫자는 상호 대체성 지수로, 이 지수를 기준과 비교해 두 개체를 뭉칠지 말지 결정했다(혹시 궁금할까 봐 정확하게 말하자면, 등위 상관계수다). 자리돔, 생쥐, 메리언과 나의 검정파리 등등에 대해서도 비슷한 위계도를 작성했다.

위계를 다른 방식으로 생각할 수도 있다. 매딩리 논문에서도 이

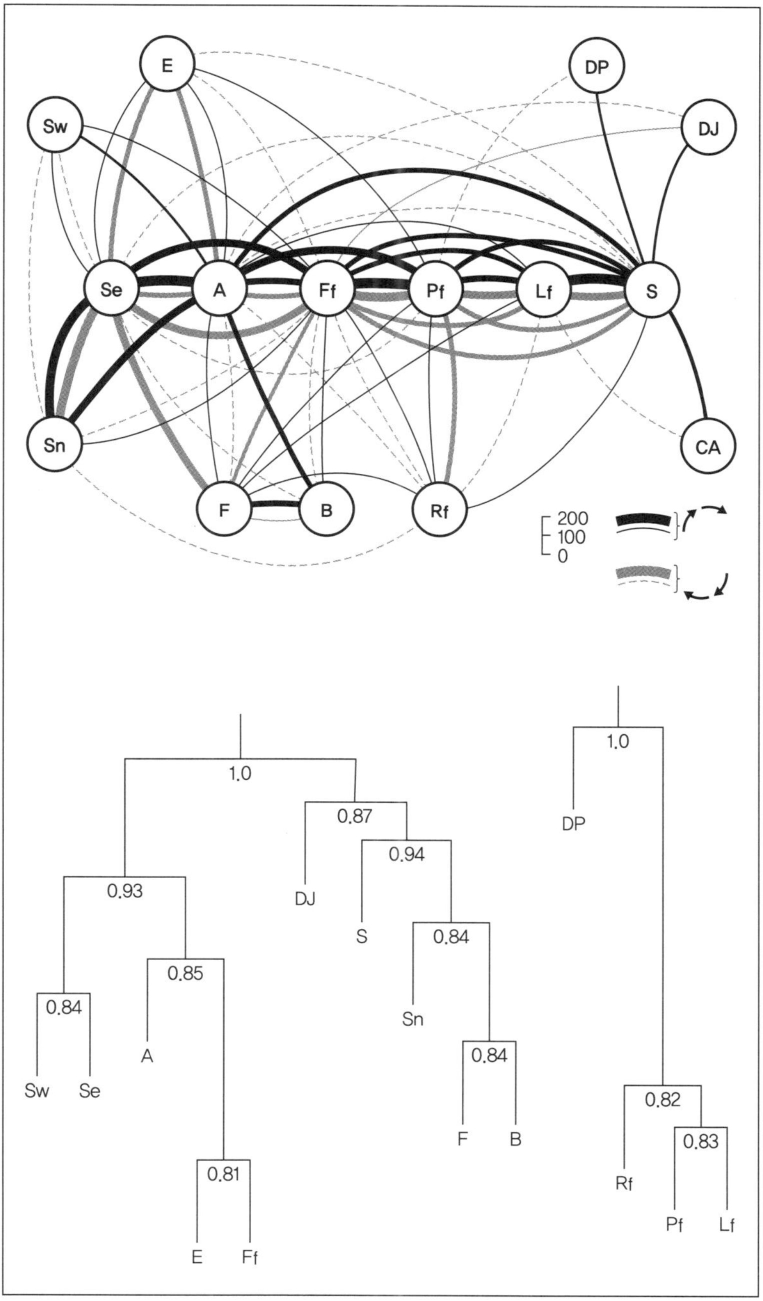
E
DP
Sw
DJ
Se
A
Ff
Pf
Lf
S
Sn
CA
F
B
Rf
200
100
0
1.0
0.87
0.94
0.93
0.85
0.84
0.84
0.84
0.81
DJ
S
Sn
A
Sw
Se
F
B
E
Ff
1.0
DP
0.82
0.83
Rf
Pf
Lf

야기했는데, 목표들의 위계다. 이때 목표는 꼭 동물의 뇌에 의식적으로 떠오른 목표일 필요는 없다(물론 그럴 수도 있지만). 내가 말한 목표란 단순히 행동을 종결시키는 상태를 뜻한다. 예를 들어, 치타가 일련의 복잡한 단계에 따라 먹이를 잡는 행동은 '사냥 성공'이라는 '목표 상태'가 달성되는 순간 끝날 것이다. 그런데 목표가 서로의 내부에 위계적으로 내포될 수도 있으며, 그 점을 살펴봐도 흥미롭다. 나는 '활동 규칙'과 '중단 규칙'을 구분했다. 활동 규칙은 동물에게(컴퓨터 시뮬레이션이라면 컴퓨터에게) 정확히 무엇을 언제 할지 말해주는 규칙으로, 그 속에는 많은 조건부 지침이 포함된다(만일 ~라면…, 그게 아니라면… 등등). 중단 규칙은 동물에게(혹은 컴퓨터 시뮬레이션에게) '무작위로 행동하되(혹은 다양한 가능성을 시험하되), 다음 목표 *상태*가 달성될 때까지 멈추지 마라' 하고 말하는 규칙이다. 가령 '배부름'이 목표 상태가 될 수 있다.

치타의 사냥처럼 복잡한 작업을 오로지 활동 규칙으로만 짠다는 건 불가능에 가깝도록 번거로운 일일 것이다. 그보다는 중단 규칙을 쓰는 편이 훨씬 낫다. 하지만 '배부름이라는 목표 상태가 달성될 때까지 무작위로 행동하라'는 하나의 큼직한 규칙만 써서는 안 될 것이다. 그 규칙에 따라 살아가는 치타는 제대로 한번 먹어보지도 못하고 늙어 죽을 테니까! 그 대신 자연선택이 취할 수 있는 합리적인 방법은, 위계적으로 내포된 중단 규칙들을 써서 행동을 프로그래밍하는 것이다. 전역적 목표('배부를 때까지 계속하라')가 '가젤을 발견할 때까지 돌아다니라'와 같은 하위 목표를 '불러오는' 것이다. 일단 '가젤 발견'이라는 목표 상태가 달성되면 그 중단 규칙은 종료될 테고, 이어 '몸을 숙이고 가젤을 향해 천천히 다가가라'는 규칙이 개시될 것이다. 그리고 '가젤이 공격 범위에 들어옴'이라는 목표 상태가 달성되면 그 규칙도 종료될 것이다. 이런 식으로 계속 이어진다. 하위의 중단 규칙도 자기 안에 내포된 다른 중단 규칙을 불러올 수 있으며, 모든 규칙이 각자의 목표 상태를 갖고 있을 것이다. 그보다 훨씬 낮은 차원을 살펴보면, 개별 근육의 수축도 엔지니어들이 '서보 제어'라고 부르는 설계를 따를 때가 많다. 근육의 목표 상태가 신경계에 의해 미리 규정되어 있고, 근육은 그 상태('중단 규칙')가 달성될 때까지 수축하는 것이다.

앞에서 나는 위계적 내포 개념을 소개할 때 사람의 언어에 비유했다. 매딩리 논문은 마침내 이 환상적인 주제로 돌아와, 동물 행동이 문법구조와 비슷하다는 증거가 있는가 하고 물었다. 그런 증거가 있다면, 대단히 흥미로운 일일 것이다. 언어의 진화적 기원에 대해서 조금이라도 단서가 되어줄지 모르니까. 인간에게서 마침내 진정한 위계적 구문을 갖춘 진정한 언어가 진화했을 때, 그것이 그보다 오래전에 언어와는 무관한 이유에서 인간에게 갖춰졌던 신경구조를 가져다 활용한 결과였으리라고 추측하는 것은 무리일까?

이 질문에 답하려고 최초로 시도한 사람은 내 옥스퍼드 동료였던 언어학자 존 마셜이었다. 그는 동물행동학 문헌에서 찾아낸 수컷 비둘기의 구애 행동 데이터를 이용했다. 비둘기의 어휘집에는 '단어'가 일곱 개 있다. (암컷에게) 절하기, 교미하기 등등이다. 마셜은 언어학자의 기술을 발휘해, 촘스키가 인간의 언어를 분석했던 것처럼 비둘기의 언어에도 '구(구절) 구조 문법'이 있다고 가정하고 분석했다. 그 마셜의 문법을 나는 매딩리 논문에서 컴퓨터 언어로 번역해보았다. 그 언어는, 지금은 거의 죽은 언어가 되었지만, 당시에 내가 선호했던 알골-60이었다. 컴퓨터 프로그래밍에 능통한 독자는 알겠지만, 거듭 말하건대 알골-60은 재귀적인 언어였다. 스스로를 불러올 수 있는 과정을 허락한다는 뜻인데, 앞서 말했듯이 이것이야말로 위계적 내포 구조의 핵심이다. 실제 프로그램에서는 'p'를 '만일 0.3이라는 확률 조건이 만족된다면…'과 같은 문장으로 대체했다.

옆 페이지의 그림에서 위 도표는 비둘기의 구애 행동에 대한 마셜의 '구 구조 문법'을 뜻한다. 그 아래 적힌 글은 내가 마셜의 문법을 알골-60으로 번역한 것이다. 그리고 맨 아래에 적힌 것은 내 프로그램이 생성해낸 몇 가지 '행동' 연쇄다.

안타깝게도, 마셜의 분석으로는 비둘기에 대해 어떤 확고한 결론도 끌어낼 수 없었다. 그가 제안한 문법이 '옳은지' 아닌지를 어떻게 알겠는가? 인간 언어의 구문이라면 그 언어를 모국어로 쓰는 사람에게 물으면 옳은 문법인지 아닌지 재깍 답을 들을 수 있겠지만, 마셜에게는 그런 확인 메커니즘이 없었다. 내가 당시에 수행한 연구가 대개 그랬듯이, 이 논문에서도 내 목표 상태는 특정 동물에 대해 뭔가 영구적으로 옳은 결론을 찾는 것이 아니라, 향후에 동물 행동 연구에서 쓸 만한 참신하고 흥미로운 방법을 모색하는 것이었다.

매딩리 논문은[30] 내게 일종의 마침표였다. 20대 초에 시작되어 30대 초에 마무리된 과학자 경력 전반부의 정점이었다. 이 지점에서 나는 전혀 다른 방향으로 기수를 돌렸고, 젊은 시절에 뛰놀았던 수학적 환경으로는 두 번 다시 돌아가지 않았다. 내 이후 경력을 결정지었으며 인생 후반부까지 거의 결정지었다고 말할 수 있는 새로운 방향은 첫 책의 출간과 함께 시작되었다. 바로《이기적 유전자》였다.

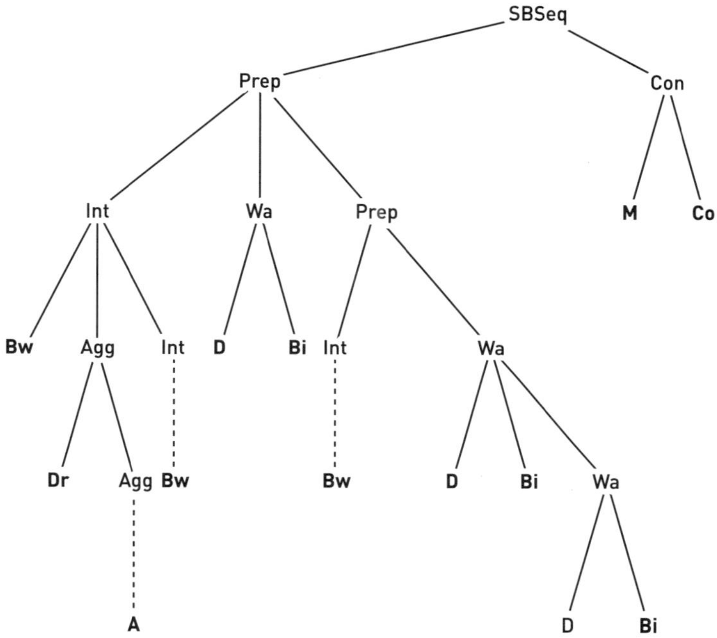

begin comment Marshall's pigeon grammar;
procedure SBSeq; **begin** Prep; Con **end**;
procedure Prep; **begin** Int; Wa; **if** p **then** Prep **end**;
procedure Int; **begin** "BW"; **if** p **then** Agg; **if** p **then** Int **end**;
procedure Agg; **begin if** p **then** "DR"; **if** p **then** "A"; **if** p **then** Agg
end;
procedure Wa; **begin** "D"; "**BI**"; **if** p **then** Wa **end**;
procedure Con; **begin** "M"; "CO" **end**;
Boolean procedure p;
begin comment true or **false** at random. Probability manipulated.
end;
start: SBSeq; **goto** start
end of pigeon grammar;

프로그램을 돌린 결과 중 몇 가지:
BW DR D M CO
BW A D BI BW DR D BW A D BW A D BI M CO
BW A D BI M CO
BW DR D BW DR D BI BW DR D BI BW A D BW A D M CO

RICHARD DAWKINS

14

불멸의 유전자

The Making of a Scientist

1973년 전국광부노조의 파업이 위기로 치닫자, 에드워드 히스의 보수당 정부는 이른바 '3일 주간'을 선포했다. 연료 재고를 보존하기 위해서 비핵심적인 용도의 전력 사용을 제한한 것이다. 우리도 일주일에 사흘만 전기를 쓸 수 있었고, 그마저도 자주 정전이 되었다. 내 귀뚜라미 연구는 전기에 의존했지만, 글쓰기는 아니었다. 당시에 나는 세상의 온갖 색다른 표면들 중에서도 납작하고 희고 다발로 존재하는 물질, 즉 종이 위에 이동식 타자기로 글을 썼다. 나는 귀뚜라미 연구를 잠시 멈추고, 첫 책을 쓰기 시작했다. 그것이 《이기적 유전자》의 기원이었다.

이기성과 이타성과 '사회적 계약' 개념은 당시에도 한창 이야기되고 있었다. 정치적 좌파인 우리는 한편으로 광부들에게 공감하면서도 다른 한편으로 일각에서 지나친 강경 전략이라고 보는 행동,

즉 사회 전체를 볼모로 삼는 파업에 약간의 반감을 느끼는지라 둘 사이에서 균형을 잡으려고 애썼다. 이 중요한 딜레마에 대해서 진화 이론이 뭔가 기여할 바가 있을까? 1960년대부터 이타성과 이기성의 문제, 집단적 안녕과 개인적 안녕의 대립 문제에 다윈주의 이론을 적용하려고 용감하게 시도하는 대중 과학서와 텔레비전 다큐멘터리가 잇달아 나왔다. 문제는 그들이 이론을 말짱 잘못 이해했다는 점이었다. 그리고 모든 오류는 이른바 '진화적 낙천주의(팡글로시즘)'의 형태였다.

내 친구이자 조언자였던 존 메이너드 스미스에 따르면, 그의 조언자였던 막강한 과학자 J. B. S. 홀데인은 아무리 잘 봐줘도 신뢰도가 떨어진다고 할 수밖에 없는 세 가지 그릇된 '정리'에 다음과 같은 풍자적인 이름을 붙였다. 첫 번째 '조비스카 이모의 정리'(에드워드 리어의 이야기에서 땄다)란 '그것은 온 세상이 다 아는 사실이니까 사실이야…'라는 주장이다. 두 번째 '종잡이의 정리'(루이스 캐럴의 이야기에서 땄다)란 '내가 세 번 말하는 건 사실이야'라는 주장이다. 마지막으로 '팡글로스의 정리'(볼테르의 이야기에서 땄다)란 '최선의 세상인 이 세상에서 모든 것은 최선을 추구한다'는 주장이다.

진화적 낙천주의자들은 자연선택 덕분에 모든 생명체가 각자 살아가는 일에 능하도록 꽤 효율적으로 만들어졌다는 사실을 인식한다. 신천옹은 바다 위에서 잘 날도록 아름답게 설계된 듯 보이고, 펭귄은 바닷속에서 잘 날도록 아름답게 설계된 듯 보인다(마침 나는 남극해에 뜬 배에서 쌍안경으로 이 조류적 묘기의 천재들을 구경하면서 이 글을 쓰고 있다). 그러나 낙천주의자들은 '능하다'는 속성이 종이 아니라 *개체*에게 적용된다는 사실을 잊는다. 하기야 자칫 잊기 쉬운 점이기는 하다. 잘 날고, 잘 헤엄치고, 잘 생존하고, 잘 번식하고… 그렇다, 자연선택은 개체가 그런 일에 능하도록 만드는 경향이 있다. 그러나 자연선택이 종 전체에게 멸종을 잘 피하고, 성비를 잘 맞추고, 공공의 안녕을 위해 개체 수를 잘 제약하고, 미래 세대를 위해 식량 공급을 관리하고 환경을 보존하는 능력을 줄 것이라는 기대는 이치에 맞지 않는다. 그것은 진화적 낙천주의다. 개체의 생존이 향상된 결과로 집단의 생존이 따라올 수는 있겠지만, 그것은 운 좋은 부산물일 뿐이다. 자연선택은 집단의 생존에 신경 쓰지 않는다.

우리는 왜 진화적 낙천주의 오류에 쉽게 넘어갈까? 고맙게도 인간에게는 선견지명이 있어서, 어떤 행동이 미래에 우리 종, 도시, 국가, 세계, 특정 개체, 이해집단에게 유익한지 아닌지를 판단할 수 있기 때문이다. 우리는 현재 물고기를 남획하면 장기적으로 모든 어부에게 비생산적인 결과가 따라오리라는 사실을 내다볼 줄 안다. 현재 출산율을 제한함으로써 더 적은 인구가 더 풍요로운 삶을 누리도록 하면 미래가 더 행복할 것이라는 사실을 내다볼 줄 안다. 현재에 절제를 발휘하면 미래에 보상받을 것이라고 판단할 줄 안다. 그러나 자연선택은 선견지명이 없다.

자연선택을 낙천적으로 해석한 이론 중에서, 제대로만 작동한다면 '모든 것이 최선을 추구하는' 낙원이 만들어질지도 모르는 이론이 있기는 하다. 그러나 안타깝게도 그 이론은 제대로 작동하지 않는다. 그 이론이 제대로 작동하지 않는다는 사실을 독자들에게 설득하는 것이 내가 《이기적 유전자》를 쓴 목표 중 하나였다. 그것은 바로 '집단선택' 이론이다. 엄청나게 유혹적인 이 오류는—나는 '집단선택이라는 거대한 오류', 줄여서 GGSF(the Great Group

Selection Fallacy)라고도 부른다—콘라트 로렌츠가 1964년에 발표한 인기작 《공격성에 관하여》에 팽배한 개념이었다. 로버트 아드리의 베스트셀러 《텃세 본능》과 《사회적 계약》에도 침투한 개념이었다. 특히 《사회적 계약》은 잘못된 메시지를 고품질의 문장으로 표현했다는 부조화 때문에 내가 유달리 분하게 느꼈다.[31] 나는 《사회적 계약》과 주제가 같은 책을 쓰고 싶었다(《사회적 계약》 자체도 루소의 유명한 소논문을 생물학적으로 개작한 글이었다). 그러나 내 책은 잘못된 집단선택 이론이 아니라 엄밀한 자연선택 이론에 기초할 것이었다. 아드리와 로렌츠, 그리고 당시 많은 텔레비전 다큐멘터리들이 끼친 피해를—다큐멘터리들이 이 오류를 하도 널리 퍼뜨렸기 때문에, 《이기적 유전자》에서 나는 집단선택의 오류를 'BBC의 정리'라고 불렀다—바로잡는 것이 내 야심이었다.

나는 진화적 낙천주의와 집단선택의 오류에 익숙했다. 대학생 때 매주 에세이를 쓰면서 접했기 때문이다. 대학생이었던 나 또한 자연선택에서 정말 중요한 부분은 종의 생존이라고 보는 그릇된 시각을 내 글 여기저기에서 표출했었다(튜터들은 알아차리지 못했다). 마침내 《이기적 유전자》를 쓸 때, 나는 그런 상황을 일신하겠다는 꿈을 품었다. 그런데 그러려면 내 책이 아드리의 책만큼 훌륭하게 씌어져야 하고 로렌츠의 책만큼 많이 팔려야 한다는 사실을 알았기에, 조금은 기가 죽었다. 나는 농담 삼아 집필 중인 책을 '내 베스트셀러'라고 불렀다. 정말 그렇게 되리라고 믿은 것은 아니었다. 스스로조차 반어적이라고 느끼는 표현으로 무모한 야심을 드러내본 것뿐이었다.

자연선택은 순수하게 기계적이고 자동적인 과정이다. 세상은 끊임없이 생존에 능한 개체들로 채워지고 능하지 못한 개체들을 떨쳐내는 경향이 있다. 자연선택은 선견지명이 없지만, 우리 뇌에는 있다. 우리가 진화적 낙천주의에 빠지기 쉬운 것은 그 때문이다. 뇌는 장기적 미래를 고뇌할 줄 알고, 이번 세기의 탐닉에서 다음 세기의 파국을 예상할 줄 안다. 그러나 자연선택은 그러지 못한다. 자연선택은 아무것도 고뇌하지 않는다. 자연선택은 단기적 이득만을 맹목적으로 선호한다. 모든 세대는 같은 세대의 다른 개체들보다 좀 더 효과적으로 자식을 생산하는 단기 전략이라면 뭐든 마다하지 않았던 개체들의 후손으로 채워지기 마련이기 때문이다.

그렇게 여러 세대가 흘러가는 동안 그 속에서 실제로 벌어지는 일을 세심하게 관찰한다면, 우리의 눈길은 유전자에게 끌릴 수밖에 없다. 자연선택이 실제로 작동하는 차원은 유전자임을 깨달을 수밖에 없다. 자연선택은 먼 미래까지 생존할 잠재력이 있는 존재가 오로지 제 이득만을 챙기는 편을 세대라는 여과 장치를 거쳐서 자동적으로 선호하는데, 지구의 생명에 국한하는 한 그 존재는 곧 유전자다. 나는 《이기적 유전자》에서 다음과 같이 설명했다. '생존 기계'라는 표현을 도입함으로써 (유한한) 개체들이 (불멸의 잠재력이 있는) 유전자들에게 수행하는 역할을 설명한 대목이다.

> 유전자는 불멸이다… 유전자의 기대 수명은 수십 년이 아니라 수만, 수백만 년 단위로 측정되어야 한다.
>
> 유성생식을 하는 종에서, 개체는 유전 단위로서는 너무 크고 일시적이기 때문에 자연선택의 의미 있는 단위가 될 수 없다. 집단은 그보다도 더 큰 단위다. 유전적인 시각에서 보자면, 개체와 집단은 하

늘에 뜬 구름이나 사막에 부는 모래 폭풍처럼 일시적인 응집체 혹은 연합체에 지나지 않는다. 진화가 진행되는 동안 내내 안정되게 존재하지 못하기 때문이다. 개체군은 상당히 오래갈 수 있겠지만, 다른 개체군과 끝없이 뒤섞이기 때문에 고유의 정체성을 잃는다. 게다가 개체군 내부에서 발생하는 진화적 변화도 겪는다. 개체군은 충분히 독립적인 존재가 아니기 때문에 자연선택의 단위가 될 수 없으며, 충분히 안정적이고 단일하지 않기 때문에 다른 개체군을 누르고 '선택될' 수 없다.

개체의 몸은 이 세상에 존속하는 동안에는 충분히 독립적인 단위인 것처럼 보인다. 아, 그러나 그 기간이 길어봐야 얼마나 되겠는가. 게다가 개체는 모두 독특하다. 각자 복사본이 딱 하나뿐인 존재들 사이에서 선택이 벌어진들 진화는 일어나지 않는 것이다! 유성생식은 복제가 아니다. 개체군이 다른 개체군에 의해 오염되는 것처럼, 개체의 후손은 개체의 성적 파트너에 의해 오염된다. 당신의 자식은 당신의 절반일 뿐이고, 당신의 손자는 당신의 4분의 1일 뿐이다. 불과 몇 세대만 내려가도, 당신의 아주 작은 일부를—겨우 유전자 몇 개를—지닌 후손의 수가 아주 많기를 바라는 것이 최선의 희망이다. 그중 일부는 당신의 성姓도 지니겠지만 말이다.

개체는 안정된 존재가 아니다. 개체는 덧없이 사라진다. 염색체 또한, 새롭게 나뉜 카드 패처럼 서로 섞이다가 가뭇없이 사라진다. 그러나 카드들 자체는 아무리 많이 섞여도 살아남고, 그 카드가 바로 유전자다. 유전자는 번식을 거쳐도 파괴되지 않으며, 파트너를 계속 바꾸면서 꿋꿋이 살아간다. 정말로 꿋꿋이 살아간다. 그것이 유전자의 일이니까. 유전자는 복제자이고, 우리는 유전자의 생존 기

> 계다. 우리는 목적을 완수하고 나면 버려진다. 그러나 유전자는 지질학적 시간의 거주자다. 유전자는 영원하다.

나 스스로는 10년 전에 이미 이 사실을 확신했다. 앞에서 말했듯이 1966년에 옥스퍼드에서 대학생들에게 강의할 때였는데, 그때 사용했던 단어도 거의 똑같았다. 불멸의 유전자가 진화의 핵심이라는 발상을 자연선택의 논리로 학생들에게 이해시키기 위해서 내가 미사여구를 동원했다는 말은 264쪽에서 했다. 아래 인용문은 실제로 내가 1966년에 했던 말인데, 《이기적 유전자》의 문장이 좀 더 수사적이기는 해도 표현은 아주 비슷하다.

> 유전자는 어떤 의미에서 불멸이다. 유전자는 세대를 거치면서도 계속 살아남고, 부모에서 자식으로 전달될 때마다 뒤섞인다. 동물의 몸은 유전자가 임시로 머무는 장소일 뿐이다. 유전자가 그 이상 생존하려면, 최소한 동물이 번식할 때까지는 그 몸이 생존해주어야 한다. 그래서 유전자가 다른 몸으로 전달되어야 한다… 유전자는 자신에게 필요한 집을 스스로 짓는다. 그 집은 일시적이고 유한하지만, 유전자에게 필요한 기간 동안만큼은 충분히 효율적이다… 그러니 만일 우리가 '이기적'이라느니 '이타적'이라느니 하는 표현을 쓸 수 있다면, 신다윈주의적 정통 진화 이론이 기본적으로 예상하는 바는 *유전자가 '이기적'이라는 것이다.*

이 1966년 강의 노트(마이크 컬런이 여백에 격려의 말을 적어준 그 노트)를 최근에 발견했을 때, 나는 같은 해에 출간된 조지 C. 윌리엄스의 《적응과 자연선택》을[32] 그때 내가 읽지 않은 상태였음을 깨닫고 놀랐다.

> 소크라테스가 죽었을 때, 그의 표현형뿐 아니라 유전형도 사라졌다… 소크라테스가 후손을 굉장히 많이 남겼을지도 모른다는 생각으로 위안하려 해봤자, 그의 상실된 유전형은 메워지지 않는다. 소크라테스의 유전자는 어쩌면 아직 우리에게 남아 있을지도 모르지만, 그의 유전형은 아니다. 감수분열과 재조합은 죽음처럼 확실히 유전형을 파괴하기 때문이다.
> 유성생식에서 후대로 전달되는 것은 감수분열로 낱낱이 분해된 유전형의 조각들일 뿐이고, 그 조각들은 그다음 세대에서 감수분열로 더 잘게 조각난다. 더 이상 쪼개지지 않는 조각이 있다면, 정의상 그것이 바로 집단유전학에서 추상적으로 논하는 바로 그 '유전자'다.

나는 나중에 윌리엄스의 훌륭한 책을 읽었을 때(유감스럽게도 몇 년 뒤였다), 소크라테스가 등장하는 위의 단락에 즉시 공명했다. 그래서 《이기적 유전자》를 쓸 때 해밀턴뿐 아니라 윌리엄스도 내 책의 발상에 중요하게 기여했다는 사실을 충분히 강조했다.

윌리엄스와 해밀턴은 성격이 약간 비슷했다. 둘 다 조용하고, 내성적이고, 나서지 않고, 생각이 깊었다. 윌리엄스의 품위 있는 행동거지에서 에이브러햄 링컨을 떠올린 사람이 많았는데, 시원한 이마와 턱수염 모양 때문에 더 그랬을 것이다. 해밀턴은 A. A. 밀른이 창조한 당나귀 이요르 같은 분위기에 더 가까웠다. 그러나 내가 《이기적 유전자》를 쓸 때는 두 사람 다 개인적으로 알지 못했으며, 그들의 책을 읽은 것뿐이었다. 그리고 나는 진화를 이해하려면 그들의 생각이 결정적이라는 사실을 깨달았다.

유전자는 정확한 복사본의 형태로 불멸을 누릴 잠재력이 있기 때문에, 성공적인 유전자와 성공적이지 못한 유전자의 차이가 정말로 중요하다. 그 차이가 장기적으로 영향을 미치기 때문이다. 세상은 세상에 존재하는 일에 유능한 유전자들, 여러 세대를 거쳐 살아남는 유전자들로 채워진다. 좀 더 구체적으로 말하자면, 개체가 번식할 때까지 살아남는 데 필요한 조건을 갖춘 몸을 만들어내기 위해서 다른 유전자들과 협동하는 유전자다. 몸이야말로 유전자가 임시로 거주하는 장소이자 유전자를 후대로 넘겨줄 운반체이기 때문이다. 《이기적 유전자》에서 나는 생물 개체를 '생존 기계'라고 불렀다. 개체는 삶에서 실제로 어떤 활동을 하는 존재다. 움직이고, 행동하고, 수색하고, 사냥하고, 헤엄치고, 달리고, 날고, 새끼를 먹인다. 개체의 그런 행동들을 가장 잘 설명하는 방법은, 개체 속에 탄 유전자들이 그렇게 조작한다고 가정하는 것이다. 개체가 그 유전자들을 잘 보존했다가 죽기 전에 다른 개체에게 넘겨주도록 만들기 위해서.

나는 '생존 기계'의 동의어로 '운반체'라는 표현도 썼다. 운반체라고 하니까 재미난 일화가 떠오른다. 일본 텔레비전 제작팀이 《이기적 유전자》에 관해 인터뷰하러 온 적이 있었다. 그들은 까만 택시를 타고 런던에서 옥스퍼드까지 달려왔는데, 택시에 삼각대와 조명기까지 죄다 실은 데다가 워낙 비좁아서 창문마다 팔다리가 튀어나온 것처럼 보였다. 감독은 더듬거리는 영어로 내게 말했다(통역사가 옮겨준 말을 내가 전혀 알아듣지 못했기 때문에, 통역사는 수치스럽게도 쫓겨났다). 내가 택시에 타고 옥스퍼드를 한 바퀴 도는 모습을 찍고 싶다는 것이었다. 나는 어리둥절해서 왜냐고 물었다. 감독은 어리둥절해서 대꾸했다. "당신이 진화의 택시 이론을 쓴 사람 아닙니까?" 나중에 추측해보니, 책을 옮긴 일본 번역가가 '운반체'를 '택시'라고 표현한 모양이었다.

인터뷰 자체도 꽤 재미있었다. 나는 카메라맨과 사운드 담당자만 대동한 채 택시에 탔다. 통역사가 없으니 인터뷰어도 없었다. 감독은 나더러 자신들이 옥스퍼드의 멋진 풍광을 한 바퀴 담는 동안 《이기적 유전자》에 대해서 즉석으로 아무 말이나 해달라고 했다. 택시 운전사는 확장된 해마 속에 런던 구석구석의 정교한 지도를 저장하고 있었을 테지만, 옥스퍼드는 몰랐다. 그래서 내게 길 안내자 역할도 떨어졌다. 나는 이기적 유전자에 관해 나름대로 미리 생각해둔 이야기를 읊으면서, 중간중간 "여기에서 좌회전!", "신호등에서 우회전해서 오른쪽 골목길로!"라고 미친 듯이 외쳐야 했다. 그들이 런던으로 돌아가기 전에 불쌍한 통역사를 잘 찾아서 데리고 갔어야 하는데.

《이기적 유전자》에서 나는 동물들에게 선견지명이 있어서 자기 종이나 집단의 미래에 장기적으로 무엇이 좋은지 알아낸다는 진화적 낙천주의의 발상을 비판했다. 그런 생각에서 잘못된 부분은 동물들이 '무엇이 좋은지 알아낸다'는 표현이 아니다. '알아낸다'는 것이 의식적 활동이라고 암시하는 분위기는 없기 때문이다. 정말로 잘못된 것은 극대화된 이득을 누리는 존재로서 종이나 집단을 상정한 대목이다. 생물학자들은 건전한 다윈주의적 추론을 압축적으로 표현하는 말로서 '무엇이 좋은지 알아낸다'는 표현을 곧잘 사용한다. 이때 유념할 점은, 의식적 추론이라는 약식 비유가 생명의 위계에서 어떤 차원에 적용되는지를 정확히 간파하는 것이다. 개체의 입장에 이입해 이렇게 물어보는 것은 괜찮다. "내 유전자의 확산이라는 목표를 달성하기 위해서는 내가 어떤 노력을 해야 할까?"

《이기적 유전자》에는 가상의 동물이 혼잣말로 '추론한' 대사가 많이 나온다. "나는 X를 해야 할까, Y를 해야 할까?" 이때 '해야 한다'는 말은 "내 유전자에게 X가 더 좋을까, Y가 더 좋을까?" 하는 뜻이다. 이런 표현은 정당하다. 다음과 같은 질문으로 번역될 수 있기 때문이다. "개체로 하여금 (이 상황에서) X를 하게끔 만드는 유전자는 유전자풀에서 빈도가 더 높아질까?" 동물의 주관적 혼잣말이 정당화되는 것은 그것이 유전자 생존의 언어로 번역될 수 있기 때문이다.

"나는 X를 해야 할까, Y를 해야 할까?"라는 말을 "내 목숨을 연장하는 데 X가 더 좋을까, Y가 더 좋을까?"로 해석하고 싶을지도 모르겠다. 그러나 만일 수명이 번식을 희생하고 얻는 것이라면, 달리 말해 우리가 유전자의 생존 대신 개체의 장수를 택하려고 한다면, 자연선택은 그 결정을 선호하지 않을 것이다. 번식은 위험한 사업이다. 암꿩을 유혹하기 위해서 알록달록 차려입은 수꿩은 포식자도 쉽게 끌어들인다. 선명하고 매력적인 수컷보다는 칙칙하고 눈에 띄지 않는 수컷이 더 오래 살 것이다. 그러나 그런 수컷은 짝짓기하지 못할 가능성이 높으므로, 안전 제일의 칙칙함을 만드는 유전자는 후손에게 전달되지 못할 것이다. 자연선택에서 정말로 중요한 것은 유전자의 생존이다.

다음 대사는 수꿩이 한다고 가정하면 정당한 축약적 표현이다. "내가 칙칙한 깃털을 기르면, 오래 살기는 하겠지만 짝은 얻지 못할 거야. 내가 선명한 깃털을 기르면, 아마도 일찍 죽겠지만 선명한 깃털을 만드는 유전자를 포함해 많은 유전자를 죽기 전에 자식에게 물려줄 수 있을 거야. 따라서 나는 선명한 깃털을 기르도록 '결정'해야 해." 당연한 소리지만, 이때 '결정'은 우리가 보통 사용하는 의미가 아니다. 여기에 의식적 사고는 관여하지 않는다. 개체 차원의 축약적 표현이 혼란스러울 수도 있지만, 유전자 언어로 도로 번역하는 길을 늘 잊지 않고 열어두기만 한다면 유효한 표현이다. 꿩이 선명한 깃털이나 칙칙한 깃털을 기르겠다고 실제로 '결정'하는 것은 아니다. 선명한 깃털을 만드는 유전자와 칙칙한 깃털을 만드는 유전자가 세대를 거치며 살아남는 확률이 서로 다를 뿐이다.

다윈주의적 시각에서 동물의 행동을 이해할 때, 동물을 로봇 기계로 상상하는 것은 큰 도움이 된다. 동물이 자신의 유전자를 후대에 전달하려면 어떤 조치를 취해야 할지 '생각하는' 기계라고 상상하는 것이다. 그 조치는 특정한 방식의 행동일 수도 있고, 특정한 형태나 속성의 기관을 기르는 일일 수도 있다. *유전자*가 스스로를 후대에 전달하려면 어떤 조치를 취해야 할지 '생각한다'고 비유적으로 상상해봐도 유용하다. 그런 조치는 보통 배아 발생 과정에서 개체를 조작하는 일일 것이다.

대조적으로, 동물이 자기 종이나 집단을 보존하기 위해서 어떤 조치를 취해야 할지 생각한다는 상상은 *비유적으로라도* 정당하지 않다. 자연선택에서는 집단이나 종이 차등적으로 생존하는 게 아니라 유전자가 차등적으로 생존할 뿐이다. 따라서, 정당한 축약은 "내가 유전자라면, 나 자신을 보존하기 위해서 무엇을 해야 할까?"의 형태여야 한다. 이상적인 상황이라면 다음 표현도 같은 말일 수 있다. "내가 개체라면, 내 유전자를 보존하기 위해서 무엇을 해야 할까?" 그러나 "내가 개체라면, 내 종을 보존하기 위해서 무엇을 해야 할까?"는 정당하지 않은 표현이다. "내가 종이라면, 나 자신을 보존하기 위해서 무엇을 해야 할까?"도 이유는 다르지만 역시 정당하지 않다. 종은 개체와는 달리 비유적으로라도 어떤 행동을 하고 결정을 내리는 주체로서의 행위자가 못 되기 때문이다. 종에게는 뇌도 근육도 없다. 종은 뇌와 근육을 가진 개체들의 집합일 뿐이다. 종과 집단은 '운반체'가 아니다. 개체가 운반체다.

여기에서 지적해둘 점이 있다. 1960년대 강의 노트에서든 《이기적 유전자》에서든, 나는 유전자를 자연선택의 기본 단위로 보는 발상이 대단히 신선하다고 생각하지는 않았다. 그것은 정통 신다윈주의적 진화 이론에 내재된 사실이라고 보았으며, 그렇다고 똑똑히 말했다. 신다윈주의적 진화 이론이란 피셔, 홀데인, 라이트를 비롯해 이른바 현대적 종합의 창시자들로 불리는 에른스트 마이어, 테오도시우스 도브잔스키, 조지 게일로드 심프슨, 줄리언 헉슬리 등이 처음으로 명료하게 형식화한 이론을 말한다('생물학의 현대적 종합'이란 옛 진화 이론과 유전학을 통합하여 현대 생물학을 구축한 것을 말한다 – 옮긴이). 그 이론을 비판했던 사람이든 추종했던 사람이든, 사람들이 그 발상을 혁신적인 것으로 여기게 된 것은 《이기적 유전자》가 출간되고 나서였다. 나도 당시에는 혁신적이라고 생각하진 않았다.

현대적 종합의 창시자들조차도, 스스로가 집단적으로 건설했던 이론의 중대성을 모두 명료하게 깨닫지는 못했다. 독일계 미국인으로서 분류학의 권위자였던 에른스트 마이어는 100년의 삶을 마감할 즈음, 유전자 선택 개념에 반감을 표현했다. 마이어의 말에서 짐작하자면, 그는 그 개념을 오해했던 것 같다. 역시 선구자로서 '현대적 종합'이라는 용어를 만든 장본인이었던 줄리언 헉슬리는, 스스로는 그 사실을 똑똑히 깨닫지 못했지만, 아예 노골적인 집단선택론자였다. 내가 위대한 피터 메더워를 처음 만났을 때, 메더워는 귀족적이면서도 장난스러운 특유의 태도로 짓궂게시리 무엄한 발언을 해 학생이었던 나를 놀라게 했다. "줄리언의 문제는 사실 그가 진화를 *이해하지* 못한다는 점이지." 상상해보라. 다른 사람도 아니고 헉슬리에 대해서 그렇게 말하다니! 나는 귀를 의심했고, 보다시피 그래서 이 대사를 잊지 않았다. 훗날 역시 노벨상 수상자인 프랑스 분자생물학자 자크 모노가, 헉슬리에 대한 말은 아니었지만 비슷한 말을 하는 것도 들었다. "자연선택의 문제는 다들 자신이 그것을 *이해한다고* 생각한다는 점이다."

앞에서 말했듯이, 나는 정전으로 귀뚜라미 연구를 중단해야 했을 때《이기적 유전자》를 쓰기 시작했다. 나는 첫 장만 완성한 상태에서, 우연히 앨런앤드언윈출판사에서 나온 편집자를 만났다. 그는 책으로 낼 원고가 있나 보려고 정기적으로 동물학부를 방문한 참이었다. 나는 그에게 배태 중인 내 작업을 이야기했고, 그는 바로 그 자리에 앉아 첫 장을 읽더니 마음에 든다면서 계속 쓰라고 격려했다. 하지만 그때 — 내 편협한 관점에서는 안타깝지만 다른 사람들에게는 다행스럽게도 — 파업이 막을 내렸고, 전기가 들어왔다. 나는 첫 장을 서랍에 쑤셔넣고 잊어버렸다. 그리고 귀뚜라미 연구를 재개했다.

이후 2년 동안, 집필로 돌아가야겠다는 생각이 간간이 들기는 했다. 특히 1970년대 초부터 등장한 참신한 글들을 읽고 그 내용을 학생들에게 강의하면서 큰 자극을 느꼈다. 그 내용들이 내가 구상하는 책의 주제와 아름답게 맞아들었기 때문이다. 그중에서도 주목할 것은 미국의 젊은 생물학자 로버트 트리버스의 논문들과 영국의 베테랑 학자 존 메이너드 스미스의 논문들이었다. 두 사람은 모두 내가 앞에서 언급한 직관적인 축약적 표현을 활용했다(철학자 대니얼 데닛이라면 그런 표현을 '통찰 펌프'라고 부를 것이다).[33] 개체가 '마치' 자신의 유전자를 보존하고 퍼뜨리는 최선의 전략을 의식적으로 계산하는 것처럼 행동한다고 상상하는 축약적 표현 말이다.

트리버스는 부모 동물이 *마치* 합리적 행위자처럼 자신의 행동에 대해 경제학에서 말하는 '기회비용'을 계산한다고 가정했다. 부모는 자식을 기를 때 비용을 치른다. 먹이도 비용이고, 먹이를 구하는 데 들이는 시간과 노력, 자식을 포식자로부터 보호하는 데 들이는 시간, 그러느라 부모가 감수하는 위험도 비용이다. 트리버스는 그 모두를 '부모의 투자'라는 하나의 측정 잣대로 통합했다. 트리버스의 핵심적인 통찰은 부모의 투자가 *기회비용*이라는 사실을 깨달은 점이었다. 달리 말해, 한 자식에 대한 투자는 다른 자식에 대한 투자 *기회를 잃는* 셈이 된다. 트리버스는 그 발상을 활용해 '부모-자식 갈등'이라는 예리한 이론을 개발했다. 예를 들어 설명해보자. 자식과 어미는 자식이 언제 젖을 떼어야 좋은가 하는 결정을 놓고서 '의견 충돌'을 겪는다. 양쪽 모두 제 유전자의 장기 생존을 '효용 함수'로 간주하는 합리적 경제주체처럼 행동하기 때문이다. 어미는 자식이 원하는 것보다 더 일찍 수유를 끝내기를 '원한다'. 자식에 비해 어미는 미래의 다른 자식에게 더 큰 '가치'를 부여하기 때문이다. 현재의 자식에게 수유를 일찍 끝내면 미래의 자식이 이득을 볼 테니까. 현재의 자식도 물론 미래의 형제를 '가치' 있게 느끼지만, 그 정도는 어미의 절반에 지나지 않는다. 해밀턴의 법칙이 그렇게 규정하기 때문이다. 따라서 양측이 수유를 계속하자고 '합의'하는 초기와 수유를 끝내자고 '합의'하는 나중 시점 사이에는 불편한 '젖떼기 갈등'이 벌어지는 전이기가 있다. 어미는 젖떼기를 '원하지만' 자식은 '원하지 않는' 그 시기에, 관찰자는 어미와 자식이 벌이는 싸움의 미묘한 징후를 포착할 수 있을 것이다. 여담으로 덧붙이자면, 《이기적 유전자》가 출간되고 한참 지난 뒤, 오스트레일리아 생물학자 데이비드 헤이그는 산모가 임신 중에 겪는 여러 질병도 자궁 내에서 트리버스식 갈등이 벌어진 결과로 설명된다는 사실을 교묘하게 보여주었다. 물론 이 경우에는 젖떼기를 둘러싼 갈등이 아니라, 늘 귀하기 마련인 다른 자원들의 할당을 둘러싼 갈등이다.

부모-자식 갈등이라는 주제는 내 책에 안성맞춤이었다. 트리버스의 탁월한 논문은 나로 하여금 전력 파업이 끝난 뒤 서랍에 묵혀두었던 첫 장을 도로 꺼내게 만든 자극 중 하나였다. 《이기적 유전자》의 8장 '세대 간의 전쟁'은 트리버스의 논문에서 영감을 얻었다. 9장 '암수의 전쟁'도 트리버스의 발상을 활용했는데, 여기에서는 남녀가 기회비용을 어떻게 다르게 계산하는지 보여주었다. 예를 들어, 수컷은 언제 '새끼를 떠맡은' 채 '잔인한 곤경'에 빠진 짝을 버리고 새 짝을 찾기로 결정할까? 10장 '내 등을 긁어 줘, 나는 네 등 위에 올라탈 테니'에도 트리버스가 영향을 미쳤다. 이때 영향을 준 논문은 상호 이타성을 다룬 초기 논문이었다. 그 논문은 이타성을 낳는 진화적 압력으로 친족선택만 있는 것이 아님을 보여주었다. 상호성도—호의를 되갚는 것도—중요할 수 있다. 게다가 상호성은 친족선택처럼 종 내부에서만 작용하는 게 아니라 종 사이에서도 작용한다. 이렇다 보니, 《이기적 유전자》에 제일 크게 영향을 미친 네 명의 저자를 꼽는다면 해밀턴과 윌리엄스 다음으로 트리버스의 이름이 추가된다. 나는 트리버스에게 서문도 부탁했다. 당시 우리는 만난 적이 없었는데도 트리버스는 흔쾌히 수락해주었다.

네 번째 인물은 훗날 소중한 조언자가 된 존 메이너드 스미스였다. 그가 '내 작은 펭귄'이라고 부르던 책을 나는 어릴 때 접했는데, 그때 내 마음을 빼앗은 것은 미소 짓는 저자 사진이었다. 미치광이 교수 스타일의 머리카락은 입에 문 파이프와 같은 각도로 비뚜름하게 기울어 있었고, 두껍고 동그란 안경은 당장 닦아야 할 것 같았다. 내가 한눈에 이끌리는 유형의 사람이었다. 저자 소개 글도 좋았다. 그는 원래 항공기를 설계하는 엔지니어였지만 '항공기가 시끄럽고 구식'이라는 사실을 깨닫고는 도로 대학으로 돌아가서 생물학을 공부했다고 했다. 세월이 흘러 바로 그 책 《진화의 이론》이 케임브리지대학 출판부에서 개정판으로 나왔을 때, 나는 영예롭게도 서문을 써달라는 제안을 받았다.[34] 나는 상냥한 영웅에게 바치는 헌사를 서문에 집어넣었다.

> '캠퍼스 소설'을 읽어본 독자라면, 학회란 학자들이 최악의 본색을 드러내는 장소라는 사실을 알 것이다. 특히 학회에 마련된 바는 그야말로 학계의 축소판이다. 교수들은 삼삼오오 은밀하게 모여, 과학이나 학문 활동이 아니라 '종신 고용'(일자리를 뜻하는 학자들의 표현)과 '지원금'(돈을 뜻하는 학자들의 표현)을 이야기한다. 학문적인 이야기를 하더라도, 이해시키기 위해서가 아니라 단순히 좋은 인상을 남기려는 의도일 때가 많다. 하지만 근사하고 의젓하고 사랑스

러운 존 메이너드 스미스는 예외다. 그는 돈보다 창의적인 발상을, 전문용어보다 평이한 언어를 더 높이 산다. 그는 언제나 활달하게 웃어젖히는 남녀 학생들과 젊은 연구자들 한가운데에 서 있다. 강연이나 워크숍은 괘념치 마라. 근처 아름다운 장소를 구경하러 가는 버스 투어는 놓쳐도 괜찮다. 신기한 시각적 보조 기구나 무선 마이크 따위도 잊어라. 학회에서 딱 하나 중요한 점은 존 메이너드 스미스가 참석할 것, 그리고 널찍하고 유쾌한 바가 있어야 한다는 것이다. 당신이 염두에 둔 날짜에 그가 못 온다면, 일정을 다시 짜라. 그가 꼭 공식 발표를 할 필요는 없고(물론 그는 환상적인 연사다), 꼭 공식 세션을 진행할 필요도 없다(물론 그는 현명하고 동정적이고 재치 있는 진행자다). 그가 나타나기만 하면 된다. 그러면 당신의 학회는 성공할 것이다. 그는 젊은 연구자들을 매료시킬 테고, 즐겁게 해줄 것이다. 그들의 이야기를 듣고, 그들에게 영감을 주고, 어쩌면 시들었을지도 모르는 열정을 되살릴 것이다. 덕분에 그들은 생기와 활력을 되찾아, 그가 너그럽게 공유한 참신한 발상들을 어서 확인해 보고 싶어 안달하면서 실험실이나 진흙탕 현장으로 돌아갈 것이다.

그러나 메이너드 스미스와 나의 관계는 썩 좋게 시작되진 않았다. 나는 그를 1966년에 처음 만났다. 그가 서식스대학 생물과학부 학부장일 때 내가 채용 면접을 보았다. 당시에 나는 버클리로 가기로 거의 마음을 굳힌 상태였으나, 마침 서식스에 자리가 나자 나처럼 그곳에서 동물 행동을 연구하던 리처드 앤드루가 고맙게도 내게 지원하라고 압력을 넣었다. 나는 버클리로 가기로 거의 정했다고 말했지만, 리처드는 어쨌든 서식스 면접을 봐서 해될 것은 없다고 말했다. 나도 생각했다. 아무러면 어때, 면접을 못 볼 건 또 뭐야? 미안하게도 '아무러면 어때' 하는 태도가 면접에서 메이너드 스미스에게 좋은 인상을 주진 못했을 것이다. 나는 동물분류학 강의는 맡지 않겠다고 말했으나 그는 그것도 임무에 해당한다고 말했다. 나는 좀 거만하게 대꾸했다. "글쎄요, 벌써 버클리에서 제안받은 상태라서, 솔직히 제가 왜 이 면접을 보고 있는지 잘 모르겠습니다." 그런데도 나중에 그와 앤드루 박사와 함께 점심을 먹을 때 그는 내게 친절했지만, 훗날 유쾌한 우정으로 발전할 사이치고 썩 좋은 출발은 아니었다.

1970년대 초, 메이너드 스미스는 길게 이어질 일련의 논문들을 발표하기 시작했다. 제프리 파커나 작고한 조지 프라이스 같은 동료들과 함께, 그는 수학적 게임이론을 전개함으로써 진화의 여러 문제를 해결하려고 했다. 그 발상은 이기적 유전자 개념과 아주 잘 어울렸다. 메이너드 스미스의 논문들은 나로 하여금 〈이기적 유전자〉의 먼지 쌓인 첫 장을 꺼내 나머지를 완성하게끔 이끈 또 하나의 중요한 자극이었다.

메이너드 스미스가 특별히 기여한 대목은 '진화적으로 안정한 전략', 줄여서 ESS Evolutionary Stable Strategy라고 불리는 개념이었다. 이때 '전략'은 '사전에 프로그래밍된 규칙'으로 번역될 수 있다. 메이너드 스미스는 (동물들끼리 싸우는 특수한 사례에서) 매, 비둘기, 보복자, 골목대장 등등으로 이름 붙인 규칙들을 짠 뒤, 그 규칙들이 가상의(시뮬레이션된) 세상에서 자유롭게 상호작용하는 수학 모형을 구축했다. 이때도 규칙을 시행하는 동물들이 자신의 행동과 그 원인을 의식적으로 아는 건 아니라는 점을 명심해야 한다. 사전에 프로

그래밍된 규칙들은 개체군 내에서 저마다 다른 *빈도*로 등장한다(유전자풀의 유전자들과 비슷하지만, 이 모형을 꼭 DNA와 노골적으로 연결지을 필요는 없다). 빈도는 '보수'에 따라 달라진다. 원래 게임이론이 유래한 사회과학과 경제학에서는 이 보수를 돈으로 봐도 좋지만, 진화적 게임이론에서는 이 보수가 번식 성공이라는 특수한 의미를 띤다. 따라서 어떤 전략의 보수가 높으면, 그 전략을 취하는 개체가 개체군에 더 많이 나타난다.

이때 결정적인 점은, 성공적인 전략이 반드시 다른 전략들과 맞붙어 이기는 전략은 아니라는 점이다. 성공적인 전략이란 개체군에서 수적으로 우세한 전략이다. 수적으로 우세한 전략은 정의상 *자신의* 복사본과 자주 만날 테니, 자신의 복사본이 존재하는 상황에서 번성할 수 있는 전략이라야만 수적 우위를 지킬 수 있다. 메이너드 스미스가 말한 '진화적으로 안정한 전략'에서 '진화적 안정'의 뜻이 바로 이것이다. 진화적으로 안정한 전략은 자연에서 많이 목격될 것이다. 진화적으로 *불안정한* 전략은 그것보다 후손을 더 많이 남기는 경쟁 전략들에 밀려 개체군에서 사라질 테니까.

이 자리에서 진화적 게임이론을 더 상술하진 않겠다. 《이기적 유전자》에서 다 말했으니까. 트리버스의 부모의 투자 개념도 마찬가지다. 트리버스와 메이너드 스미스가 1970년대 초에 발표한 논문들 때문에 내가 1960년대에 깊은 인상을 받았던 해밀턴의 발상에 관한 흥미가 새삼 살아났다는 것, 덕분에 전력 파업 이후 서랍에 묵혀두었던 책의 첫 장으로 돌아갈 마음이 났다는 것만 말하면 된다. 《이기적 유전자》에서 공격성을 다룬 장은 메이너드 스미스의 게임이론적 발상에서 압도적인 영향을 받았고, 뒤이은 장들에서 다른 주제를 다룰 때도 그의 발상이 내게 많은 영향을 주었다.

그리하여, 마침내, 1975년에, 나는 '위계 구조' 논문을 다 쓴 뒤 안식년을 얻었다. 이제 매일 아침 집에 머물면서 타자기와 《이기적 유전자》에만 몰두할 수 있었다. 어찌나 몰두했던지, 뉴 칼리지에서 새 총장을 뽑는 중요한 회의가 열렸는데도 참석하지 않을 정도였다. 동료 하나가 살짝 빠져나와서 내게 다급히 전화를 걸어, 투표가 박빙이니 당장 와달라고 했다. 이제 와서 생각하면, 안식년 휴가였으니 그럴 자격이 있기는 했어도, 그토록 중요한 투표를 빠진 것은 나밖에 모르는 무책임한 행동이었다. 모임은 내 시간을 고작 몇 시간 잡아먹었겠지만, 내 한 표가 빠진 영향은 몇 년 동안 미쳤을지도 모른다. 다행히 어차피 내가 찍으려고 했던 사람이 뽑혔다(그리고 훌륭한 총장이 되었다). 덕분에 나는 칼리지 역사를 바꿨다는 죄책감을 품지 않아도 되었다. 사실은 그의 경쟁자가 뽑혔어도 아주 괜찮았을 것이다. 그는 옥스퍼드에서 제일 재치 있는 사람이라는 정당한 평판을 누리던 인물이었으니, 그가 주재하는 모임은 틀림없이 재미있었으리라.

나는 창작의 에너지에 달떠 《이기적 유전자》를 써내려갔다. 서너 장쯤 마쳤을 때, 친구 데즈먼드 모리스와 출간에 관해 의논했다. 전설적으로 성공한 저자였던 데즈먼드는 런던 출판계의 일인자인 톰 마슐러를 만나도록 주선해주었다. 나는 런던으로 가서, 천장이 높고 사면이 책장으로 둘러싸인 조너선케이프출판사의 사무실에서 마슐러를 만났다. 사전에 내 글을 읽은 그는 내용이 좋다고 말했다. 하지만 제목은 바꾸라고 했다. '이기적'이라는 말은 "부정적인 단어"라는 것이었다. "*불멸의 유전자*, 어떻습니까?" 돌아보면 아마도 그가 옳았다. 내가 왜 그의 조언을 따르지 않았는지 이유는 기억나지 않지만, 어쨌든 그의 말을 따랐어야 한다고 본다.

어쨌거나 나는 마슐러를 내 출판업자로 택하지 않았다. 상황이 약간 강제적으로 내 손을 벗어났기 때문이다. 어느 날 뉴 칼리지에서 점심을 먹을 때, 옥스퍼드의 이론물리학 교수 로저 엘리엇(지금은 경)이 내게 책을 쓴다는 소문을 들었다며 어떤 책이냐고 물었다. 내가 시도하려는 바를 살짝 이야기했더니, 그가 흥미를 보였다. 알고 보니 옥스퍼드대학 출판부의 대의원이었던 그는 고색창연한 그 출판사의 해당 분야 편집자 마이클 로저스에게 말을 넣었고, 마이클이 내게 작성된 부분을 보고 싶다고 청했다. 나는 그에게 원고를 보내줬다.

그리고 회오리바람이 불어 닥쳤다. 마이클이 특유의 우렁찬 목소리로 전화에 대고 다짜고짜 외쳤다. "지금까지 잠도 못 자고 보내주신 원고를 다 읽었습니다. *제가 그 책을 꼭 내야 되겠습니다!*" 그런 식의 설득에 저항감을 느끼는 사람도 있겠지만, 나는 아니다. 마이클은 내게 어울리는 타입의 편집자였다. 나는 계약서에 서명했고, 한층 다급한 마음으로 책을 완성하기 위한 작업에 착수했다.

지금에 와서는 거의 이해가 안 될 지경이다. 우리는 컴퓨터 워드 프로세서가 없던 시절에 글을 쓰는 어려움을 대체 어떻게 감수했을까? 나는 글을 쓸 때 거의 모든 문장을 수정하고, 만지작거리고, 재정렬하고, 지우고, 다시 쓴다. 쓴 글을 강박적으로 다시 읽으면서, 일종의 다윈주의적 체에 문장들을 통과시킨다. 통과시킬 때마다 글이 더 나아지기를 바라며, 실제로 그렇다고 믿는다. 문장을 최초로 타이핑할 때조차, 적어도 단어의 절반을 지웠다 바꿨다 한 뒤에야 완성한다. 나는 늘 이렇게 작업했다. 컴퓨터는 이런 방식에 자연스레 부합한다. 텍스트를 아무리 수정하더라도 늘 깔끔하다. 그에 비해 타자기에서는 결과가 엉망진창이다. 가위와 테이프는 타자기만큼이나 중요한 글쓰기 도구였다. 차츰 불어가는 《이기적 유전자》 원고는 xxxxxxx로 표시한 삭제, 손으로 써넣은 삽입구, 동그라미를 치고 화살표를 그어 다른 곳으로 옮긴 단어, 아래쪽 여백에 흉하게 테이프로 붙인 종잇조각으로 뒤덮였다. 글을 쓸 때는 당연히 문장을 막힘없이 읽어볼 수 있어야 하는 법인지도 모르겠지만, 타자기로 작업할 때는 그러기가 불가능해 보인다. 하지만 컴퓨터 워드프로세서가 도입된 뒤에도 작문 스타일이 전반적으로 개선된 것 같지는 않으니 알 수 없는 노릇이다. 왜일까?

《이기적 유전자》는 두 벌의 정서본을 거쳤다. 둘 다 동물행동연구그룹의 어머니 같은 비서 팻 설이 타이핑해주었다. 정서본은 모두 마이클 로저스에게 들어갔다가, 그가 손으로 써준 유익한 주석과 함께 돌아왔다. 그는 특히 내가 낭만과 치기와 열정에 넘쳐 지나치게 꾸며댄 미사여구를 일부 삭제했다. 피터 메더워는 작가를 오르간 연주자에 비유하면서 '과학자의 손가락은 역사학자와는 달리 음색을 조작하는 손잡이를 향해 슬쩍 뻗어서는 안 된다'고 말했다. 《이기적 유전자》의 2장 끝부분은 과학적 문장치고는 최대한이라고 할 만큼 화려한데, 그 뒤에 이어졌던 문단을 떠올리면 얼굴이 붉어진다(그 부분을 남겨두지 않아서 얼마나 다행인지 모르겠다). 좀 덜 화려하게 씌어진 아래 글은 내게 절제를 부여한 마이클의 펜에서 살아남은 문장이다. 생명의 기원을 다룬 장의 끝부분으로서, 원시 수프에서 자발적으로 생겨난 '복제자들'이 나중에 '운반체들', 즉 개체들의 세상으로 옮겨갔다고 말하는 내용이다.

> 복제자들이 세상에서 자기 존재를 영속시킬 때 사용했던 기법과 책략이 점진적으로 개선되는 과정에는 종점이 있었을까? 개선에 쓸 시간은 충분했을 것이다. 수천 년의 시간이 주어진다면, 참으로 기기묘묘한 자기 보존의 엔진들이 탄생하지 않았을까? 무려 40억 년이 지난 지금은 그 원시 복제자들의 운명이 어떻게 되었을까? 그들은 죽지 않았다. 그들은 생존술의 옛 대가들이었으니까. 그러나 그들이 여태 바다에 둥둥 떠 있을 것이라고 생각하진 말자. 그들은 오래전에 그런 태평한 자유를 포기했다. 이제 그들은 큼직한 집단을 이루어 헤엄쳐 다니는데, 느릿느릿 움직이는 거대한 로봇 속에 안전하게 숨어서, 외부 세계와 차단된 채, 성가시리만치 간접적인 경로로만 외부와 소통하면서, 무선 조종으로 외부 세계를 조작한다. 그들은 여러분의 몸속에도 있고, 내 몸속에도 있다. 그들이 우리의 몸과 마음을 만든다. 그들을 보존하는 것이야말로 우리가 여기에 존재하는 궁극의 이유다. 그들, 그 복제자들은 먼 길을 왔다. 이제 그들은 유전자라는 이름으로 통하고, 우리는 그들의 생존 기계다.

위 문단은 책의 핵심적인 비유를 잘 간추려 보여주고, 과학소설 같은 느낌도 잘 보여준다. 실제로 나는 서문을 이렇게 시작했다.

> 이 책은 거의 과학소설처럼 읽혀야 한다. 이 책은 상상력에 호소하고자 씌어졌다. 그러나 이 책은 과학소설이 아니다. 과학이다. 진부

한 표현이지만, 이 책이 이야기하는 진실에 대한 내 느낌은 '소설보다 더 기묘하다'는 말로 정확하게 표현된다. 우리는 생존 기계다. 유전자라는 이기적 분자를 보존하도록 맹목적으로 프로그래밍된 로봇 기계다. 나는 이 진실 앞에서 여전히 경악한다. 사실을 안 지 오래되었는데도, 영영 익숙해질 수 없는 듯하다. 남들도 그렇게 경악하도록 만들었으면 하는 게 내 바람이다.

1장의 첫 문장도 과학소설 같은 분위기를 이어갔다.

지구의 지적 생명체가 성숙했다고 말할 수 있는 순간은 자신의 존재 이유를 알아낸 때라고 봐도 좋을 것이다. 만일 우주에 존재하는 우리보다 우월한 생물체가 지구를 방문한다면, 그들이 우리 문명의 수준을 가늠하기 위해서 던질 첫 질문은 이것일 것이다. "인간은 진화를 발견했을까?" 과거 지구의 생명체들은 자신들이 존재하는 이유를 까맣게 모른 채 살았다. 그랬던 세월이 30억 년 넘게 흐르고서야, 마침내 한 생명체의 머릿속에 그 진실이 떠올랐다. 그의 이름은 찰스 다윈이었다.

니코 틴베르헌은 출간된 책을 읽고서 이 오프닝을 마음에 들어 하지 않았다. 그는 인류가 지적인 종이라고 암시하는 말은 뭐든 싫어했고, 인류가 세상에 끔찍한 영향을 미쳤다는 사실에 깊이 상심하는 사람이었다. 그러나 내 말의 요지는 그런 뜻은 아니었다.

마지막 장에 대해서도 조금 이야기하고 넘어가야겠다. '밈—새로운 복제자'라는 장이다. 나는 책 전체에서 생명 진화의 주역을 담당하는 복제자로서 유전자를 무대 중앙으로 끌어올렸지만, 혹 복제자가 반드시 DNA여야만 한다는 인상을 주었다면 그 인상을 물리치고 싶었다. 과학소설 같은 오프닝의 분위기에 발맞추듯이, 마지막 장에서 나는 지구가 아닌 다른 행성에서는 전혀 다른 형태의 자기 복제 체계에서 생명이 진화할 수도 있을 것이라고 지적했다. 그러나 어떤 체계든지 가령 복제의 충실성과 같은 특정 속성들은 지니고 있어야 한다고 말했다.

나는 사례를 물색해보았다. 1975년에 컴퓨터 바이러스가 발명된 상태였다면 그것을 예로 썼겠지만, 대신 나는 인간의 문화가 새로운 '원시 수프'라는 생각을 떠올렸다.

> 그런데 다른 종류의 복제자와 그로 인한 다른 종류의 진화를 찾기 위해서 꼭 딴 세상까지 나가야 할까? 나는 다름 아닌 우리 행성에서 최근 새로운 복제자가 등장했다고 본다. 그 복제자는 뻔히 우리 눈앞에 있다. 아직 유아기고, 아직 원시 수프 속에서 서툴게 떠다니고 있지만, 벌써 기존의 유전자가 한참 뒤처져서 헐떡이며 쫓아야 하는 속도로 진화적 변화를 이뤄내고 있다.
>
> 새로운 수프란 바로 인간의 문화다. 우리는 새로운 복제자에게 이름을 지어주어야 한다. 그 이름은 문화 전수의 단위, 혹은 *모방*의 단위라는 개념을 전달하는 명사여야 한다. 적절한 그리스어 어원을 따르자면 '미밈mimeme'이라는 단어가 떠오르지만, 나는 '유전자(진gene)'와 발음이 비슷한 단음절 단어를 원한다. 내가 *미밈*을 *밈*meme으로 줄여도 부디 고전학자 친구들이 용서해주길. 위안이 될지는 모르겠지만, 대신 '메모리memory'와 연관된다고 생각해도 될 테고

프랑스어 '멤même'과 연관된다고 생각해도 된다. 발음은 '크림'과 운이 맞게 해야 한다.

밈의 사례는 노랫가락, 아이디어, 캐치프레이즈, 패션, 도자기 제작 방식이나 아치 건설 방식 등이다. 유전자가 정자나 난자를 통해 한 몸에서 다른 몸으로 건너뛰면서 유전자풀에서 영속하듯이, 밈은 넓은 의미에서 *모방*이라고 부를 수 있는 과정을 통해 한 뇌에서 다른 뇌로 건너뛰면서 밈풀에서 영속한다.

이어서 나는 밈 개념이 어떤 방식으로 적용될 수 있는지를 다양하게 논했다. 이를테면 종교의 확산과 대물림에 적용할 수 있다는 식이었다. 그러나 내 최우선 의도는 문화 이론에 기여하려는 것이 아니라, 다윈주의적 과정의 근간을 이룰 복제자로서 꼭 유전자만 떠올릴 필요는 없다는 점을 강조하려는 것이었다. 나는 이른바 '보편다윈주의'를 주장하려는 것이었다(훗날 나는 다윈 사망 100주년을 기념하는 학회에서 강연한 내용을 바탕으로 바로 이 제목으로 논문을 발표했다). 그래도 나는 철학자 대니얼 데닛, 심리학자 수전 블랙모어를 비롯한 여러 사람이 밈 개념을 생산적으로 발전시킨 것을 기쁘게 생각한다. 제목에 '밈'이 들어간 책이 지금까지 서른 권 넘게 나왔고, '밈'이라는 단어는 《옥스퍼드 영어사전》에도 등재되었다(등재 기준은 단어가 상당수의 지면에 별도의 출처 인용이나 정의 없이 사용되어야 한다는 것이다).

젊은 저자에게 첫 책의 출간은 어찔한 순간이다. 나는 월턴가에 있는 당당한 신고전주의 풍의 옥스퍼드대학 출판부 건물을 자주 방문했다. 가끔은 런던의 엘리 하우스에 있는 사무실로 찾아가서 제작, 디자인, 마케팅 등 여러 복잡한 작업에 관여하는 사람들을 만났다. 그러다가 표지 디자인을 할 때가 되자, 과학소설 같은 책 분위기를 염두에 두었던 나는 우아한 포르티코가 돋보이는 노스 옥스퍼드의 건물로 다시 데즈먼드 모리스를 찾아갔다. 데즈먼드는 생물학자이자 방송인이자 인류학 기념품 수집가이자 (믿기 어렵겠지만) 익살꾼이자[35] 베스트셀러 작가일 뿐 아니라, 뛰어난 초현실주의 화가다. 그의 그림에는 생물학적 분위기가 완연하다. 그는 딴 세상 생물처럼 생긴 것들이 살고 움직이고 진화하는—정말로 이 캔버스에서 저 캔버스로 진화한다—꿈의 풍경을 창조해왔다. 딱《이기적 유전자》에 필요한 그림이었다. 데즈먼드는 표지 디자인을 제공하는 것을 반겼고, 나는 마이클 로저스와 함께 데즈먼드의 집과 스튜디오에 있는 그림을 보러 갔다. 그중 〈기대에 찬 계곡〉이라는 그림이 눈에 띄었다. 대담한 색깔과 다산성을 암시하는 듯한 분위기도 좋았지만, 제목을 적어넣을 여백이 있다는 평범한 이유도 거들었다. 우리는 즐거운 마음으로 그 작품을 선택했다. 나는 그 그림이 책의 판매량을 높여주었다고 믿는다.

그즈음 데즈먼드는 옥스퍼드대학 출판부 건물과 가까운 월턴가의 작은 화랑에서 전시회를 하고 있던 참이었다. 〈기대에 찬 계곡〉도 판매에 나온 작품 중 하나였다. 게다가 750파운드(2016년 환율로 약 130만 원 – 옮긴이)라는 가격은 마침 내가 출판사에서 받은 선인세와 정확히 같았다. 기막힌 우연의 일치에 저항할 수 없었기 때문에, 화랑에 여러 차례 찾아가서 그림을 보고 좋아하게 된 나는 결국 〈기대에 찬 계곡〉을 구입했다. 데즈먼드는 약간 당황했던 것 같다. 그는 친절하게도 〈기대에 찬 계곡〉과 약간 비슷한 작품, 〈간질이는 것〉을 끼워주었다. 두 그림은 제법 어울린다.

《이기적 유전자》는 1976년 가을에 출간되었다. 나는 35세였다. 책은 많은 서평을 받았다. 무명 저자의 첫 책치고는 놀라울 정도였는데, 아직도 그때 왜 그렇게 많은 관심을 받았는지는 잘 모르겠다. 출간기념회는 없었다. 출판사가 조직한 노골적인 팡파르도 없었다. 출간 몇 달 뒤, BBC의 간판 과학 시리즈 〈호라이즌〉을 제작하던 피터 존스의 눈에 내 책이 들었다. 피터는 내게 그 주제에 관한 다큐멘터리를 진행하지 않겠느냐고 물었다. 그러나 당시 나는 감히 텔레비전에 출연하기에는 너무 수줍었기 때문에, 대신 존 메이너드 스미스를 추천했다. 다정하고 매력적이고 근사한 태도를 지닌 메이너드 스미스는 잘해주었다. 책과 똑같이 '이기적 유전자'라는 제목을 단 다큐멘터리는 책의 판매를 상당히 부추겼음이 틀림없다. 적어도 영국에서는. 그러나 방송은 훨씬 늦게 나왔기 때문에, 출간 당시의 대대적인 보도를 설명하진 못한다.

요즘은 그러지 않지만, 첫 책이 나왔을 때만큼은 내가 서평을 죄다 스크랩해두었다. 이번에 그것들을 다시 훑어보았다. 서평은 100편이 넘는데, 다시 읽어봐도 당시에는 요즘처럼 이 책을 논쟁적인 책으로 보는 분위기가 딱히 있었던 것 같지 않다. 거의 모든 서평이 호의적이었다. 초기 서평자로는 정신과 의사 앤서니 스토, 인류학자 라이어널 타이거와 프랜시스 헉슬리(줄리언 헉슬리의 아들), 자연학자 브루스 캠벨, 그리고 훨씬 나중에 알게 된 사실이지만 누구든 함께하는 사람의 '수준을 높일' 만큼 재치 있고 재미난 좌담가인 철학자 버나드 윌리엄스가 있었다. 적대적인 서평도 있었다. 정치적 좌파로 간주되는 두 생물학자 스티븐 로즈와 리처드 르원틴의 서평이었다.

정치적 스펙트럼에서 그들과 정반대에 있는 시릴 달링턴의 서평은 미묘하게 좀 더 신랄했다. 그러나 그런 서평은 드물었다. 대부분의 서평자들은 책의 메시지를 이해했고, 그 메시지를 그럭저럭 잘 설명했고, 책에 호의적이었다. 나는 특히 피터 메더워와 W. D. 해밀턴이 굉장히 호의적인 서평을 썼다는 데 감동했다. 해밀턴은 심지어 내 애초의 집필 목표가 로렌츠, 아드리, 그리고 1960년대의 진화적 낙천주의와 'BBC의 정리'에 응답하는 것이었다는 사실까지 알아맞혔다.

> 이 책은 거의 모든 사람이 읽어야 하고, 읽을 수 있다. 진화 이론의 새로운 면면을 뛰어난 솜씨로 설명한 책이다. 최근 가볍고 부담스럽지 않은 스타일로 대중에게 새롭지만 때로 잘못된 내용의 생물학을 설명한 책들이 많았던 데 비해, 이 책은 좀 더 진지하다. 책은 간명하고 전문적이지 않은 글로써 다소 난해하고 약간 수학적인 진화 이론의 최근 주제들을 소개한다는, 언뜻 불가능해 보이는 일에 성공했다. 현업에 종사하는 생물학자들은 자신이 이미 이런 내용을 다 안다고 생각할지도 모르지만, 전문가의 폭넓은 시야로 실제로 책을 훑어보면 아마도 놀라움과 신선함을 느낄 것이다. 적어도 이 글을 쓰는 필자는 놀랐다. 그러나 반복하건대, 과학에 조예가 없는 사람이라도 누구든 쉽게 읽을 수 있다.

세상에서 내가 그 '필자'만큼 놀라게 만들고 싶은 사람은 달리 없었다. 해밀턴이 아름다운 서평을 시로 마무리한 것도 뭉클했는데, 워즈워스와 하우스먼의 시였다. 하우스먼의 〈슈롭셔 젊은이〉는 내가 빌의 복잡한 개성과 동일시하는 시이기도 하다.

머나먼 곳, 밤과 아침과
열두 방향의 바람이 부는 하늘 너머에서
나를 만든 생명의 물질이
이곳으로 날아왔고, 그리하여 여기 내가 있네.

(……)

지금 말해줘요, 내가 대답할 테니.
어떻게 당신을 도울지, 말해줘요.
내가 바람의 열두 방향으로
끝없는 길을 떠나기 전에.

진화과학자의 비문으로 쓰기에 나쁜 시는 아니다. 빌 해밀턴은 아마도 20세기 후반의 가장 위대한 진화과학자였을 것이다. 나는 이 자서전을 쓰면서 최종 단계에 접어들었을 때, 낡은 종이뭉치 틈에서 보물을 하나 발견했다. 빌의 필적이 맨 위에 적힌 종이였다. 강연 원고의 마지막 페이지를 복사한 것이었는데, 그가 하우스먼의 또 다른 시 〈불멸의 부분〉을 개작해 '불멸의 유전자' 개념을 집어넣은 것이 적혀 있었다. 그것이 어떤 강연의 원고였는지, 그가 언제 그 강연을 했는지는 모르겠다. 종이에 날짜도 적혀 있지 않다. 내용은 웹 부록에 실어두었다.

《이기적 유전자》가 출간되고 한참 시간이 흐른 뒤, 빌은 옥스퍼드로 와서 내 가까운 동료가 되었다. 우리는 거의 매일 뉴 칼리지의 점심식사 자리에서 만났다. 내 책이 그의 탁월한 발상을 더 많은 사람에게 전달하는 데 기여했다는 사실에 나는 감히 자긍심을 느낀다. 그러나 나는 내 책이 다른 방식으로도 영향을 미쳤기를 바란다. 내 전문가 동료들이 자신의 연구 대상을 바라보는 시각도 바꿔놓았기를 바란다. 오늘날 세렝게티든 남극이든 아마존이든 칼라하리든 현장의 생물학연구소를 방문한다면, 그래서 그곳 연구자들이 저녁에 맥주를 마시면서 나누는 이야기를 들어본다면, 그 대화 속에는 분명 유전자 이야기가 잔뜩 나올 것이다. 나는 이 사실이 우연만은 아니라고 생각하고 싶다. 그들의 대화 주제는 DNA 분자의 별난 행동은 아닐 것이다. 물론 그것도 흥미로운 주제지만, 그보다도 그 대화의 밑바탕에는 자신들이 연구하는 동식물의 모든 행동은 유전자를 보존해 후대로 퍼뜨리기 위한 것이라는 가정이 깔려 있을 것이다.

RICHARD DAWKINS

15

지난 길을 돌아보며

The Making of a Scientist

《이기적 유전자》의 출간은 내 인생 전반부의 마침표였다. 잠시 멈춰 뒤를 돌아보기에도 적절한 지점인 듯하다. 나는 아프리카에서 보낸 어린 시절이 나를 생물학자의 길로 이끌었느냐는 질문을 종종 받는다. 그렇다고 대답하고 싶지만, 자신은 없다. 인생 초기에 어떤 요소가 달라졌을 때 이후 삶의 경로가 바뀌었겠는가 아니겠는가 하는 문제를 어떻게 알겠는가? 우리 아버지는 정식으로 공부한 식물학자였고, 어머니는 주변에서 예사롭게 보는 야생화의 이름을 죄다 아는 분이었다. 그리고 두 분 모두 현실 세계에 대한 자식의 호기심을 채워주려고 늘 애쓰셨다. 그 점이 내 인생에서 중요했을까? 그렇다. 틀림없이 그랬다.

우리 가족은 내가 여덟 살일 때 영국으로 이사 왔다. 이사 오지 않았다면 어땠을까? 나는 원래 말버러 스쿨에 갈 예정이었지만 막판에 아운들로 바뀌었다. 임의적이었던 그 변화가 내 미래를 결정했을까? 두 학교 모두 남자학교였다. 심리학자는 내가 남녀공학에 다녔더라면 사회 적응력이 더 나은 사람이 되었을 거라고 말할 수도 있을 것이다. 나는 옥스퍼드에 턱걸이로 들어갔다. 떨어졌으면 어땠을까? 거의 그럴 뻔했는데 말이다. 내가 니코 틴베르헌에게 개인 지도를 받지 않았다면, 그래서 동물 행동이 아니라 생화학으로 박사 학위 연구를 하겠다는 애초의 계획을 따랐다면 어땠을까? 당연히 인생이 달라지지 않았을까? 어쩌면 책을 한 권도 안 썼을지도 모른다.

그러나 또 어쩌면, 인생은 특정 경로로 수렴하는 경향이 있을지도 모른다. 일시적으로 탈선했다가도 자석에 이끌리듯이 정해진 경로로 돌아가는 것일지도 모른다. 나는 생화학자가 되었어도 결국 《이기적 유전자》를 쓰는 길로 이끌리지 않았을까? 그랬다면 책의 내용이 분자생물학 쪽으로 좀 더 기울었겠지만 말이다. 어쩌면 생화학자가 되었어도 결국 이 길로 끌려와서 (역시 생화학에 좀 더 기운 내용이었겠지만) 열두 권의 책을 똑같이 다 썼을 수도 있다. 솔직히 정말로 그랬을 것 같진 않지만, '하나의 길로 돌아온다'는 발상이 아주 재미없진 않으니까, 나는… 음… 다시 그 이야기로 돌아가겠다.

내가 지금까지 제기한 가정들은 비교적 큰 사건들이었다. 그렇다면 엄청나게 사소하지만 얼마든지 중요하다고 주장할 수 있는 사건을 떠올려보자. 앞에서 나는 과거에 특정 공룡이 특정 순간에 재채기를 했기 때문에 오늘날 포유류가 존재할 수 있었다는 상상을 이야기했다. 만일 알로이스 시클그루버가 1888년 중순 이전의 어느 해에, 그러니까 아들 아돌프 히틀러가 태어나기 전에, 실제로 재채기했던 순간이 아니라 다른 순간에 재채기했다면 어땠을까? 이후 사건들이 정확히 어떤 순서로 이어졌을지는 눈곱만큼도 알 수 없고, 시클그루버의 재채기 역사가 기록으로 남았을 리도 당연히 없지만, 어쨌든 나는 가령 1858년의 재채기처럼 사소한 변화만으로도 역사의 경로를 바꾸기에 충분했을 거라고 확신한다. 아돌프 히틀러를 만든 불길한 정자는 그의 아버지가 평생 생산한 무수한 정자들 중 하나였다. 그의 두 할아버지, 네 증조할아버지, 그보다 더 이전 선조들도 마찬가지였다. 히틀러가 잉태되기 몇 년 전의 재채기 한 번이 연쇄효과를 일으킴으로써 특정 정자가 특정 난자와 만나는 사소한 사건을 탈선시켰을 가능성, 그럼으로써 내 존재를 비롯한 20세기 역사 전체를 바꿔놓았을 가능성, 나는 이 가능성이 단순히 그럴싸한 정도를 넘어서 확실히 그랬으리라고 본다. 물론, 히틀러가 없었어도 제2차 세계대전과 비슷한 전쟁이 발발했으리라는 사실을 부정하는 건 아니다. 히틀러의 사악한 광기가 그의 유전자에 따른 불가피한 운명이었다고 말하는 것도 아니다. 히틀러도 다른 환경에서 자랐다면 착한 사람이 되었을지 모른다. 적어도 영향력 없는 사람이 되었을지 모른다. 그러나 그의 존재와 현실에서 벌어진 전쟁이 특정 정자의 우연한 행운에—불운이라고 해야 할까—달렸던 것만은 분명한 사실이다.

무수히 무수히 많은 정자들,
모두가 살아 있었다.
그들이 겪을 격변에서 가련한 단 하나의 노아만이
생존할 희망을 품을 수 있었으니.
그 하나를 제외한 나머지 무수한 정자들은

셰익스피어, 또 다른 뉴턴, 새로운 던이
되었을지도 모르지만-
그 하나가 하필이면 나였다.

그러니 부끄러운 줄 알라, 더 나은 자신들을 쫓아내다니,
나머지는 모두 밖에 있는데 혼자 방주를 차지하다니!
미래의 호문쿨루스여, 네가 조용히 죽었다면
모두에게 더 좋지 않았겠는가!
_ 올더스 헉슬리

히틀러의 아버지가 가상의 어느 순간에 재채기했다면, 아돌프 히틀러는 태어나지 않았을 것이다. 나도 태어나지 못했을 것이다. 나라는 인간이 잉태되는 가능성 낮은 사건은 제2차 세계대전에 빚을 졌으니까. 물론 그보다 훨씬 덜 중대한 다른 사건들에도 빚을 졌지만 말이다. 우리 모두가 이런 논증을 무수히 앞선 세대까지 거슬러 올라갈 수 있다. 내가 가상의 공룡과 포유류의 운명을 논했던 것처럼.

우리는 우연히 아슬아슬하게 이어진 사건들을 모두 제대로 밟아서 지금 이렇게 존재하는 데 성공했지만, 그래도 내가 앞에서 던졌던 질문은 여전히 던져볼 수 있다. 재채기처럼 사소한, 혹은 그보다는 덜 사소한 사건들이 브라운운동처럼 우리를 이리저리 밀침에도 불구하고 혹시 우리 삶은 늘 예상 가능한 특정 경로로 자석처럼 끌려드는가 하는 의문이다. 우리 어머니가 늘 농담처럼 제기하는 상상이 사실이라면? 에스코테네병원이 커스버트의 아들과 나를 헷갈려서, 내가 부모가 뒤바뀐 채 선교사 가정에서 자랐다면? 그랬다면

지금 내가 서품받은 선교사가 되어 있을까? 유전학자들이 아는 내용에 따르면, 아닐 것이다. 아마도 아닐 것이다.

우리 가족이 아프리카에 머물러서 내가 섀핀 그로브 스쿨로 전학하지 않고 죽 이글 스쿨에 다녔다면, 그리고 그다음에 아운들이 아니라 말버러로 진학했다면, 그래도 나는 옥스퍼드에 들어가서 니코 틴베르헌을 만났을까? 가능성 없는 일은 아니다. 아버지는 나를 자신과 이전 대여섯 명의 도킨스 집안 남자들처럼 베일리얼에 집어넣으려고 기를 썼을 테니까. 우리가 분기점에서 다른 길을 택하더라도, 갈라졌던 경로들이 나중에 다시 합쳐질 수도 있다. 그 가능성은 여러 요소에 달려 있을 텐데, 이를테면 유전자와 교육이 성인이 되었을 때의 능력과 성향에 각각 얼마나 기여하는가 하는 점처럼 충분히 조사 가능한 요소일 것이다.

가상의 재채기와 수렴하는 경로에 대한 뜬구름 잡는 추측은 그만두고, 우리가 더 친숙한 영역으로 돌아가자. 사람이 그동안 살아온 인생을 돌아볼 때, 자신이 성취했거나 성취하지 못한 일 중에서 얼마나 많은 부분을 유년기로부터 예측할 수 있을까? 측정 가능한 특질의 탓으로 돌릴 수 있는 부분은 얼마나 될까? 부모의 관심사와 취미 탓으로 돌릴 수 있는 부분은? 유전자의 탓으로 돌릴 수 있는 부분은? 우연히 어떤 선생을 만나 영향을 받았거나 우연히 여름 캠프에 참가했기 때문이라고 볼 수 있는 부분은? 자신의 능력과 부족, 장점과 단점을 목록화해 그것으로부터 자신의 성공과 실패를 이해할 수 있을까? 내가 친숙한 영역이라고 말한 것은 바로 이런 문제인데, 이 영역을 탐사한 사람이 예전에도 있었기 때문이다. 일례로 다윈도 자서전의 끝부분에서 이 문제를 생각해보았다.

찰스 다윈은 내게 최고의 과학 영웅이다. 철학자들은 무릇 철학이란 플라톤에게 단 일련의 주석에 불과하다고 즐겨 말하는데, 나는 진심으로 그렇지 않기를 바란다. 그 말이 철학에게 썩 칭찬인 것 같지 않으니까. 반면에 모든 현대 생물학은 다윈에게 단 일련의 주석에 불과하다는 말은 더 설득력이 있고, 더구나 이 말은 생물학에게 진정한 칭찬일 것이다. 모든 생물학자는 다윈의 발자국을 따르고 있으며, 겸허하게 말하건대, 누구든 그의 선례를 따르는 것보다 더 좋은 길은 없을 것이다. 다윈은 자서전을 맺는 부분에서 자신에게 어떤 재능이 부족했고 어떤 재능이 있었는지를 회고하며 항목으로 나열했다. 나는 이번에도 겸허하게, 다윈의 자기평가 기법을 모범으로 삼아 따라 해보겠다.

> …헉슬리를 비롯한 몇몇 총명한 사람과는 달리, 나는 대단히 민첩한 이해력이나 재치는 없다.

적어도 이 점에서는 내가 다윈과 정신적 동지라고 주장할 수 있다. 다윈의 경우에는 틀림없이 과장된 겸손이었겠지만.

> 나는 길고 전적으로 추상적인 사고의 흐름을 좇는 능력이 아주 제한적이다. 형이상학이나 수학을 했다면 결코 성공하지 못했을 것이다.

이것도 나와 똑같다. 내가 베빙턴 로드 시절에 잠깐, 우습도록 근거 없는 평가였을망정, 수학적 능력이 있다는 평판을 즐기긴—혹은 견디긴—했지만 말이다. 수학적인 생물학자였던 존 메이너드 스미스는 내게 어떻게 '산문으로 생각할' 수 있느냐며 짐짓 애교스럽게 감탄한 적이 있다. 1982년에 《이기적 유전자》와 그 후속작 《확장된 표현형》(생물학 전문가를 대상으로 한 책이다)을 묶어서 소개한 서평을 〈런던 리뷰 오브 북스〉에 썼을 때, 메이너드 스미스는 끝부분에서 이렇게 말했다.

> 두 책에서 내가 가장 특이하다고 느낀 점은 일부러 마지막으로 미뤘는데, 남들에게는 특이해 보이지 않으리라고 짐작하기 때문이다. 그 특징이란 두 책 모두 수식이라고는 한 줄도 없다는 점, 그런데도 내가 조금도 어렵지 않게 내용을 따라갔으며, 내가 본 바로는 논리적 오류가 하나도 없다는 점이다. 게다가 도킨스는 먼저 수학적 발상을 떠올린 뒤 그것을 산문으로 변환한 게 아니다. 처음부터 산문으로 생각하는 게 분명하다. 그가 《이기적 유전자》를 쓸 때 심각한 컴퓨터 프로그래밍 중독에서 회복하는 중이었다는 사실, 그 활동에는 명료하게 사고하는 능력과 자신의 뜻을 정확하게 표현하는 능력이 필요하다는 사실이 모종의 의미가 있긴 할 것이다. 안타깝게도, 수학이라는 지적 도구 없이 유전학과 진화의 관계를 설명하려는 저자들은 대부분 이해할 수 없는 글을 쓰거나 잘못된 글을 쓴다. 둘 다 저지르는 경우도 드물지 않다. 도킨스는 그 법칙의 행복한 예외다.

다윈이 자서전에서 읊은 독백으로 돌아가자.

> 내 기억력은 한편으로 대단히 부실해, 어떤 날짜나 시구절을 며칠

이상 기억한 적이 없다.

정말 그랬을지라도, 그 문제가 다윈에게 걸림돌이 되었던 것 같진 않다. 나는 시를 단어 하나하나까지 외우지만, 이 능력이 과학에 썩 도움이 된 것 같진 않다. 그 덕분에 인생이 풍요로워졌고, 결코 그 능력을 잃고 싶진 않지만 말이다. 시적 운율에 대한 감각은 내가 글을 쓰는 스타일에도 영향을 미쳤을지 모른다.

> 나는 습관이 체계적인 사람이다. 내가 하는 일에서는 이런 습관이 적잖은 도움이 되었다. 마지막으로, 나는 직접 생활비를 벌 필요가 없었기 때문에 여유를 풍부하게 누렸다. 나쁜 건강도, 비록 그 때문에 인생에서 몇 년을 빼앗기긴 했으나, 사교나 오락에 한눈팔지 않게끔 해주었다.

나는 습관이 체계적인 것과는 거리가 먼 사람이다. 내 경우에는—나쁜 건강이 아니라—바로 이 점 때문에 좀 더 생산적으로 보냈을지도 모르는 시간을 다 합해 몇 년쯤 인생에서 빼앗겼을 것이다. 사교나 오락에 한눈판 데 대해서도 같은 비난을 가할 수 있겠으나(내 경우에는 컴퓨터를 가지고 놀았던 일도 포함된다), 인생은 생산하는 것 못지않게 잘 사는 것도 중요하다. 그리고 나는 손수 생활비를 벌어야 했다. 그러나 내 유아기, 소년기, 청년기를 나보다 불운한 사람들과 비교한다면—사람들이 내가 백인이고, 남성이고, 교육을 제대로 받았다는 이유로(그야 물론 다 사실이다) 내게 가하는 공격은 서슴없이 무시하지만—분명히 내가 어느 정도 노력 없는 특권을 누렸다는 사실을 부인할 수 없다. 사람이 타고난 유전자나 외모에 대해 사과할 이유가 없는 것처럼 내가 누린 특권을 사과할 마음은 없지만, 그 사실을 또렷하게 의식하고는 있다. 그리고 누군가에게는 복받은 유년기로 비칠 만한 조건을 마련해준 부모님에게 감사한다. 어떤 사람들은 내가 일곱 살에 스파르타식 기숙학교에 들어간 것을 전혀 복으로 여기지 않겠지만, 나는 그 점에서도 부모님에게 감사할 이유가 있다. 그런 교육에는 많은 돈이 들었고, 그래서 부모님은 희생을 감수해야 했으니까.

다윈은 이보다 앞서—어떤 잣대로 보아도 가공할 만한—자신의 추론 능력을 평가할 때만큼은 겸손함의 고삐를 약간 늦췄다.

> 어떤 비판자들은 나에 대해 "그는 관찰력은 뛰어나지만 추론 능력은 전혀 없다네"라고 말한다. 나는 이 말이 사실이라고 생각하지 않는다. 왜냐하면 《종의 기원》은 처음부터 끝까지 하나의 기나긴 논증이고, 그 논증이 적지 않은 수의 유능한 독자들을 설득시켰기 때문이다. 내가 추론 능력이 조금이라도 없다면 그런 글은 결코 쓰지 못했을 것이다.

다윈 씨(그가 영영 찰스 경이 되지 못했다는 사실이야말로 영국 서훈 체계에 대한 놀라운 고발이 아닐는지), 마지막 문장은 세계 최고의 과소평가상을 받아 마땅합니다. 다윈 씨, 당신은 인류 역사상 가장 뛰어난 추론가이자 가장 뛰어난 설득가였습니다.

나는 관찰력이 뛰어나지 않다. 그 점이 자랑스럽지 않고 그래서 열심히 노력하지만, 어쨌거나 아버지와 할아버지가 바랐던 만큼 훌륭한 자연학자는 되지 못했다. 나는 참을성이 없고, 특정 동물이나 식물 집단에 대해—자랄 때 누린 특권에도 불구하고—대단한 지식을 갖고 있지도 않다. 영국의 흔한 새들 중에서 노랫소리를 아는 것은 대여섯 종뿐이고, 밤하늘에서 알아보는 별자리나 알고 있는 야생화의 과科도 겨우 그 정도다. 동물계에서 문, 강, 목은 좀 더 잘 안다. 마땅히 그래야 한다. 옥스퍼드에서 동물학을 공부했으니까. 그 주제에 대해 옥스퍼드만큼 고전적인 접근법을 강조하는 대학은 세상에 또 없으니까.

증거로 보아, 내게 사람들을 설득하는 능력만큼은 제법 있는 듯하다. 내가 설득하려는 주제가 다윈에 비하면 별것 아니라는 점은 두말하면 잔소리지만 말이다. 다만 다윈이 밝힌 진실을 사람들에게 설득시키는 일이 놀랍게도 아직 끝나지 않았다는 점, 내가 오늘날 다윈의 분야에서 일하는 일꾼들 중 하나라는 점에서는 내 일도 하찮지 않다. 그러나 그것은 내 인생의 후반부에 속하는 이야기다. 나는 대부분의 책을 인생 후반부에 썼다. 그러니 그 이야기는 이 책의 후속작에서 하도록 하겠다. 재채기와 같이 예측 불가능한 모종의 사건 때문에 내가 세상을 하직하는 일만 없다면.

감사의 말

다양한 조언과 도움과 지원을 준 다음 사람들에게 감사한다.

랄라 워드 도킨스, 진 도킨스, 세라와 마이클 케틀웰, 메리언 스탬프 도킨스, 존 스미시스, 샐리 가미나라, 힐러리 레드먼, 실라 리, 질리언 서머스케일스, 니컬러스 존스, 존 브록먼, 데이비드 글린, 로스와 크리스틴 힐데브란트, 빌 뉴턴 던, R. 엘리자베스 콘웰, 리처드 러머리, 앨런 히섬, 이언 매칼파인, 마이클 오트웨이, 하워드 스트링어, 애나 샌더, 폴라 커비, 스티븐 프리어, 바르트 포르장어, 제니퍼 자케, 루시 웨인라이트, 비에른 멜란데르, 크리스테르 스투르마르크, 그레그 스타이크레더, 앤 카트린 엘러스, 잰과 리처드 젠달, 랜드 러셀.

주

1 H. B. Wheatley and P. Cunningham, *London Past and Present* (London, Murray, 1891), vol. 1, p. 109.

2 웹 부록을 보라. www.richarddawkins.net/afw.

3 나는 케틀웰의 부고도 썼다. 역시 웹 부록을 보라.

4 http://wab.uib.no/ojs/agora-alws/article/view/1263/977

5 'Growing up in ethology', ch. 8 in L. Drickamer and D. Dewsbury, eds, *Leaders in Animal Behavior* (Cambridge, Cambridge University Press, 2010).

6 From *Randigal Rhymes*, ed. Joseph Thomas (Penzance, F. Rodda, 1895).

7 스칸디나비아 언어의 전문가인 비에른 멜란데르에게 의견을 물었더니, 그는 '모욕 혹은 아첨'이라는 내 가설에 동의하면서도 맥락에 따라 얼마든지 더 복잡해질 수 있다고 지적했다.

8 미국 영어로는 '진공관'이다.

9 '아스카리'는 왕립아프리카소총대에 소속된 아프리카인을 부르는 이름이었다.

10 Steven Pinker, *The Better Angels of Our Nature: Why Violence Has Declined* (New York, Viking, 2011).

11 Derek Parfit, *Reasons and Persons* (Oxford, Oxford University Press, 1984).

12 http://old.richarddawkins.net/articles/2127-george-scales-war-hero-and-generous-friend-of-rdfrs.

13 미국에서는 '이렉터'라고 부르는 기계 조립 세트다.

14 Chiang Yee, *The Silent Traveller in Oxford* (London, Methuen, 1944).

15 'Evolution in biology tutoring?', in David Palfreyman, ed., *The Oxford Tutorial: 'Thanks, you taught me how to think'* (Oxford Centre for Higher Education Policy Studies, 2001; 2nd edn 2008). 나는 처음 이 글을 발표했을 때 (*The Oxford Magazine*, No. 112, Eighth Week, Michaelmas Term 1994) '일부러 흉하게' '튜터 위주'라는 제목을 달았다. 내가 비판하는 '강의 위주' 교육에 대구가 되도록 한 표현이었다.

16 Hans Kruuk, *Niko's Nature: The Life of Niko Tinbergen and his Science of Animal

Behaviour (Oxford, Oxford University Press, 2003).

17 Robert Mash, *How to Keep Dinosaurs* (London, Orion, 2005).

18 N. Tinbergen, *The Study of Instinct* (Oxford, Clarendon Press, 1951).

19 R. Dawkins, 'The ontogeny of a pecking preference in domestic chicks', *Zeitschrift für Tierpsychologie*, 25 (1968), pp. 170-86.

20 Peter Medawar, *The Art of the Soluble: Creativity and Originality in Science* (London, Methuen, 1967); *Pluto's Republic: Incorporating The Art of the Soluble and Induction and Intuition in Scientific Thought* (Oxford, Oxford University Press, 1982).

21 R. Dawkins, 'A threshold model of choice behaviour', *Animal Behaviour*, 17 (1969), pp. 120-33.

22 R. Dawkins and M. Impekoven, 'The peck/no-peck decision-maker in the black-headed gull chick', *Animal Behaviour*, 17 (1969), pp. 243-51.

23 R. Dawkins, 'The attention threshold model', *Animal Behaviour*, 17 (1969), pp. 134-41.

24 미국식으로 말하면 '루브 골드버그 풍' 장치다.

25 이 내용을 가장 명료하게 설명한 사람은 내 옥스퍼드 동료이자 한때 대학원 제자였던 앨런 그래펀 교수다. 다음을 보라. Grafen, A. 'A geometric view of relatedness', R. Dawkins and M. Ridley, eds, *Oxford Surveys in Evolutionary Biology*, vol. 2 (Oxford, Oxford University Press, 1985), pp. 28-89.

26 미국으로 따지면 '부교수로 승진하는 과정에 있는 조교수'쯤 된다.

27 R. Dawkins, 'A cheap method of recording behavioural events for direct computer access', *Behaviour*, 40 (1971), pp. 162-73.

28 R. Dawkins, 'Selective neurone death as a possible memory mechanism', *Nature*, 229 (1971), pp. 118-19.

29 R. and M. Dawkins, 'Decisions and the uncertainty of behaviour', *Behaviour*, 45 (1973), pp. 83-103.

30 R. Dawkins, 'Hierarchical organization: a candidate principle for ethology', in P. P. G. Bateson and R. A. Hinde, eds, *Growing Points in Ethology* (Cambridge, Cambridge University Press, 1976), pp. 7-54.

31 Konrad Lorenz, *On Aggression*, translated by Marjorie Latzke (London, Methuen, 1964); first published in German as *Das sogenannte Böse* – 'the so-called evil' - in 1963. Robert Ardrey, *The Territorial Imperative: A Personal Inquiry into the Animal Origins of Property and Nations* (London: Collins, 1967), and *The Social Contract: A Personal Inquiry into the Evolutionary Sources or Order and Disorder* (London, Collins, 1970).

32 George C. Williams, *Adaptation and Natural Selection* (Princeton, NJ, Princeton University Press, 1966).

33 Daniel C. Dennett, *Intuition Pumps and Other Tools for Thinking* (New York, Norton, 2013).

34 John Maynard Smith, *The Theory of Evolution* (Cambridge, Cambridge University Press, 1993; first published London, Penguin, 1958).

35 영화배우 다이애나 도스에 대한 유명한 일화를 처음 유통시킨 사람이 데즈먼드가 아닌가 싶다. 그녀와 그는 윌트셔의 같은 동네 출신이고, 둘은 어릴 적 친구였다. 그녀의 진짜 성은 도스가 아니라 플루크였다. 언젠가 그녀는 고향에서 열린 축제인지 뭔지에 초대받아 개막식에 갔는데, 교구 신부는 동네 주민들이 알았던 이름으로 그녀를 소개하겠다는 생각이었는지 사람들에게 사랑스러운 "다이애나… 클런트"를 따뜻하게 맞아달라고 요청했다는 것이다. (신부가 말한 '클런트Clunt'에서 l을 빼면 여성 성기를 뜻하는 '컨트cunt'가 되는데, 아마도 신부가 '플루크Fluck'에서 l을 빼면 성교를 뜻하는 욕설 '퍽fuck'이 된다는 점을 생각하다가 비슷한 방식으로 실수했을 것이라는 말이다. – 옮긴이)

출처

인용글

27p. 힐레어 벨록의 시 〈아직 아프리카에 있는 베일리얼 벗들에게〉: 다음의 허가를 받아 수록함. Peters Fraser & Dunlop (www.petersfraserdunlop.com) on be half of the Estate of Hilaire Belloc.

32p. 피터 J. 콘래디의 《아이리스 머독의 인생》 중 인용: © Peter J. Conradi, 2001, 다음의 허가를 받아 수록함. A. M. Heath & Co Ltd and W. W. Norton.

73p. 버트런드 러셀의 《러셀 자서전》 중 인용: © 2009 The Bertrand Russell Peace Foundation, 다음의 허가를 받아 수록함. Taylor & Francis Books UK and The Bertrand Russell Peace Foundation Ltd.

74p. 〈재생의 노래〉 가사: 다음의 허가를 받아 수록함. Estates of Michael Flanders & Donald Swann 2013. 플랜더스 & 스완에 관련된 모든 인용은 크든 작든 모두 다음을 통해 저작권자에게 알려야 함. leonberger@donaldswann.co.uk.

163p. 존 베처먼의 시 〈수업 종이 울릴 때〉 중 인용: 《존 베처먼 시선집》 © 1955, 1958, 1962, 1964, 1968, 1970, 1979, 1981, 1982, 2001, 다음의 허가를 받아 수록함. John Murray (Publishers) and The Estate of John Betjeman.

189p. 존 베처먼의 시 〈다운스에서의 도보 여행〉 중 인용: 《존 베처먼 시선집》 © 1955, 1958, 1962, 1964, 1968, 1970, 1979, 1981, 1982, 2001, 다음의 허가를 받아 수록함. John Murray (Publishers) and The Estate of John Betjeman.

190p. 앨프리드 노이스의 시 〈세월의 베틀〉 중 인용: © 1902, 다음의 허가를 받아 수록함. The Society of Authors as the Literary Representative of the Estate of Alfred Noyes.

192p. 칼 리 퍼킨스 작사 〈블루 스웨이드 슈즈〉 가사: © 1955, 1956 Hi Lo Music, Inc. © Renewed 1983, 1984 Carl Perkins Music, Inc. Administered by Wren Music Co., Division of MPL Music Publishing, Inc. All rights reserved. International copyright secured. 다음의 허가를 받아 수록함. Music Sales Limited.

204p. 치앙 이의 《옥스퍼드의 조용한 여행자》 중 인용: © 1944 Signal Books Ltd.

291p. 리처드 도킨스의 논문 〈기억 메커니즘의 후보로서 선택적 뉴런 사망〉 중 인용: 'Selective Neurone Death as a Possible Memory Mechanism', *Nature* (Nature Publishing Group), 8 January 1971.

349p. 존 메이너드 스미스의 책 《진화의 이론》에 쓴 리처드 도킨스의 서문: *The Theory of Evolution* (Cambridge University Press, 1993).

356p. 리처드 도킨스의 《이기적 유전자》 서문, 1장, 13장 중 인용: 다음의 허가를 받아 수록함. Oxford University Press.

362p. W. D. 해밀턴의 서평 〈자연의 연극〉 중 인용: 'The Play by Nature', *Science* 196: 757 (1977), 다음의 허가를 받아 수록함. AAAS.

370p. 올더스 헉슬리의 《레다》 중 인용: © 1929 by Aldous Huxley. 다음의 허가를 받아 수록함. Georges Borchardt, Inc., on behalf of the Aldous and Laura Huxley Trust. All rights reserved.

373p. 존 메이너드 스미스의 서평 〈유전자와 밈〉 중 인용: 'Genes and Memes', *London Review of Books*, 4 February 1982.

사진

243p. 케루라 비눌라: photo courtesy N. Tinbergen.

컬러 화보

1~2. 치핑 노턴 세인트메리 교회: photo courtesy Nicholas Kettlewell

3~10. 클린턴 에드워드 도킨스(1880), 클린턴 조지 에벌린 도킨스(1902), 클린턴 존 도킨스(1934), 아서 프랜시스 '빌' 도킨스(1935/6): photos courtesy Balliol College, Oxford

39. 호랑나비(파필리오 오피디케팔루스): © Ingo Arendt/Minden Pictures/Corbis

42. 노샘프턴셔 아운들 스쿨 대강당: © Graham Oliver/Alamy

43. 요안 토머스, 1968: Oundle School Archive

50. 달걀을 색칠하여 갈매기 알로 둔갑시키는 니코 틴베르헌, 1964년경: Time & Life Pictures/Getty Images

51. 마이크 컬런, 1979: Monash University Archives, photo Hervé Alleaume

53. 유니버시티 칼리지의 피터 메더워, 1960년 11월 26일: Getty Images

54. 옥스퍼드에서 노 젓기: photo courtesy Lary Shaffer

55. 서리 퓨마 사냥: photo courtesy Virginia Hopkinson

56. '민중의 공원' 시위대와 방위군, 버클리, 1969년 5월 19일: © Bettmann/

Corbis

57. 리처드 도킨스와 테드 버크, 1976년 11월: Time & Life Pictures/Getty Images

61. 대니얼 레먼과 니코 틴베르헌: photo courtesy Professor Colin Beer

62. 촬영 중인 니코 틴베르헌: courtesy Lary Shaffer

63. 윌리엄 D. 해밀턴과 로버트 트리버스, 1978년 하버드: photo courtesy Sarah B. Hrdy

64. 존 메이너드 스미스: Corbin O'Grady Studio/Science Photo Library

65. 《이기적 유전자》: courtesy Keith Cullen

66. 리처드 도킨스와 조지 C. 윌리엄스: photo by Rae Silver courtesy John Brockman

67. 마이클 로저스: photo courtesy Nigel Parry

찾아보기

ㄹ

ㅁ

마르코프 연쇄 316, 317, 319

ㅂ

ㅅ

ㅊ

ㅋ

ㅎ

기타

RICHARD
DAWKINS